葉俊廷

2012 8 22

貓頭鷹書房

有些書套著嚴肅的學術外衣，但內容平易近人，非常好讀；有些書討論近乎冷僻的主題，其實意蘊深遠，充滿閱讀的樂趣；還有些書大家時時掛在嘴邊，但我們卻從未看過……

如果沒有人推薦、提醒、出版，這些散發著智慧光芒的傑作，就會在我們的生命中錯失——因此我們有了**貓頭鷹書房**，作為這些書安身立命的家，也作為我們智性活動的主題樂園。

貓頭鷹書房——智者在此垂釣

內容簡介　ＤＮＡ是從哪裡來的？眼睛是怎麼演化出來的？意識是什麼？我們又為什麼會死亡？關於這些問題，現在終於有了最好的答案！過去數十年間最新的科學研究，讓我們看見了生命最真實的歷史圖像。利用這些珍貴的科學發現，生化學家尼克．連恩詳述了十項演化史上最重要的事件，巧妙地重建了生命演化史。這十項事件，是根據它們對生命世界的影響，它們對今日生物的重要性，以及它們的象徵意義來決定。連恩詳述了這些演化史上最偉大的事件，從ＤＮＡ談到有性生殖，從溫血動物談到意識的形成，最後講到死亡。這些事件改變了生命世界，也改變了整個地球。本書獲得科普書最高榮譽——英國皇家學會科學圖書大獎，是你不能錯過的精采作品！

作者簡介　連恩是演化生化學家，也是英國倫敦大學學院的榮譽教授（Honorary Reader）。他的研究主題為演化生化學及生物能量學，聚焦於生命的起源與複雜細胞的演化。除此之外，他也是倫敦大學學院粒線體研究學會的創始成員，並領導一個生命起源的研究計畫。連恩出版過三本叫好又叫座的科普書，至今已被翻譯為二十國語言。二〇一〇年，他以本書獲得科普書最高榮譽——英國皇家學會科學圖書大獎；而他的上一本著作《力量、性、自殺》（*Power, Sex, Suicide*）則入圍上述大獎的決選名單，以及《泰晤士高等教育報》年度年輕科學作家的候選名單，同時也被《經濟學人》提名為年度好書。連恩博士現居倫敦，關於更多他的資訊，請造訪他的個人網站：www.nick-lane.net

譯者簡介　梅苃芢，台大公衛系畢業，巴黎第七大學免疫學博士，曾任美國國家衛生院博士後研究員，現旅居巴黎，任巴斯德研究所研究員。平日喜歡閱讀、寫作，吃美食遊山玩水。

貓頭鷹書房 236

生命的躍升

40 億年演化史上最重要的 10 個關鍵

Life Ascending

The Ten Great Inventions of Evolution

尼克・連恩◎著

梅麦芒◎譯

貓頭鷹

Life Ascending: The Ten Great Inventions of Evolution by Nick Lane

This edition arranged with W. W. Norton &.Company, Inc.,
through Andrew Nurnberg Associates International Limited

貓頭鷹書房236 ISBN 978-986-262-090-8

生命的躍升：40 億年演化史上最重要的 10 個關鍵

作　　者　尼克．連恩（Nick Lane）
譯　　者　梅苃芒
企畫選書　陳穎青
責任編輯　曾琬迪
協力編輯　邵芷筠
校　　對　魏秋綢
版面構成　健呈電腦排版股份有限公司
封面設計　李東記

總 編 輯　謝宜英
社　　長　陳穎青
出 版 者　貓頭鷹出版
發 行 人　凃玉雲
發　　行　英屬蓋曼群島商家庭傳媒股份有限公司城邦分公司
104 台北市中山區民生東路二段 141 號 2 樓
劃撥帳號：19863813；戶名：書虫股份有限公司
城邦讀書花園：www.cite.com.tw　購書服務信箱：service@readingclub.com.tw
購書服務專線：02-25007718～9（周一至周五上午 09:30-12:00；下午 13:30-17:00）
24 小時傳真專線：02-25001990～1
香港發行所　城邦（香港）出版集團／電話：852-25086231／傳真：852-25789337
馬新發行所　城邦（馬新）出版集團／電話：603-90578822／傳真：603-90576622
印 製 廠　成陽印刷股份有限公司
初　　版　2012 年 7 月

定　　價　新台幣 420 元／港幣 140 元

讀者服務信箱　owl@cph.com.tw
貓頭鷹知識網　http://www.owls.tw
歡迎上網訂購；
大量團購請洽專線 02-25007696 轉 2729

城邦讀書花園
www.cite.com.tw

國家圖書館出版品預行編目資料

生命的躍升：40 億年演化史上最重要的 10 個關鍵 / 尼克・連恩（Nick Lane）著；梅苃芒譯 . -- 初版 . -- 臺北市：貓頭鷹出版：家庭傳媒城邦分公司發行 , 2012.07
432 面：15×21 公分 . --（貓頭鷹書房；236）
譯自：Life ascending : the ten great inventions of evolution
ISBN 978-986-262-090-8（平裝）
1. 演化論　2. 分子演化
362　　101010064

各界好評

生命的源起及生物的演化是一個令人著迷且難以了解的科學。自達爾文創物種起源及生物演化論後，漸漸地讓科學家對生物的演化解開一些疑惑，然而尼克．連恩博士卻以說故事的方式，妙筆生花地敘述四十億年來生物演化史上最精采的十個關鍵事件。此中文譯本讓人讀後，想更進一步去讀原文書，譯者文學造詣相當好，用字遣詞也相當恰當，讓人想一口氣讀完。這雖是一本科普書，卻沒有艱深難懂的道理，非常適合高中高年級同學及大學生閱讀，尤其是一本難能可貴的生命教育及通識教育最佳的讀物。它也能吸引非生命科學專業者去探討生命的奧祕。本人強烈地推薦本書給大眾，讓大家能一窺生命及演化的究竟。

——周昌弘，中央研究院院士、中國醫藥大學講座教授

尼克．連恩帶我們進入生命演化裡的愛麗絲夢遊仙境！

——林仲平，東海大學生命科學系教授

生命科學領域浩瀚而多樣，許多生物學家窮其一生也只能局限在其所熟悉的特定學門。然而本書作者憑藉其淵博的學識與靈敏的嗅覺，整理了許多充滿豐富想像力，同時奠基在扎實學術證據上的最新

研究成果，把生命科學的各個領域串聯起來，為許多看似理所當然而你可能不曾思考或懷疑的刻板印象，提供了絕妙的解答。在感受到源源不絕的、恍然大悟的驚喜之餘，你也會了解，串聯這一切的關鍵角色，其實就是所有生命現象的本質——演化。

——林勇欣，交通大學生物資訊及系統生物研究所副教授

想在短時間內，一覽近年來尖端生命科學的研究成果如何能用來解開演化史上一些關鍵之謎，這本書無疑地是最好的選擇。

——邵廣昭，中央研究院生物多樣性研究中心研究員兼生物多樣性資訊中心執行長

作者從微觀到巨觀，對生命現象的來龍去脈做了非常清楚的交代，讓我們對生與死有了另一番新的體悟。

——胡哲明，台灣大學生態學與演化生物學研究所副教授

這本書充分說明了演化學如何透過客觀的科學方法修正過去的謬思與迷思，讓這門學問不斷演化，臻至更高、更接近生命演進長河真相的境界。

——徐堉峰，台灣師範大學生命科學系教授

極少有作者能夠實際進入這麼多領域的研究現場，為我們取得第一手的研究，並且用大師的理解，為我們重新解說一遍。這本書遠遠不只是科普報導，這本書展現的是科學研究為什麼如此迷人、如此激

動人心的原因。

——陳穎青，貓頭鷹出版社社長

這本書不但介紹了生命在地球上演化的關鍵性發展，也簡要呈現了與這些事件相關的科學知識演進。對生命科學有興趣的讀者絕對不應錯過此書，一般讀者也可以從書中獲得重要的新知。

——劉小如，前中央研究院生物多樣性研究中心研究員

如果有朝一日達爾文從墓裡復生的話，我會給他這一本好書，讓他能夠快點趕上進度。這本書是一塊扣人心弦的告示牌，匯集了關於地球上生命奧祕的各種日新月異的新聞。

——麥特．瑞德里，著有《紅色皇后》與《克里克：發現遺傳密碼那個人》

連恩是個從不畏懼把眼光放遠，而且認真思考的作家。

——法蘭克．威爾茲克，二〇〇四年諾貝爾物理獎得主

一本迷人而精采的報導，關於各種偉大的生命奧祕——生命如何出現，事物如何運作，為什麼會死亡，意識如何演化。

——伊恩．史都華，著有《史都華教授的數學好奇研究小間》

■推薦序

窺探新視窗，驚豔新十大

程延年

前科博館館長的孫兒酷愛恐龍，每年返台，吵著要到科博館看恐龍。我總是拿出貓頭鷹出版的中文譯本《恐龍與史前動物百科全書》，伴隨著恐龍化石、模型，和小小年紀的他一起沉醉。這個孩子回到加州和他爸爸說，他們科學家把問題都答完了，把謎都解開了，我以後長大了怎麼辦？好急，好急，急著長大！一代大師牛頓臨死前直言：「我僅是個孩子，在海邊玩耍、解悶，尋找卵石與貝殼。而汪洋大海了不起的真相，在我面前與內心中，依然有著諸多未解之謎，讓我深深著迷、嬉戲，永不疲倦！」

「著迷、嬉戲，永不疲倦」，這正是追求宇宙間奧祕的真精神。我在科博館出版的專書《水中蛟龍：史前水棲爬行動物》，獲得第二屆國家出版獎優等大獎的感言中，詮釋：

閱讀，使一個民族壯闊、優雅，而有品味。閱讀的前提，在於這個社群中，有寫好書、出版好書、傳頌好書的「文化產業鏈」，運轉不息。「人」終究是關鍵！看著歐陸，「科普」書刊的瀰漫、渲染。大師們跳出象牙塔，為九歲到九十九歲的孩子們，寫精采的好書。典範，吾心嚮往之。

貓頭鷹書房，中譯英國倫敦大學大師尼克・連恩的科普大書《生命的躍升》，正是推動這個文化產業鏈生生不息的一雙巨手！

當代古生物學家與演化生物學家的研究，從「未知生，焉知死」，著迷於地質史中，生物大滅絕的真相與意涵，有所謂「五大」（Big Five）滅絕事件的暱稱。從「五大」到「新十大」，跨越地球科學與生命科學的兩個界域，嬉戲於生命大浩劫與大創新的光譜兩極，有趣極了！

連恩教授是一位生物化學家，專精於分子世界的細節。他的三本書，前呼後應，一以貫之，是三位一體。二〇〇二年出版了《氧氣：創造世界的分子》；二〇〇五年出版《力量、性、自殺》，獲得《經濟學人》年度好書提名與《時代》學人獎，並入圍艾凡提斯科學書獎決選名單。而這第三本寫給普羅大眾的專書（原文二〇〇九年出版），更是登峰造極——《生命的躍升》一出版即獲二〇一〇年英國皇家學會科學圖書大獎、《時代》與《獨立報》年度書獎，至今已譯成西班牙等二十國文字。他以老練的文采，讚頌生命演化創新的「發明才能」（inventiveness），以及我們人類自身的卓越潛能，去解讀幽冥之過往，並且試圖重新建構地球上生命的悠悠歷程。

這本書，不容易念！至少對於欠缺生命科學背景訓練的讀者，要花一陣「勉力為之」的苦功。但是，一旦走進那有趣的分子世界，又很難脫身。本書的每一個章節，從誕生到死亡，從第一顆細菌的亙古幽冥到不朽的終極代價，都關係到我們存活在當下的步步維艱；抽絲剝繭，進入到「微觀世界」的神奇與奧妙。這些，都是最近半個世紀甚或近十年來，科學的重大發現與重大突破，徹底重新建構了我們對諸多議題的嶄新視野。像是「生命起源」的深海煉獄假說，挑戰著達爾文著名的「那一汪溫暖的小池塘」之隱喻。人類心智根源的「意識」，如何在分子層級上探究其起源與演化。「死亡」，這永恆價值的起點，與有形實體的終結，如何跳躍在「老年基因」「老化疾病群」，與「永生」的科學、哲學、人道與倫理的天空中翱翔！

經由第一手科學家原創性的發現，連恩提起生花妙筆，平鋪直敘的描繪，字裡行間有畫面，具影像。他將艱深難解、象牙塔中的「甲骨文字」，轉譯成為白話文字的詩篇——這就是我們一直欣羨歐陸「科普寫作」市場的成熟與不凡。他們沒有象牙塔中鐘樓怪人的自命不凡，也不像當下「秀場」中半吊子的「科學人」，裝模作樣，言不及義。

在書案上，堆放近十年來出版的七本專書，都是在探究生命演化的各種關鍵歷程。一流的科學家與大師，坐擁不同的視窗，探視三十八億年來，從巨觀化石到微觀分子的神奇世界。像是諾貝爾獎得主德杜武（Christian de Duve）一九九五年出版的專書《生命盎然的塵埃：生命乃宇宙之必然》，從視窗中擷取了化學年代、訊息年代、原細胞年代、單細胞年代、多細胞年代、心智年代與未知的年代七大議題。而歐陸演化生物學首席史密斯（John Maynard Smith）與薩思麥利（Eörs Szathmáry）一九九五年出版的專書《演化中關鍵過渡事件》，則在視窗中透視各式起源的議題：生命、遺傳密碼、細胞、性、多細胞動物、社群及語言的六大溯源與尋根。大師們從各自的萬花筒中，探視芸芸眾生的繽紛多采！

去年的秋季，漫步在英格蘭西部，達爾文的故居小鎮舒茲伯利。小鎮中主要的購物中心入口，高懸「Darwin 200」的巨大吊布。再往前步行在高街的書房，出版商期望搭上全球達爾文風潮的列車，櫥窗中整排裝飾的就是《生命的躍升》這本新書的首版精裝本，成為了路人注目的耀眼標幟！

貓頭鷹書房，繼二〇一〇年精選《第一隻眼的誕生：透視寒武紀大爆發的祕密》，今年又選譯了這本好書。譯者旅居法國，既專業又是行內人，譯筆高明。我幸運地得以先睹為快，也開啟了我一扇嶄新的視窗。我滿心歡喜，毫不吝惜地推薦這本好書給愛好讀書的朋友們！

程延年 國立自然科學博物館古生物學資深研究員，國立成功大學地球科學研究所合聘教授，專長為化石與演化生物學。論文發表於《自然》《科學》《古脊椎動物學報》等學術刊物。致力於科普教育，最新科普專書《水中蛟龍》獲二〇一〇年國家出版獎優等獎。

■深度導讀

生命演化過程中的「偶然」與「必然」

呂光洋

在所有已知的生物中，「人」是最令人費解的動物了！還有哪些動物會用千奇百怪的方式將自己的身體剖開來，看看裡面有什麼器官，看看器官是如何配置的？更有甚者，是以近乎凌虐的方式，將身體以不同的電極、不同的電流強度通電，測試會產生什麼反應。科技愈發達，這種近似自虐的實驗方式更是日新月異。其他的生物，包括植物在內，整天在體內或體外的忙碌活動，都只為了攝取能量及繁衍後代。我們人類在飽食及履行傳宗接代的任務之外，竟然還有時間去問自己「從何而來？將往何處？為何會長成這幅模樣？」這些都是跟「演化」息息相關的問題，也是本書作者企圖替讀者解答的謎團！

這雖然是一本科普書，但讀者可以發覺作者是以懸疑推理小說的方式在撰寫。從第一章講「生命的起源之自然發生」，第二章談「遺傳密碼的形成、自我複製到自私的基因」，一直到第九章討論「心智的起源」及第十章的「老化及死亡」。作者在每一章的開頭，都會提出一個演化科學的基本問題，然後試著以合乎邏輯的推理方式提供解答，但總在答案感覺呼之欲出之際，作者卻馬上指出這個答案的漏洞，然後再藉由另一個已經發表過的科學報告，提出更合理的解釋。如此一再地求證、推理，透過科學的證據，來追尋更進一階的答案。其所尋求及提供的證據，都有當代學理與實驗的辯證支持，證據擺在眼前，令讀者不得不接受他的說法。在這樣的過程中，作者也明確指出「演化」已可用科學方法來證明，對學生來說，光是閱讀的過程就是很好的科學訓練。

關鍵中的關鍵——天擇

前面提到作者隨手援引新的科學報告帶領讀者探求更高階、更合理的答案。讀者在閱讀時也可以發現，這些證據不僅僅局限於生命科學的領域，還包括化學、熱力學、量子物理學、經濟學、心理學，甚至是宗教。例如在第一、二章，討論在早期地球環境中，那些無機的化學元素如何藉著純化學的作用，自深海熱泉、冷泉對流的煙囪區形成建構生命所需的有機化學物質。這裡所涉及的領域，只有化學及物理學。不過，生物演化怎會牽扯到這兩個領域呢？這就要從基本的化學理論講起了。讀者知道任何化學作用都需要「能量」來支持，生命的「生化作用」及「代謝作用」自然也同樣需要能量。達爾文的演化理論，重點是在「天擇」。何謂天擇？簡單的說亦即各種環境因子都在扮演篩選或選汰的角色。那究竟在篩選什麼？以化學作用為例，如果不同的作用都能得到同樣的產物，就要將那些相對「節能」的生化作用或代謝過程保留下來，而選汰會消耗太多能量的作用過程。因此，在第一個生命誕生以前，涉及同樣產物的各種純化學作用，就已經受到天擇的選汰，相對耗能較多的化學作用必然不會被保留下來。書中提到熱泉冷泉區就因為在早期地球環境中，相較之下較易提供能量去進行有機分子的合成，因此也比較容易成為生命孕育的場所。

作者另外也提到，在鹼性溫泉噴發口的空腔壁富含硫化鐵礦物。空腔可累積保存濃縮的有機分子，而硫化鐵則可提供具有強力催化能力的亞鐵離子。這不僅能大大降低化學作用的能量需求，而且能加速化學作用的進行。天擇再次在此篩選出這些有催化作用的地區，來作為孕育第一個生命的場所。古細菌在此形成也就不奇怪了。至此，生命的演化很神奇卻又很合理地進入到有催化劑化學作用的階段。

談到化學，有不少金屬離子是具有催化作用的。有機分子自然形成之後，有不少機會可和這些金屬離子結合，組成有機化學分子。當這個有機化學分子帶有一個含鐵、鎳跟硫原子的核心，更會具備強力的催化作用。在各種不同的蛋白質演化出來後，部分蛋白質和上面提到的那些具有催化作用的化學分子，便合成了酶（酵素）。因為「酶」的催化速度快，天擇當然會將這些既節能，反應又快速的生化作用留下來。如此一來，生命中的生化作用進入到酵素系統的階段。（學過生化的學生必定看過細胞內到處充滿酵素作用的生化反應。）可見只要有必要的有機生物分子及機遇存在，天擇會在不知不覺中，隨時發揮作用。

再更仔細檢視這些生化反應，有不少是「循環反應」。所有上過高中生物學的學生一定忘不了「克氏循環」及「光合作用反應循環」。但有多少人會去追問，為何生物體內形成的生化反應，有那麼多屬於「循環反應」？這當然也是天擇的產物：這些作用不僅節能、快速，而且細胞也不必再依賴外界提供反應所需的材料。循環作用就是最佳的分解及合成的反應，也是最佳的代謝作用方式。

當形成早期生命必備的有機物質及遺傳分子都出現在所謂「生命高湯」中以後，會出現兩種可能的情形。一種可能是那些有機分子會隨意分散在高湯中，另一種可能，則是分子會遵循化學及物理定律而聚集成大分子，分子也會聚在一起，形成與外界隔離的小環境（可能是圓球形）。在天擇的篩選下，比較可能會出現哪一個情況呢？唯一的答案只有可能是後者。因為，一個與外界隔離的環境比非隔離的環境要穩定得多，相對的也更有利於各種生命反應的進行。同樣的，那些遺傳的分子如果隨意分散在細胞質內，在細胞分裂時，遺傳分子能忠實無誤地平均分配到子細胞的機率便很低很低；遺傳分子若包裹成染色體，複製後再平均分配到子細胞的機率，就可能達到百分之百。葉綠體、粒線體、高基氏體等胞器，也是在這種背景下由天擇所選汰下來的產物。

在細胞形成後，細胞仍然需要外界提供物質及能量。要無憂無慮地生存下去，最好是細胞內部便能儲存大量的物質及能量，以減少對周圍環境的依賴。此種需求下，天擇會選擇單細胞或多細胞的答案就很明顯了！多細胞生物體的內在環境要比單細胞穩定，故多細胞的生物就逐漸演化形成了。作者在第八章詳細地討論到變溫及恆溫的利弊，還有它的演化過程，這也同樣遵循著上述天擇的作用及演化的脈絡。

依照上面的討論，生物演化似乎有種趨勢——天擇使得生物透過演化，愈來愈獨立於環境之外，最後能不看老天的臉色更好。那未來的生物能否完全脫離周圍生存的環境呢？未來，即使我們對心智意識的成因與運作方式的研究都已經非常透徹，也完全找出了控制死亡、令人長壽的基因，屆時「孫悟空」能否就有機會逃離如來佛的手掌心？讀者可去深思。

靜下心來，想想「偶然」與「必然」

三十多年前，就有一本標題是《偶然與必然》的書。這本書的內容也是在討論生命的演化。《生命的躍升》這本書，幾乎每個章節也都有「偶然」與「必然」的字眼出現。「偶然」涉及到機率的問題，表示事情有發生的可能。在三十五或四十五億年前，生命所需的各種分子如本書所言都已俱備。在「偶然」出現的機遇下，讓天擇（環境中物理及化學因子）可以發揮作用。在眾多可篩選的化學分子及反應過程，那「相對」有利（節能又快速）的一方「必然」被篩選下來。因此在生命漫長的演化過程，「偶然」與「必然」必定涉及在其中。

另外，演化是否成功，其實也是一種相對的比較。經天擇作用後，誰產下的後代有較高的存活率，誰就算成功。所以在演化上，有五十一個子代的父母就比僅有四十九個子代的雙親成功。作者在談到眼睛的演化時，就引用《盲眼鍾錶匠》一書中的例子：「演化出一半的眼睛就比沒有眼睛的個體在存活上要強得多」。所以在共祖的現存生物中，只要多一個感光點、多一個透光的結晶蛋白，細胞或個體在覓食或避敵上就更有利。故成功與否完全是相對，沒有絕對的！畢竟要追求不變的終極完美，不就也得要有永恆穩定的環境？

本書作者嘗試為我們回答十個和生物演化有關的問題，他的辯證回答完全合乎邏輯，但每一章仍舊沒有提供終極的答案。因此，在生命科學的世界中，還有很多問題可發問及思考，以及許多有趣的答案有待挖掘。那什麼問題值得繼續發問呢？

著名的族群遺傳及演化學者，杜布贊斯基以果蠅做實驗，解決了很多生物演化上的問題。所有生物演化教科書，都必定印著他說過的一句很值得深思的話：「如果不從演化的角度去看，生物學就沒有意義了。」他指出學生在提出有關生命科學的問題時，必定得從演化的角度去思考，否則便無法窺探到生命世界的奧祕及意義。不過，因為生物的演化和環境有密不可分的關係，因此後來又有學者在那句話的後面再加上一段：「如果不從生態學的角度去看，演化就沒有意義了。」相信這兩句話，也有助於讀者跟我們一起，思考一些有意義也有深度的生命科學問題。

呂光洋　台灣師範大學生命科學系名譽教授

謹以此書獻給我的父親與母親

現在我也為人父了，我無比感激你們為我所做的一切

生命的躍升：40億年演化史上最重要的10個關鍵

目次

編輯弁言

本書編譯期間承蒙國立自然科學博物館古生物學資深研究員程延年博士，以及前台灣大學地質科學系林泗濱教授協助，針對本書名詞與概念給予指教，謹此致謝。

本書注釋體例有兩種，一種是以楷體字表示的譯注，另一種是以符號「＊」標示的原作者注。

本書另外備有參考書目（Bibliography）及圖片來源（List of Illustrations）供進階讀者查索。讀者如有需求，可以上貓頭鷹知識網（www.owls.tw）查詢，亦可來信至 owl@cph.com.tw 索取電子檔。

引言

在宇宙無垠的黑幕背景襯托下，地球看起來是一個令人神迷的藍綠色球體。雖然有史以來也不過僅有二十幾個人，有幸從月亮或是更遠的地方親眼眺望地球，體驗到那種悸動，但他們所傳送回來那些脆弱而美麗的影像，卻深深刻印在一代又一代人的腦海中。再沒什麼可以與之比擬了。庸碌的人們在地球上為了土地、石油和宗教信仰等瑣事爭吵不休，卻完全無視於這個飄盪在無盡虛空中、充滿生氣的瑰寶，就是我們共享的家園。不只如此，與我們共享家園的（同時也是我們所虧欠的），還有那些最神奇的、由生命所演化出來的種種美妙發明。

是這些生命本身把我們的行星，從一個繞行著年輕太陽而飽受撞擊的炙熱石塊，轉變成今日宇宙中一座充滿生機的燈塔。也是生命本身，透過微小的光合細菌，淨化了海洋與大氣，讓它們充滿了氧氣，將我們的行星變成藍色與綠色。受到這種充滿潛力的新能源所驅動，生命於是爆發了起來。花兒綻放搖曳誘人，細緻的珊瑚掩護著行動迅捷、金色發亮的魚類，當巨大的怪獸潛藏在漆黑的深海，樹木們卻朝天上伸展，動物們忙亂著、疾馳著、觀看著。在這其中，人類被這生命創造史的無數奧祕所感動，我們這個由無數分子按照秩序所組合起來的物體，感覺著、思考著、讚嘆著、疑惑著自己是怎麼出現的？

終於，自有史以來第一次，我們有了一個答案。這並非確定不移的知識，也不是什麼刻在石板上的真理，而是在人類不斷地探求著一個最偉大的問題之後，所得到的成熟知識之果，這是關於了解自身內在與外在生命世界的問題。當然，這是從一百五十年以前，達爾文出版了《物種起源》這本書以後，我們才大致了解這個答案。從那時開始，我們漸漸增長了對過去的知識，不只用化石來填補空缺，更深入地研究物種基因的結構。而對後者的了解，更是大大強化了這整塊知識之毯上的每一片補綴。也不過是最近幾十年，我們才剛開始從抽象的知識跟理論，進步到對生命有了鮮活的影像。也是直到最近，我們才能解讀這些譜寫生命的祕密語言，而它們，也是開啟生命奧祕之門的鑰匙，不只是今世的生命，也是最遙遠過去的生命。

展開在我們眼前的故事，遠比任何一個創世神話都要更戲劇性、更令人讚歎也更複雜。不過跟所有的神話一樣，這也是個跟「變形」有關的故事，而且是一種劇烈而壯觀的變形。這些源源不絕各式各樣的創新，改變了整個地球的樣貌，一次又一次地把過去的革命歷史，重新寫上更複雜的新頁。從太空中眺望地球，那寧靜的美麗，其實掩飾了這地方真實的歷史，它其實充滿了競爭、巧思與變化。諷刺的是我們這種為瑣事紛擾不休的模樣，正反映了地球騷動的過往；但卻也只有我們這些地球的掠奪者，才能夠超越一切，見識到這一切美麗的整體。

這行星上大部分的劇變，其實只是少數幾個演化創新所催化出的結果。這些創新改變了世界，最終甚至讓我們有誕生的可能。這裡要澄清的一點是，當我說「創新」一詞時，並非指涉任何深思熟慮的創造者。《牛津英文字典》上面對創新的定義是：「一種有獨創性的器具或產物，或是處理事情的新手段新方法；是前所未見的、新起源的或是新採用的。」演化本身並沒有遠見，也不計畫未來。這裡並沒有創造者，也沒有所謂的智慧設計（智慧設計為近代某些基督徒對上帝的中性描述，認為宇宙萬物皆由某位智慧者設計，希望藉此將神造世人的概念偷渡到科學中）。但是，天擇卻把萬物的所有特性拿來做最嚴格的檢驗，最後讓最適者勝出。這是一個天然的大實驗室，規模之大讓我們的大講堂相形失色，在這裡可以同時對無數的細微差異細細篩檢，一代又一代。設計其實無所不在，到處都是盲目卻充滿巧思的作品。演化學者私下討論時常會提到「創新」一詞，因為實在沒有比這更好的詞來表達對大自然創造力的驚嘆。不論人們的宗教信仰為何，所有科學家，或者任何對於我們起源充滿好奇的人，大家共同的目標，就是為了要洞察這背後是如何運作的。

這本書講的，就是演化中最偉大的創新。它講到這些創新如何改變生命世界，講到我們人類如何藉著足以與自然匹敵的巧思，來解讀自己的過去。這是對生命非凡創新、以及對我們自身的禮讚。這確實是一個關於我們如何出現的長篇故事，是關於從生命起源到我們的生與死的長篇史詩旅途中，許許多多的里程碑。我們要跨越生命的長寬幅度，從深海熱泉噴發口最初的生命源頭到人類的意識。我們要跨越科學的界線，從地質學與化學到神經影像學；從量子物理學到地球科學。我們也要跨越人類的歷史，從古老的史詩《基爾嘉美緒》到最新的研究，從史上最有名的科學家到至今雖沒沒無名，但有朝一日注定名揚四海的科學家。讓我們先從這裡開始讀吧！

我列了一張可稱為創新的清單，當然這很主觀，也可以完全是另一種版本。不過我還是定了四個標準，把條件限制在少數幾個、在生命史上真正稱得上是有開創性的事件上。

第一個條件就是，這個創新必須要讓整個行星的生命世界發生變革。之前我已經提過了光合作用。它讓地球變成今日我們熟知富含氧氣、充滿生命的行星（沒有氧氣，動物是不可能存在的）。其他的改變也許比較不明顯，但卻一樣影響深遠。有兩個影響最大的創新：一個是運動，這讓動物從此可以四處漫遊搜尋食物；另一個是視覺，大大改變了所有生命的行為模式。事實上眼睛在五億四千萬年前的快速演化，很可能是導致動物突然大量出現在化石紀錄裡的主因之一，也就是一般稱的寒武紀大爆發事件。我會在每章的緒論裡，討論這些創新對地球所造成的後果。

第二個條件是創新必須要超越今天我們對所謂「重要性」理解的範疇。最好的例子就是性與死。「性」曾被人稱做是「絕對荒謬的存在」，當然這裡不考慮《印度愛經》裡那種轉化人類內心情境，從不安昇華成極樂的效果。我們這裡只探討細胞間獨特的性生活。為什麼這麼多生物，即使是植物，都耽溺於性呢？它們豈不是大可安安靜靜的自我複製就好了？關於這個謎題，我們已經很接近答案了。而如果性是絕對荒謬的存在，那麼死亡就是「絕對荒謬的不存在」了。為什麼我們會老死？一路上要遭受各種疾病的折磨？儘管熱力學定律規定萬物走向混亂與解構，但是這個近來極為熱門的話題，卻並非受到熱力學定律的支配，因為不是所有的生物都會老化，而許多會老化的生物，也可以關掉開關，停止老化過程。我們將會看到演化可以將動物的生命延長到一整個量級。抗老化藥丸將不再是神話。

第三個條件則是，這些創新必須要是直接來自天擇作用後演化的結果，而不是其他的因素，比如說文化演變的結果。我是一個生化學家，對於語言與社會學，並沒什麼創見。不過造成人類所有成就背後的推手，是我們的意識。很難想像任何一種共通的語言或是一個共享的社會，不是由一種共通的價值觀所鞏固，不是由一種共同的知覺或感覺、難以言喻的愛、快樂、悲傷、恐懼、寂寞、希望與信念等來強化。如果人的心靈演化出來了，那我們必須要去解釋腦中的神經如何發出訊號，讓我們意識到非物質的靈魂以及主觀的強烈感覺。對我來說，這只是個生物性的問題，或許仍頗具爭議，我會在

第九章儘量闡明這部分。因此，意識可以算是演化最重要的創新之一，而語言跟社會，以及其他文化演進的產物則出局。

我最後一個條件則是，這些創新必須在某方面具有指標性。早在達爾文時代之前，公認完美的眼睛，就是個常被拿出來挑戰的例子。從那時起，眼睛就不斷地被用各種不同方式討論。不過過去十年在基因方面的深入探索，又提供了一個新的答案，眼睛有個出人意料的始祖。而DNA的雙股螺旋，應該也算資訊時代的指標吧。此外複雜細胞（真核細胞）的起源，也可以算是另一種指標，不過這比較局限在科學家之間，而不為一般人所知。這個里程碑，其實是過去四十年來演化學界最熱門的爭論之一，而且對於回答某些問題至為關鍵，像是分布廣泛的複雜生命是如何遍及各處。本書每一章都會討論類似此種指標性創新。剛開始時我曾跟一個朋友討論這張清單，他建議我用「腸道」取代運動，來當作動物的指標性演化。然而我覺得這個建議不太夠資格。因為對我來說，至少肌肉的力量是很有指標性的，只需想想飛翔的榮光即可。而腸子，如果沒有結合運動的威力的話，不過就是隻海鞘，是小段黏在岩石上搖擺的腸子而已，一點都不具指標性。

除了這些比較正式的條件以外，每項創新還必須引起我的想像。它們必須是身為一個極度好奇的人類如我，熱切想要去了解的東西。有些我以前已經寫過，不過現在想用一種更全面的方式來討論；其他的東西像DNA，則對所有的好奇者都有某種致命的吸引力。過去半世紀以來最了不起的科學偵探故事之一，就是在發掘這些埋藏在整個組織深處的線索。而至今，還有一些即使連科學家都所知甚少。我僅能希望我成功地傳達了自己在追尋過程中所得到的興奮感。溫血則又是一個例子，這是一個充滿矛盾的領域，至今科學家對很多問題都沒有共識，比如到底恐龍是溫血殺手，還是只是行動緩慢的巨大蜥蜴？又或者鳥類到底是從近親暴龍直接演化出來的，還是跟恐龍一點關係也沒有？何不讓我自己來檢視所有的證據？

現在我們有張清單，而我希望你也開始渴望閱讀了。我們從生命的起源開始，於人類自身的死亡以及對永生的展望結束；中途會經過許多顛峰如DNA、光合作用、複雜細胞、性、運動、視覺、溫血以及意識。

不過在開始之前，我要針對貫穿這章序論裡面的主題說幾句話，就是前面提過那個讓我們能洞察過去歷史的新「生命語言」。一直到最近，基因跟化石都還是通往過去歷史的兩條大路。兩者都有強大的威力可以讓我們回到過去，不過卻也各有缺陷。一百五十年以前達爾文就擔心過化石紀錄裡的不連續問題，不過現在這已是陳腔濫調，因為很多部分已經由實驗補足。真正的問題在於，化石常是在極端的情況下被保存下來，因此無法、也不可能是反映過去歷史的明鏡。其實我們能從化石裡面蒐集到這麼多資訊才令人驚訝。同樣的，詳細比對基因序列，可以讓我們建立物種之間的基因族譜，而這也正好指出我們人類跟其他生物間的高度相似性。不過基因的變異分歧到某個程度後，會讓兩物種之間顯得毫無相似性。因此在超越某一時間點後，利用基因序列來解讀過去，歷史會顯得一片混亂。現在已有許多更有力的工具可以超越基因跟化石的極限，帶我們回到更遠以前的歷史。這本書，有一部分就是在禮讚這些方法的敏銳。

讓我給個例子，一個我個人最喜歡，但卻無法在書中很適切說明的例子。這個例子跟一種酵素有關（酵素是一種可以催化化學反應的蛋白質）。這個酵素因為對生物來說非常重要，所以從細菌到人類體內，都可以找到它。科學家們曾比對了兩種不同細菌裡的相同酵素，一種細菌住在超級熱的溫泉噴出口，另一種則住在極冷的南極洲。這種酵素的基因序列，在這兩種細菌體內差異極大，它們已經分化得太遠，以至於現在看起來兩者明顯不同。我們之所以知道這兩種細菌過去是從同一個祖先分化出來的，是因為有一系列住在比較溫和環境裡的中間型細菌曾被找到過。然而，如果僅僅只是比對它們的基因序列，並無法給我們太多的資訊。這兩種細菌會分化，當然是因為它們居住的環境差得太多。但是這是很抽象、很理論性的推論，乏味且二維。

不過現在來看看這兩種酵素的蛋白質分子結構。我們把蛋白質在一瞬間用一束X射線穿透，然後用奇妙的晶體學來解讀其結構。我們發現這兩種蛋白質的結構幾乎是完全重疊，它們相近到每個皺摺與縫隙、每個凹陷與突出部分，在三維空間下都不分軒輊。沒受過訓練的人無法分出這兩個蛋白質的差異。換言之，儘管組成這兩個蛋白質的每塊積木都隨著時間而被置換掉，但是它們拼出來的整體形狀（跟功能）卻被演化保存下來。這就像是一座用石塊砌成的大教堂，在裡面又用磚塊重新蓋過，卻無損於整座教堂的形狀。這接著揭露了另一個真相：哪一塊積木被換掉？又是為什麼？在極熱溫泉細菌體內的酵素，構造非常堅固，也就是說每個組成部分都有非常強的鍵結，像水泥一樣緊密結合，因此儘管周圍有熾熱溫泉的猛烈高溫能量，分子結構仍可維持，這像是一座可以抵擋無止境地震的大教堂。在冰中的酵素則恰恰相反，在這裡積木彈性很大，因此儘管環境結冰，蛋白質分子仍可運動。這就像是一座用滾珠而不是用磚塊所蓋成的大教堂。如果比較兩者在攝氏六度的活性，南極細菌的酵素比溫泉菌的高了二十九倍，但是在攝氏一百度的情況下，南極細菌的酵素會完全瓦解。

現在浮在眼前的影像整個鮮豔且立體了起來，基因的分歧也變得有意義了，它們是為了保存酵素的結構與功能，為了讓同一種酵素在兩種截然不同的環境下工作。現在我們可以知道在演化的過程中發生了什麼事，以及為什麼發生，不再只是紙上談兵，而是真實的洞悉。

今日還有許多其他精巧的工具，一樣可以生動地帶我們洞察過往。比如說，比較基因體學可以讓我們比對數百種生物的全部基因體，一次就能比對不同生物的數千個基因，而不只是數個基因。這要歸功於過去幾年內各種基因序列陸續被解碼完畢，才有可能實現。而蛋白質體學則可以讓我們一次看到任何時間點內，一顆細胞裡面所有正在工作的蛋白質，進而讓我們領悟到，歷經萬世演化之後，有一小群基因如何維持原樣被保存下來，來調節整組蛋白質。計算生物學則幫助我們辨識出，一種蛋白質如何保存住一個特定的形狀、結構或模式，而不需要管轉錄它們的基因已然不同。對岩石跟化石的同位素分析可以重建過去大氣與氣候的變化。影像技術則讓我們看到人思考時，大腦裡面的神經細胞活動；或者可以重建嵌在岩石裡小型化石的立體影像，而不需要冒險敲碎它們。

上述這些技術其實沒有一個是新的，真正新的地方在於他們的精密度、速度跟可利用性。就好像人類基因體計畫一樣，這個計畫的速度愈來愈快而進度超前，資料累積的速度到了讓人目眩神迷的地步。這些新資訊都不是用傳統語言如族群遺傳學或是古生物學所寫成，而是用分子這種語言所寫成，並與自然同步變化。新一代的演化學家正由這些新技術滋養，他們可以同步記錄演化的工作成果。他們現在所描繪的景象，其詳細程度與尺度都是令人屏息的，範圍從次原子到行星規模。這是為什麼我說，有史以來第一次，我們知道了真相。當然今日大部分的知識可能昨是今非，它還在成長累積。但這些知識都是最生動且有意義的。能夠生在當代是幸福的，我們可以知道如此之多，而且還可以期望未來知道得更多。

第一章　生命的起源

來自旋轉的地球之外

日夜不斷地交替著。彼時地球上，白晝最多不過五到六個小時，因為地球繞著地軸發瘋似地快轉。而月亮距離地球也比現在近很多，所以看起來異常巨大，非常沉重且具威脅性地掛在天上。其他的星星則極少閃耀，因為空氣中充滿了塵與霧，倒是不斷快速畫破大氣的隕石，讓夜晚的天空顯得十分絢麗。偶爾透過晦暗紅霧看見太陽時，它顯得微弱水汪汪而不是今日的獨霸耀眼。人類是無法在這種環境下生存的，雖然我們的眼睛不會像在火星上一樣腫脹灼瞎，但卻會發現大氣中毫無氧氣可供呼吸。我們也許會絕望地掙扎個一分鐘，然後就窒息而亡。

叫這個星球「地球」其實根本名不符實，「海球」還差不多，因為就算在今日，海洋也覆蓋了這個行星三分之二的面積，如果從太空中看會更明顯。回到彼時，地球更是一片汪洋，僅有少數火山島從狂暴的巨浪間露出。因為受到那輪陰森巨月的牽引，海潮規模極大，可達一兩百公尺。此時小行星跟彗星的撞擊已經比以前要少很多了，再更早一點的時候，最強烈的一次撞擊甚至把月亮給撞了出去。不過就算撞擊已平靜不少，海洋卻仍然是滾沸翻騰的。海底也是一樣，不斷冒出翻騰的氣泡。此時地殼布滿了裂縫；岩漿從下面冒出堆積成團；眾多火山讓整個世界有如煉獄一般。這是一個不平衡、充滿永無止境活動的世界，是一個發燒的嬰兒星球。

也就是在這樣的世界裡，生命在三十八億年前出現，也許是從這個永無止息的行星上某處自行誕生的。我們會知道是因為有極少數岩石碎片歷經萬古，度過從不間斷的環境變動而倖存下來。在這些石頭裡殘存著極少量的碳元素，從它們的原子成分來看應該是生命的痕跡無誤。當然這樣渺茫的證據對於如此重大的歷史事件來說，也許過於薄弱了。確實，即使在學界對此也沒有一致的共識。但是如果我們再抽絲剝繭地看深入一些，那三十四億年前的生命跡象就非常明顯了。彼時地球上被細菌占滿，這些細菌所留下的除了碳元素痕跡以外，還有許多不同形態的微化石，以及高可達一公尺的疊層石，這些都曾經是細菌生活的聖殿。往後的二十五億年，地球繼續由細菌所支配，直到第一個真正複雜生物在化石紀錄中出現。不過有些人認為細菌至今仍是地球的主宰，因為動物跟植物的生物量根本無法與細菌匹敵。

是什麼讓地球從一堆無機物中忽然冒出會呼吸的生命？我們是唯一的嗎？是極為罕見的嗎？還是地球只不過是宇宙中無數孕育生命的場所之一？從人本原理的角度來看，這個問題一點也不重要。人本原理是說，如果這宇宙中出現生命的機率是很準確的千億萬分之一，那在這千億萬顆行星中一定有一顆上面會出現生命。而既然我們已經出現在地球上，那麼很明顯的，我們所居住的行星必然就是那唯一的一顆。無論生命再罕見，在這無垠的宇宙中生命總有機會出現在一顆行星上，而我們則必定住在這一顆上面。

如果你跟我一樣，對於這種過度賣弄聰明的統計不滿意的話，那再聽這個一樣令人不滿的解釋，這是由兩位科學大師所提出的：英國天文學家霍伊爾爵士，以及後來得到諾貝爾生理醫學獎的克里克。他們主張，生命是在別處形成，然後由某種類神的外星高等智慧刻意或是偶爾「感染」到地球之上。這並非不可能，誰敢說這絕不可能呢？然而大部分的科學家恐怕都會對這個解釋退避三舍，他們是有理由的。因為這等於先宣告了科學無法回答這個問題，而且是在連試都不肯試一下之前就先否定。只有在一種情況之下，去地球以外尋找救贖才合理，那就是：地球上沒有足夠的時間來形成複雜的生命形態。

但誰這樣說了？同樣卓越的諾貝爾獎得主德杜武，則總結提出了另一個更驚人的論點，他說依照化學決定論，生命的形成應該非常快速。基本上他的意思是，化學反應要不就會在極短時間內發生，要不就完全不會發生。如果某種反應要花上千年的時間才會完成，那大概所有的反應物在這段時間之內，早就都消失殆盡或者降解掉了，除非還有其他更快的反應不斷生產補充這些反應物。生命的起源必定是某種化學反應，所以這個原則也適用於此，因此生命起源的反應必定是自發而且很快完成。對德杜武來講，生命比較可能在一萬年內誕生，而不是在幾十億年內發生。

我們永遠無法知道生命如何在地球上出現。就算我們真的成功地在試管裡做出細菌，或是從一團化學物質中讓一隻蟲爬出來，我們還是不知道生命當初是否如此出現在地球上？充其量也只能說這是可能的，比我們當初想像的要更可能一些。但是科學找的不是例外，而是通則。這個讓生命在地球上出現的規則，應該放諸宇宙而皆準。對於生命起源的疑問，並不是想要重現西元前三十八億五千一百萬年星期四早上六點三十分發生了什麼事，而是想要知道這些導致宇宙中任何形態生命發生的通則是什麼？特別是在我們的地球上？因為畢竟這是目前唯一已知有生命的地方。這章要講的，就是關於這些規則。可以確定的是，我們將要看到的故事絕非全對，事實上我認為有很大一部分還值得質疑。我想要呈現的是：生命的起源並非隱晦難解，相反的，隨著地球轉動，生命的出現幾乎不可避免。

科學當然不只是通則，還包括用來闡明這些通則的實驗。我們的故事從一九五三年揭開序幕。這是史上重要的一年，標誌著英國女王伊麗莎白二世加冕、人類首度登上聖母峰、俄國史達林的死亡、DNA的發現，以及最後但同樣重要的一件，那就是米勒跟尤瑞的實驗，它象徵著一系列生命起源研究的開端。米勒那時候還是諾貝爾化學獎得主尤瑞實驗室裡面一名固執的學生。他在二〇〇七年過世，也許還帶著極度的不甘，直到臨終前仍為捍衛自己半世紀前大膽提出的觀點而奮鬥。不過不論米勒那獨特論點後來的命運為何，他真正留給後人的遺產，應該是藉由那些非凡的實驗所開啟這領域的一扇門，以及那些直到今天依然讓人震驚的結果。

當年米勒在一個大燒瓶裡裝滿水和混合氣體，用來模擬他所認為的早期地球大氣組成。他所選擇的氣體是氨氣、甲烷跟氫氣。這些是根據光譜觀察後，據信為組成木星大氣的成分，因此也很有可能充斥在年輕地球的大氣中。接著米勒在這瓶混合物中通電用來模擬閃電，然後在靜置幾天、幾個禮拜或是數月後，米勒把樣品拿出來分析，看看他到底烹調出了些什麼。實驗結果大大出乎意料，遠遠超過他的想像。

米勒所煮的是一鍋太古濃湯，一鍋近乎謎般的有機分子，其中還包括一些建造蛋白質的基本成分，也就是胺基酸；這或許是當時最能代表生命的分子了，因為彼時DNA還沒沒無名。更驚人的是，米勒做出的胺基酸正好就是生命所使用的那幾種，而不是其他各種大量可能的隨機排列組合。換句話說，米勒僅僅對很簡單的氣體組合通電，構築生命所需最基本的成分就這麼凝結而出，好像它們早就等待已久隨時準備登場般。霎時間生命的起源看起來變得好簡單。這結果必定非常符合當時的某些潮流，因而甚至登上《時代雜誌》的封面，為科學實驗帶來前所未見的轟動宣傳。

不過隨著時間過去，太古濃湯的構想漸漸失去支持。因為當對太古岩石進行分析後發現，地球其實從來就沒有充滿氨氣、甲烷與氫氣過，或者至少不是在隕石大轟炸把月亮轟出去之後。此時太古濃湯理論的人氣跌到谷底。遠古那次大轟炸扯碎了地球的第一個大氣層，把它們整個掃到外太空去。如果用比較接近實情的大氣組成來做實驗，則結果頗令人失望。對二氧化碳跟氮氣的混合氣體，外加極微量的甲烷和其他氣體通電一陣子之後，只會得到很少的有機分子，而幾乎沒有胺基酸。現在當初太古濃湯的那個實驗，變得像只是為滿足好奇心所做，雖然還是一個很好的實驗，證明有機分子可以簡單地從實驗室裡面做出來，但除此之外別無意義。

不過隨後科學家又在太空中找到大量的有機分子，這發現拯救了太古濃湯理論。這些有機分子多半存在彗星與隕石上，有些彗星跟隕石甚至幾乎就只是混了大量有機分子的髒冰塊，而其中的胺基酸種類跟氣體通電產生出來的非常相近。在驚訝之餘，科學家開始尋找：這些組成生命的分子有無任何特殊之處？在眾多有機分子中，是否有一小群特別適合形成生命？至此，隕石大轟炸有了另外一個面貌，它不全然是毀滅性的，這些撞擊變成為地球帶來水與生命源頭有機分子的終極來源。這個太古濃湯並不是在地球上形成，而是從外太空來的。雖然大部分的有機分子會在撞擊的過程中耗損掉，不過科學計算的結果顯示，仍有足夠的分子可以留下來成為湯的原料。

這假設雖然不像霍伊爾爵士所提倡的生命是由外太空播種到地球上那樣極端，不過它確實把生命起源（或至少太古濃湯）跟宇宙的組成成分連結在一起。地球生命現在不再只是一個例外，而是統治整個宇宙的定律之一，就像重力一樣無可避免。天文學家當然很歡迎這個理論，至今依然。除了這點子實在不錯以外，更重要的是它讓天文學家有飯可吃。

這濃湯還因為添加了分子遺傳學而更美味，主要是因為生命的本質就是「複製子」，特別是基因這種複製子，而基因是由DNA跟核糖核酸（RNA）所構成，它們可以一代又一代精確地自我拷貝（在下一章會談得更詳細）。確實，天擇少了「複製子」這類東西絕對行不通，而也**只有**透過天擇，生命才可能由簡而繁。如此，對許多分子生物學家來說，生命的起源就**等同**複製的起源。而太古濃湯符合他們的需求，因為湯裡面有各式各樣的成分，足以讓彼此競爭的複製子成長並演化。這些複製子可以在夠濃稠的湯裡各取所需，形成愈來愈長、愈來愈複雜的聚合物，最後並帶入更多分子來形成精巧的構造，像是蛋白質或是細胞。從這個觀點來看，這鍋湯就像是飄滿英文字母的海洋，正在拼湊出許多單字，現在只等著天擇將它們釣上來去寫出漂亮的散文。

但是，太古濃湯是有毒的。它有毒並不是因為這構想必然錯誤，事實上遠古時期很有可能真有太古濃湯，只不過非常稀薄，遠不像當初想像般濃稠。它有毒是因為這構想讓科學家在尋找生命真相的時候，走了幾十年的冤枉路。如果我們在一個錫鍋裡面裝滿滅過菌的湯（或者一鍋花生醬好了），放個幾百萬年，生命會跑出來嗎？當然不會。為什麼？因為這些成分只會漸漸分解，什麼都不會發生。就算你持續對錫鍋通電也不會改善情況，那些成分只會分解得更快。偶然強大的放電像是閃電，也許會讓某些分子黏在一起形成團塊，不過卻更有可能劈碎它們。我很懷疑複雜的生命複製子能從這鍋湯中出現，就像〈阿肯色州旅者〉這首歌裡說的：「你無法從這裡走到那裡。」因為這不符合熱力學定律，同樣的道理，對一具屍體持續電擊也無法讓它復生。

熱力學是許多書本極力避免使用的字彙之一，尤其是那些自詡為科普暢銷書的書籍。但是如果真正了解的話，它的魅力無窮，因為這是關於「欲望」的科學。原子跟分子的存在是由「吸引」「排斥」「需要」以及「釋放」所支配，它們是如此重要，以至於在寫化學書籍時幾乎不可能避免用些情色擬人法：分子「想要」失去或得到電子、電性異性相吸、同性相斥、分子想要與同性質分子共存。當化學物質的每個成分都想要配對的時候，化學反應就會發生，或者它們會不情願地被強大的外力強迫在一起。當然也有某些分子其實很想進行反應，但卻無法克服本身的羞赧。輕柔的調情也許會引發強烈的欲望，然後釋放出極大的能量。不過，或許我該在這裡打住了。

我想說的是，熱力學定律讓這個世界轉動。兩個分子如果不想進行反應的話，那就很難引起反應。如果它們想反應的話，反應就會進行，就算也許要花點時間去克服彼此的羞赧。我們的生命是由這種「需要」所驅動。在食物中的分子其實真的很想要跟氧氣反應，不過幸好這反應不會自發進行（這些分子其實非常害羞），否則我們就會燒起來。但是讓我們存活下來的生命之火，也就是分子間緩慢的「燃燒反應」，其實跟燃燒是同一種反應：就是食物中的氫原子跑出來跟氧原子結合，釋放出讓我們存活的能量*。基本上，**所有**的生命都是由類似的「主要反應」所維持，化學反應「想要」發生，然後釋放出能量去驅動其他的副反應，這就產生了新陳代謝。所有的反應、所有的生命歸結起來都是如此，是出於兩個分子並列在一起時彼此趨向完全平衡，比如氫跟氧，兩個相反的個體快樂地結

---

*更精確地說，這是氧化還原反應，也就是電子由供給者（氫原子）傳遞給接受者（氧原子），因為氧比氫更想要電子。反應結果會形成水，這是一個熱力學上穩定的終產物。所有的氧化還原反應，都是把電子由供給者傳遞給接受者的反應；而值得一提的是，所有的生命，都仰賴各種電子傳遞過程中所釋放出來的能量存活，不管從細菌到人類都是如此。如同匈牙利的諾貝爾獎得主聖哲爾吉所說，生命不過就是一個電子不斷地尋找棲身之所。

合成一個分子並釋放出能量，然後除了剩下一小灘熱水外，什麼也沒有。

而這就是太古濃湯的問題所在。從熱力學觀點來看它是死路一條。在湯裡面並沒有哪些分子真的想發生反應，至少不是像氫跟氧想要發生的那種反應。因為在這湯裡面並沒有什麼不平衡，並沒有什麼驅力把生命不斷往上推，推過陡峭的活化能高峰之後，形成一個複雜的聚合物，比如蛋白質、脂質或是多醣類分子，或者更重要的像是RNA或DNA等分子。有些人臆測第一個生命分子是RNA這類複製子，早於任何根據熱力學定律會產生的分子。這樣的想法，套句地質化學家羅素的話來說，就像是「把車子的引擎拔掉之後，還希望微調控電腦可以駕駛它」般荒謬。但是生命如果不從濃湯中誕生，又要從哪裡呢？

科學家第一次找到解答的線索，是在一九七〇年代初期。那時他們注意到沿著太平洋底的加拉巴哥裂谷，有冒出的熱水所造成的熱羽流現象。這海底裂谷離加拉巴哥群島不遠，當年群島上富裕的資源給了達爾文物種起源的靈感，如今也恰如其分地提供了生命源頭的線索。

不過隨後幾年並沒有太大的進展，要一直等到一九七七年，也就是在太空人阿姆斯壯登陸月球的八年之後，美國深海潛艇阿爾文號才下降到裂谷裡面去探查。有熱羽流的地方應該就有熱泉，而他們確實也找到了。原本潛艇目的只是為了找到熱泉的正確位置，而並不認為會有什麼意外發現，但是後來裂谷裡面豐富的生命卻大大的震驚了他們。這裡有巨大的管蟲，有些長度達兩公尺多，還有許多如盤子般大的蚌蛤與貽貝。或許巨人在深海裡面並不稀奇（想想深海裡巨大的烏賊），但這裡動物的數量多到驚人。裂谷中的族群密度簡直可以與雨林或珊瑚礁匹敵，唯一的差別是裂谷由熱泉滋養，而雨林跟珊瑚則由太陽滋養。

在所有東西裡最引人注目的，或許是後來被暱稱為「黑煙囪」的熱泉噴發口本身（見圖1.1）。現今世界各地一共有兩百多處已知的海底噴發口，沿著太平洋、大西洋與印度洋底的洋脊分布。跟它們比較起來，加拉巴哥裂谷熱泉算是比較溫和的。這些彎彎曲曲的煙囪，有些高如摩天大樓，頂端噴發著黑色煙霧進入上方的海洋中。當然這不是真的黑色煙霧，它們只是熾熱的金屬硫化物，由下方熔爐般的岩漿向上噴入水壓極大的冰冷深海裡。它們酸得跟醋一樣，又熱達攝氏四百度，一旦噴入海底後很快就會遇冷沉澱，這厚厚的堆積物分布範圍極廣。黑煙囪本身成分也是含硫礦物，像是黃鐵礦（化學成分為二硫化亞鐵，或許稱愚人金大家比較知道），由噴發出的黑煙霧沉澱堆積而成。有些煙囪成長的速度十分嚇人，可以快到每天三十公分，一直長到六十公尺左右垮掉為止。

這怪異而獨立的世界像極了怪誕畫家波希眼中的地獄：四處充斥著硫磺，而污濁惡臭的硫化氫蒸氣則從各處煙囪中裊裊冒出。當然波希很可能早就想像過巨大的管蟲，這種蟲子也不知道算是少了嘴巴還是少了肛門；或是無眼的蝦子，成群聚集在深不見底的煙囪根部，如同一群詭異的蝗蟲大軍。在這裡的生命並不是忍受地獄般的生活，事實上牠們不能離開這裡而活，牠們根本是靠著這環境而興盛。但是，這是如何辦到的？

答案就在不平衡這三個字。當冰冷的海水滲入黑煙囪下面的岩漿裡時，它們會被加熱，同時混入礦物跟氣體（大部分是硫化氫）。海底的硫細菌可以把氫從這堆混合物中萃取出來，與二氧化碳結合在一起產生有機分子。這個反應，就是這所有熱泉噴發口生命的基礎，它讓細菌可以不依賴太陽能而繁殖。但是硫細菌需要氧氣參與反應來產生能源，以進行把二氧化碳轉換成有機物的過程。硫化氫與

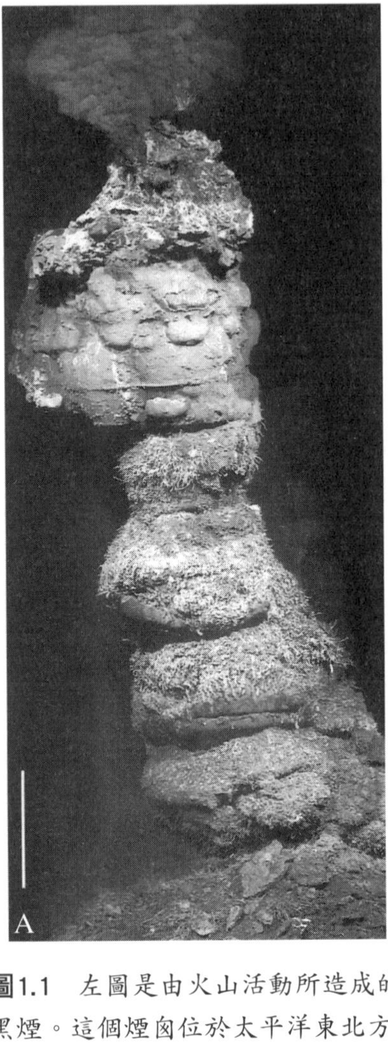

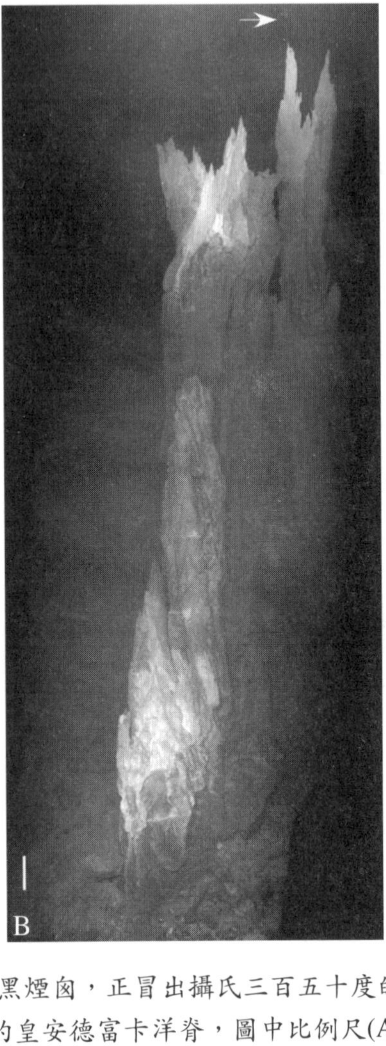

圖1.1　左圖是由火山活動所造成的黑煙囪，正冒出攝氏三百五十度的黑煙。這個煙囪位於太平洋東北方的皇安德富卡洋脊，圖中比例尺(A)代表一公尺。

圖1.2　失落的城市裡面，坐落於蛇紋石的岩床上高達三十公尺的鹼性溫泉煙囪——「自然塔」。亮白色的區域顯示活躍地冒出溫泉的地方。圖中比例尺(B)代表一公尺。

氧反應之後所產生的能量，可以供應整個熱泉世界的生命。這與地面上生物靠氫與氧反應所產生的能量來維持生命是一樣的。這些反應的產物都是水，不同之處在硫化氫反應之後還會產生硫磺，如同聖經中提到的硫磺之火，而硫細菌也因此得名。

不消說，噴發口的細菌並沒有使用太陽能，同時除了噴發口冒出來的硫化氫以外，它們也沒有使用熱泉的熱能或是任何能量＊。硫化氫這個分子本身並非高能分子，細菌是利用它氧化時產生的能量來工作，而這個反應要在熱泉噴發口跟深海的**交界處**才能發生，也就是必須依賴兩個不同世界交界處的動態不平衡。只有同時被這兩個世界吸引而住在熱泉旁邊的細菌，才有可能進行這種化學反應。噴發口旁的動物像是蝦類，只是啃食這一片細菌草原而活；而有些動物則直接讓細菌在體內生活，宛如經營一座體內牧場。這就是為什麼像巨型管蟲這種動物並不需要消化道，因為營養可以直接由體內的細菌牧場供應。不過要能提供氧跟硫化氫這兩種原料，又需要頗極端的環境，對宿主來說可不簡單，因為這等於要同時在體內維持兩種小世界。管蟲體內許多複雜難解的構造，其實都源自於這個條件。

科學家很快地就注意到熱泉噴發口世界這個極為特殊的環境，有可能跟生命起源有關。美國西雅圖華盛頓大學的海洋學家巴羅希，是最早提出這種主張的人。熱泉噴發口確實幫太古濃湯理論解決了

＊這麼說其實不盡然全對。熱泉噴發口其實還是有放出一些微弱的光芒（請見第七章），儘管這些光對我們的肉眼來說太過微弱，但卻足以驅動某些細菌進行光合作用。不過這些細菌對此區豐富生態系統的貢獻太小，無法與硫細菌相比。附帶一提，在某些冰冷的海底滲漏區，也發現了與熱泉噴發口同樣興盛的動物群，這也佐證了噴發口生態系統並不依賴熱泉的光與熱。

很多麻煩，其中最重要的當屬前面提過的熱力學問題，因為在這個黑煙囪的世界裡，沒有什麼東西保持著穩定平衡。然而要注意的是，現代海洋與噴發口的交界環境，跟早期地球的環境必定不同。首先古早地球上就沒有氧氣，或至多只有很少量的氧氣，所以古早細菌不可能跟現代細菌一樣，利用硫化氫與氧的呼吸作用來產生驅力。不過細胞的呼吸作用本來就是個滿複雜的過程，它需要一些時間來演化，早期的生物不用呼吸產生能源，並不令人意外。德國一位相當反傳統的化學家兼專利律師瓦赫特紹澤，就主張最古老的能源反應，應該是硫化氫與鐵反應生成硫化鐵。這是自發性反應，會釋出一點能量，可以被利用，或至少理論上來說可行。

如此，瓦赫特紹澤提出了一個完全不同以往的生命起源化學反應系統。但是形成硫化鐵所釋放出來的能量太低，並不足以把二氧化碳轉換成有機物，所以他又提出一氧化碳作為活性比較高的中間產物，而確實在酸性熱泉環境裡也可以找到一氧化碳。瓦赫特紹澤還主張許多遲緩的有機化學反應，可以在不同形式的硫化鐵礦物參與下發生，這類礦物似乎有頗特殊的催化能力。他的團隊更進一步在實驗室裡證實了這些反應確可發生，而不只是理論上可行。不過要顛覆數十年來的傳統生命起源理論，去接受生命可能從地獄般的環境中，由最不可能的物質（硫化氫、一氧化碳跟黃鐵礦，其中有兩種毒氣與一個愚人金）產生，這需要極大的努力。有位科學家這樣說到：當第一次讀瓦赫特紹澤的論文時，他感覺好像無意間讀到一篇二十一世紀末的論文，經由時光隧道掉到他眼前一般。

瓦赫特紹澤是對的嗎？隨著他的論點被提出，許多針對他個人的批評也蜂擁而至。原因很多，一部分是由於他這個天才洋溢的演化觀點，正企圖推翻長久以來被接受的生命起源論；一部分是因為他傲慢的態度大大激怒了其他科學界同僚；不過還有一部分，他所勾勒出的藍圖確實有可疑之處。其中最棘手的缺陷，跟太古濃湯理論一模一樣，就是關於「濃度的問題」。這些理論中的有機分子，都必須溶解在大量的海水裡面，所以幾乎不可能隨機彼此相遇，然後形成如DNA或是RNA之類的大型聚合物。沒有地方可以保存這些分子原料。瓦赫特紹澤認為他所提倡的所有反應，都可以在礦物表面（比如黃鐵礦）發生。不過這樣還是沒解決問題，因為化學反應的終產物，如果沒有辦法從催化劑表面釋放出來的話，這個反應就不算完成。所有的產物要不是被黏死，不然就是消失*。

現在任職於美國加州噴射推進實驗室的資深科學家羅素，在一九八〇年代中期，就為這些問題提供了一個解答。羅素給人的印象，宛如一位吟唱著科學預言的凱爾特詩人，他傾向「大地詩篇」帶來的魔法，而他對生命起源的看法是根基於熱力學與地質化學，而後者對於傳統生化學家來說，十分難懂。不過隨著時間過去，羅素的構想漸漸吸引了一群跟隨者，因為許多人看出他的論點，確實可以為生命起源難題提供獨特而可行的解答。

羅素跟瓦赫特紹澤都認為海底熱泉噴發口是生命起源的中心，但是除此之外兩人的論點可說是天差地別。一人主張火山作用，另一人完全相反；一人傾向酸，一人主張鹼。這兩個理論常常被人搞混，可是它們的差別有如雲泥。讓我來解釋給你聽。

---

*其他的問題還有溫度，因為噴發口環境的溫度過高，有機分子恐怕難以生存；或是酸度，大部分黑煙囪所在地的酸度都不適合瓦赫特紹澤提到的反應，而他本人在實驗室裡做的合成反應，也都是在鹼性環境下模擬的。另外早期地球上硫的濃度可能遠高於現代有機化學所需。當然這些問題都還在爭論中，未有定論，因此我也就此打住。

黑煙囪所在的大洋脊，現在已知是海底擴展的新生地。地底岩漿從這個火山活動中心地慢慢地冒出，將周圍的板塊漸漸推離，移動的速度大概跟腳趾甲生長速度差不多。這些慢慢移動的板塊終究會在遠處相撞，其中一塊被迫插入另一塊底下，上面的一塊則因此激烈地震動隆起。喜馬拉雅山、安地斯山跟阿爾卑斯山，都是這種板塊碰撞後，為了減緩壓力的成果。不過因為地函就在地殼下面，新生成的地殼在海底慢慢移動的時候，也會同時讓地函裡面新生的岩石暴露出來。這樣的岩石會造成第二種熱泉，這跟前面提到的黑煙囪完全不同，而羅素所談論的其實正是這第二種熱泉。

第二種熱泉噴發口並沒有火山作用或是岩漿參與其中，而是由海水跟新露出岩石的作用所產生的。海水不只會滲透，還會跟新生岩石發生實實在在的反應，嵌入其中並改變岩石結構，形成如蛇紋石這類氫氧化礦物鹽（蛇紋石之名得自於岩石上有如蛇鱗片般的綠色斑點）。海水滲透會讓岩石擴張，進而崩解成小塊，而碎裂成小塊的岩石則更有利於海水滲透，然後再被崩解，如此周而復始。這種反應的規模十分驚人，透過這種方式滲入岩石中的海水體積，據信幾乎等同於整個海水本身的體積。隨著海底板塊移動，這些富含水分的岩石最終會因為一部分板塊插入地底而回到地函，然後被加熱到高溫。此時，岩石會在地球深處把水分釋放出來。這樣一來，夾雜著海水的地函會被驅動產生對流，進而迫使岩漿向上升至地殼表面，從中洋脊處或是火山口再冒出。我們行星上劇烈的火山運動，就是由這種海水持續不斷注入地函產生的循環所驅動，是它讓我們的世界保持不平衡，也是它讓整個地球運轉＊。

這種海水與地函裡岩石所產生的反應，不只造成地球上持續不斷的火山運動，同時還會釋放出熱能，並且伴隨產生大量氣體，比如像氫氣。基本上這個反應會改變所有溶在海水裡面的成分，把它們全部加上一些電子（用化學術語來說，這些成分被「還原」了），就好像一面哈哈鏡一般，吞噬站在它面前的物體形像，然後反射出扭曲的影像。因為海水的主要成分是「水」，所以排放出最多的氣體自然就是氫氣，但同時也帶有少量米勒當初煮太古濃湯時所使用的氣體，很適合用來合成複雜分子（蛋白質、DNA等）的前驅物。如此，二氧化碳會被轉換成甲烷，氮氣被轉換成氨氣，而硫酸鹽則轉換成硫化氫。

熱能跟氣體會從地函上升至地殼表面，找路冒出來，這就形成了第二種熱泉噴發系統。不管從哪個角度來看，這跟第一種黑煙囪都不一樣。第二種熱泉冒出的是強鹼，黑煙囪冒出的是強酸。第二種熱泉或溫或熱，但不管怎樣溫度都遠低於黑煙囪冒出的超高溫，而它們的位置一般都離中洋脊這個地殼搖籃有一段距離。另外黑煙囪通常是從單一出口冒出，而第二種熱泉則常常形成非常複雜的結構，雕飾著許多小氣泡或小空腔，這是溫暖的鹼性液體冒出來後遇到上方冰冷海水沉澱所形成的構造。我猜很少人聽過這第二種海底熱泉的原因，是它的形成機制「蛇紋石化作用」（這名字一樣是從蛇紋石而來）不討喜的關係。為了簡單起見，就讓我們叫它「鹼性溫泉噴發口」吧，雖然這名字聽起來軟綿綿的，不如「黑煙囪」那樣孔武有力。不過稍後我們會看到，「鹼性」這個詞用得真是寓意十足。

很有趣的是，一直到不久以前，鹼性溫泉噴發口都只是理論上預測可能存在，實際上卻只在極

＊這又造成了一個有趣的問題，那就是長久下來循環會造成地球的冷卻。當地函漸漸被冷卻，海水就會嵌在岩石裡面成為結構的一部分，而無法再繼續被熱推動，經由火山作用回到地球表面。行星有可能藉著耗竭自己的海洋，慢慢冷卻下來，而這過程很可能是火星上海洋消失的原因之一。

少數化石遺跡中看過。最有名的當屬位於愛爾蘭提那村，一個三億五千萬年前的岩石化石。這個化石促使羅素在一九八〇年代開始認真思考生命起源的問題。他在電子顯微鏡下面，細細檢視這個充滿氣泡孔洞的溫泉噴發口岩石切片時，注意到有些空腔的大小跟有機細胞的尺寸差不多大，直徑約十分之一毫米或更小一點，彼此連接形成迷宮樣的網絡。他推測當鹼性溫泉冒出混入上方酸性海水時，就會形成這種礦物細胞，而很快的他也在實驗室裡，藉由混合酸鹼物質而造出類似的多孔岩石構造。他在一九八八年刊登在《自然》期刊上的一篇論文裡指出，鹼性溫泉噴發口所形成的構造，可以讓它們成為孕育生命的理想場所。這結構裡面的小空腔，可以很自然的保存濃縮過的有機分子，而富含硫化鐵礦物的空腔壁（比如四方硫鐵鎳礦），有很強的催化能力，足以支持瓦赫特紹澤所提出的反應條件。在另一篇一九九四年發表的論文裡，羅素與同事寫道：

這些漸漸堆積起來的硫化鐵小空腔中充滿了鹼性物質與高還原態的熱泉溶液，而生命會在這裡誕生。這些充滿液體的小空腔，四十億年前就位於一個海底硫化物溫泉噴出口，離海底擴張中心大約有些距離。

這些文字真是充滿遠見，因為在當時活動的海底鹼性溫泉噴發口尚未被發現過。接著在千禧年交替之際，科學家派出的潛水艇亞特蘭提斯號，無意間就在離大西洋脊十五公里遠的地方，發現了這種噴發口，巧合的是，被發現的地方碰巧也叫做亞特蘭提斯地塊。這個噴發口理所當然地就根據傳說中消失的亞特蘭提斯城，被命名為「失落的城市」。此處精美的白色柱狀與手指狀的碳酸鹽柱群，向上伸展到漆黑的深海裡，更讓這名稱顯得無比恰當。這個噴發口地區完全不像過去所發現過的，儘管有些柱子高度可與黑煙囪比擬，比如說最高的一座被稱為海神普賽頓，高達六十公尺；但是不同於黑煙囪粗糙的結構，這些手指般的白柱卻像是華麗雕飾過的哥德式建築，套句英國作家諾威治的話來說：充滿著空洞無意義的圖案。這裡冒出的熱泉是無色的，所以真的給人一種錯覺，似乎整個城市被瞬間拋棄，只剩那些難解的哥德式華麗建築被完整保存下來。這裡沒有地獄黑洞般的黑煙囪，只有精巧的白色不冒煙柱子，像手指般的石化結構，向上伸往天堂（見圖1.2）。

這裡冒出的煙霧或許透明不可見，但是它們確確實實在噴發，而且足以支持整個城市的生命。這些白色煙囪雖非硫化鐵礦物所構成（基本上鐵很難溶解於富含氧氣的現代海洋裡，前面羅素所預測的結構，是以早期地球環境為背景），不過結構仍然是多孔狀，宛如一個充滿細小房間的迷宮，牆壁上布滿羽狀霰石（見圖1.3）。有趣的是，比較老的結構塌陷後靜靜地躺在一旁，已經不再充滿溫泉液，不過質地卻比較堅硬，因為小空腔裡填滿了方解石。而正在活動的溫泉蜂巢結構，空腔裡則充滿了活躍的細菌正在活動，它們完完全全地利用環境中的化學不平衡。這裡也有很多動物，其多樣性足以跟黑煙囪熱泉噴發口相媲美，但是族群規模卻小得多。原因很可能是因為生態環境的差異：在黑煙囪熱泉的硫細菌已經完全適應住在宿主體內的生活方式，而在「失落的城市」裡的細菌（嚴格地來說，都是古細菌），則沒有形成這種共生關係*。因為缺少了所謂的內在「牧場」，噴發口的動物生長就比較沒有效率。

「失落的城市」裡的生命系統，是構築在氫氣與二氧化碳的反應上面。基本上地球上所有的生命系統都是如此，不過在這裡跟其他地方最大的不同，在於失落的城市裡面的反應，是氫與二氧化碳直接作用，而其他地方則都是間接作用。從地底汩汩冒出的氫氣，是我們行星上罕見的恩賜。生命常常需要在其他隱晦的地方尋找氫原子來源，它們往往與其他原子緊緊地結合在一起，好比說存在水分子或是硫化氫分子裡。要把氫原子從這些分子裡面拔出來，接到二氧化碳上去，需要消耗能量。這些能量往往要透過光合作用從太陽光中擷取，或者如溫泉噴發口的細菌，利用化學不平衡產生。只有氫氣本身可以不耗能自發性地供應氫原子，雖然反應很慢很慢，不過從熱力學的觀點來看，套生化學家沙克一句難忘的名言，這個反應等於是別人付你錢，還順便招待一頓免費午餐。換句話說，這反應可以直接產生有機分子同時還生出很多能量，理論上，這些能量可以再去驅動其他有機化學反應。

因此，羅素的鹼性溫泉噴發口非常符合各種孕育生命的條件。這溫泉是更新我們地球表面的板塊系統不可或缺的一部分，它推動地球上永

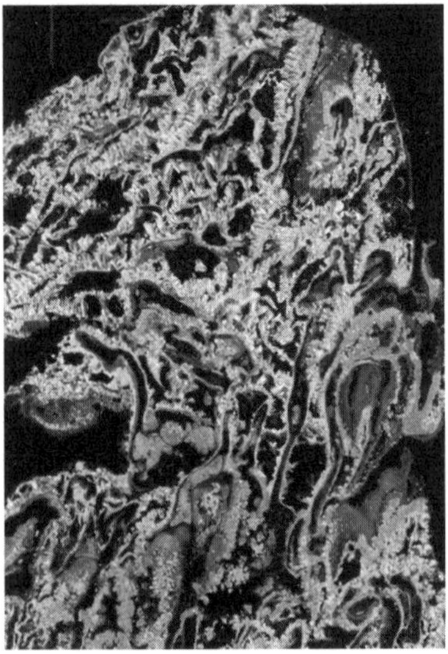

圖1.3　一個鹼性溫泉噴發口的顯微結構，圖中顯示出眾多複雜格間彼此相連的樣子，非常適合作為生命起源的搖籃。這個切面橫跨了約一公分，厚約三十微米。

不止歇的火山活動，與海洋總是處於不平衡狀態；它持續地冒出氫氣，去跟二氧化碳反應產生有機分子。它會形成如迷宮般的多孔狀結構，可以保存並濃縮新生成的有機分子，讓它們有機會形成如RNA般的大聚合物（或非常相近的分子，我們在下一章會看到）。這溫泉系統的壽命很長，失落的城市至今已經噴發了四萬年了，是大部分黑煙囪熱泉壽命的一百倍以上。在早期地球上它們可能更普遍，因為那時正在冷卻的地函與海水的接觸更直接。尤有甚者，彼時海洋中溶有大量的鐵，所以噴發口所形成的微結構壁，會因為含有硫化鐵礦物而極具催化性，成分應該很像在愛爾蘭提那村所發現的溫泉化石一般。它們作用的方式可能像個天然的流動反應器，讓帶著熱與電化學濃度差的反應液體，不斷地流過具催化能力的小空腔。

這些聽起來非常完美，不過單單一個反應器，再有用也不會組成生命呀。這怎麼可能呢？你也許會問，生命真的就是在這樣的反應器裡面，由簡而繁慢慢發展，最終變成我們四周無所不在、驚人又頗具巧思的樣子？答案當然是：不知道。不過生命的特質本身倒是提供了一些線索，特別是地球上

＊簡單的原核生物（沒有細胞核的單細胞生物）可以被分成兩大域，分別是古菌域跟細菌域。在失落的城市裡的居民主要是屬於古菌域的古細菌，它們藉由製造甲烷來獲得能量（甲烷生成作用）。古細菌使用的生化反應，跟複雜的真核細胞（構成動物跟植物的細胞）使用的，差異極大。現今已知的病原菌或是寄生蟲，全部都屬於細菌域，沒有古菌域；因為細菌域的細菌跟宿主細胞所使用的生化機制相似多了。或許古細菌真的就是跟其他人都太不同了。唯一知道的例外是一個古細菌與細菌的共生結構，而這個共生結構後來很可能在二十億年前演化成真核細胞（請見第四章）。

所有生命至今都共同保有的那些最基礎的核心代謝反應。這些核心代謝反應，就像生物內在的活化石般，保留了古老過往的回音，與太古鹼性溫泉噴發口中所誕生的生命旋律，彼此唱和。

有兩種方法可以尋找生命的起源：「由下往上」尋找或是「由上往下」尋找。到目前為止，本章討論的角度都是「由下往上」，我們從地質化學環境跟熱力學梯度的角度來思考，最有可能存在於早期地球的是什麼東西？我們找到了深海溫泉噴發口，它們汩汩冒出氫氣到充滿二氧化碳的海洋中，最有可能是生命的源頭。天然的電化學反應器，確實很有可能同時產生有機分子跟能量，然而我們卻還沒有認真思考過，哪一個反應會發生？以及這些反應如何導向生命？

真正能帶我們找到生命起源的，是今日已知的生命形式，換句話說，要採取「由上往下」的策略去尋找。我們可以將現今所有已知生命共有的特質分門別類，然後從中建立一個理論上可能的「最終普遍共同祖先」，她有個可愛的名字叫露卡（LUCA，代表 Last Universal Common Ancestor）。現在舉幾個例子來看，因為只有很少種類的細菌可以進行光合作用，所以我們推測露卡本身可能也不會進行光合作用。如果她會，那等於說她大部分的子孫都放棄了這寶貴的技能，儘管我們無法否定，但老實說這太不可能了。反過來看看所有生命的共同特質：所有的生命都由細胞組成（除了病毒以外，病毒只能活在細胞裡）；所有生命都有由DNA構成的基因；所有的基因在轉譯出蛋白質時，都使用同一套密碼系統來對應胺基酸。此外所有的生命都使用同一套「能量貨幣」，那就是一個叫做腺苷三磷酸（adenosine triphosphate，後簡稱為ATP）的分子；這有點像十英鎊的紙幣，可以用來支付所有細胞幹的活兒（後面會討論得詳細一點）。據此，我們可以合理地推測，所有生命的共同特質，都是得自於他們的遙遠共祖——露卡。

今日所有的生命，也還共用一系列基本的代謝反應，在這一系列反應的最中心有一個循環反應，那就是著名的克氏循環。這是由德國的諾貝爾生理醫學獎得主克瑞布斯爵士所發現，他在一九三〇年代逃離納粹後，於英國雪菲爾大學第一次闡明這個反應。克氏循環在生化學裡占有極為神聖的地位，但是對一代又一代的學生來講，這卻是老掉牙故事裡最糟糕的那一種，強記死背下來只為應付考試，之後就完全丟在腦後。

不過克氏循環還是有象徵性意義的。在許多生物化學系的實驗室裡，那種桌上堆滿一落落經年累月未清理的書籍與論文，多到塌到地上或滿出箱子的研究室裡，你一定會在牆上看到釘著一張褪色翻爛了的捲曲生化代謝反應圖表。當你在等待教授回來的時候，會懷著忐忑又迷戀的心情研究著它。圖表上面的複雜程度頗嚇人，活像是張瘋子畫的地下管線圖。圖上有許多小箭頭指往各個方向，有些又繞回來，彼此交錯。雖然圖褪色了，不過你還是可以看出，很多箭頭原本是用顏色來區分它們的代謝路徑，比如說蛋白質是紅色的，脂質是綠色的之類。往圖表最下方看，你會感覺這裡似乎是一切混亂箭頭的中心，這裡有一個圓圈，或許是整張圖上唯一的圓圈，唯一有秩序的地方。這個圈，就是克氏循環。隨著你慢慢研究這張圖表，你會發現似乎所有的箭頭都是從克氏循環發散出去，宛若腳踏車輪子的輪輻一般。這裡，是一切的中心，是所有細胞最基礎的代謝反應。

現在克氏循環沒有那麼老掉牙了，因為最近的醫學研究顯示，克氏循環不只是生化學的中心，它也是細胞生理學的中心。當這個循環的速度改變時，它會影響細胞的一切，從老化、癌症到細胞能源。不過另一個更讓人驚訝的發現則是，克氏循環是可逆的。通常克氏循環代謝由食物中得到的有機分子，然後釋放出氫（最終是為了跟呼吸作用中的氧氣一起燃燒）跟二氧化碳。如此克氏循環不只提供代謝反應的前驅物，它還附帶提供生產ATP所需的氫離子。然而當反應逆向進行時，它會吸入二氧化碳跟氫來形成新的有機分子（建築生命所需的材料）。而此時它也從ATP的生產者變成消耗者。當我們提供ATP、二氧化碳跟氫氣時，這個循環會如同魔術般釋出構築生命的建材。

逆向的克氏循環並不常見，即使在細菌界裡面都很少見，但是對海底溫泉區的細菌來說卻是相對常見。它雖原始，卻是極為重要的反應，可以把氫跟二氧化碳結合成為生命建材。前耶魯大學的生化學先驅莫洛維茲（現在任教於美國維吉尼亞州喬治梅森大學的克雷斯諾研究所），曾經花了好幾年的時間，爬梳整理逆向克氏循環的特質。簡單來說他的研究結果就是，只要給予足夠濃度的各種成分，這個循環就會自己動起來。這其實是最基本的化學原理，只要化學反應的中間產物濃度足夠，它很自然就會往下一步進行。在所有可能的有機分子裡面，組成克氏循環的那些是最穩定的，因此也是最有可能先被合成出來的。換句話說，基因並沒有「發明」克氏循環，它是化學或然率跟熱力學的產物。當基因後來出現時，它僅是在指揮一段已經存在的旋律，就好像樂團指揮只是負責詮釋樂曲，如節奏、細節等部分，但樂曲本身跟指揮無關。這個樂章是早就寫好的，是大地的樂章。

一旦克氏循環啟動同時也有足夠的能量，那其他的副反應就必然會發生，進而合成更複雜的前驅物，如胺基酸或是核苷酸。地球上有多少生命的核心代謝反應是自發的？又有多少是後來基因跟蛋白質出現後才產生的？這是一個非常有趣的問題，但是已遠超過本書該討論的範疇。不過這裡我想要提出一個看法，那就是絕大多數企圖用人工來合成生命建材的實驗，都有點太過「純粹主義」了。他們常常從簡單但是跟生命化學完全無關的分子開始，好比說氰化物，而事實上我們知道氰化物不只無關，甚至還有害。然後他們開始玩弄各種實驗參數，比如壓力、溫度、放電等這些完全無關「生物」的因子，看看能不能合成生命的材料。可是為什麼不直接從克氏循環的分子，外加一些ATP開始，然後在理想的環境，像是羅素所提出的天然電化學反應器中嘗試呢？在這個精巧的模子裡，多少個符合熱力學原則的基礎生命分子，會從這些原料中生成，然後自發地產生我們那些陳舊圖表上所列的各種生化反應？應該會有很多吧？甚至可能會合成到小型蛋白質（嚴格來說是多肽）或是RNA等級的分子，接著天擇就會開始接手處理，而我可不是唯一一個這樣認為的人。

上面所談的東西，都還需要實驗去證明。不過要實現其中任何一部分，首先需要有穩定供應的神奇分子——ATP。談到此，你可能會覺得我們的進度有點太快了，根本在還沒學會走之前就想跑。要上哪裡去找ATP分子呀？關於這個問題，我覺得生化學家馬丁的答案最有說服力。馬丁是極聰明且以敢言著稱的美國生化學家，現在是德國杜塞爾多夫大學的植物學教授。在一切跟生物有關的起源議題上，馬丁總是持續不斷地提出各種打破成規的點子，雖不盡然全對，但是卻每每讓人振奮，並且提供另一個角度來思考生物學。幾年前，馬丁跟羅素開始合作，從地質化學探討到生物學。由此，他們的想像跟洞察力開始飛馳。讓我們跟他們一起去看看。

馬丁跟羅素先從最基本的問題開始討論，就是碳原子如何進入有機世界？他們注意到，今日已知細菌跟植物會使用五種生化反應，將氫原子跟二氧化碳結合成有機分子，把碳帶進生命世界，而其中一種就是前述的逆向克氏循環。這五種反應中的四種，都跟克氏循環一樣，要消耗ATP，所以只有輸入能量才能發生。剩下第五種，則不只可以直接將氫原子與二氧化碳分子結合來產生有機分子，同時還會產生能量。現今已知有兩種古老的微生物可以透過一系列大同小異的代謝步驟，來執行第五種反應。其中一種微生物我們已經介紹過了，那就是在失落的城市裡十分興旺的古細菌。

如果馬丁跟羅素是對的，那就是說四十億年前生命拂曉之時，這些古細菌的遠祖，就是在跟今日幾乎相同的環境下進行一模一樣的生化反應。不過氫氣跟二氧化碳結合的反應，並不像聽起來這樣簡單，因為這兩個分子都不會自發性地結合，它們算是滿「害羞」的分子，需要催化劑的鼓勵才能讓它們共舞，同時一開始也需要灌注一點點能量來啟動反應。只有當兩個條件都適合時，兩個分子才會結合然後放出更大的能量。這個催化劑的成分很簡單，今日可以催化這反應的酵素，帶有一個含鐵、鎳跟硫原子的核心，其結構跟溫泉區發現的礦物很像。這個線索顯示太古細菌很可能只是利用了現成的催化劑，同時也暗示這個生化反應應該已經出現很久了，因為不需要靠演化介入來產生複雜的蛋白質。如同馬丁跟羅素所點出，這個反應已有很堅實的基礎。

而要推動這個反應所需要的初始能源，最終還是要靠溫泉來提供（至少在噴發口是如此）。因為有個預料外的反應產物，造成了意想不到的結果。那就是**乙醯硫酯**——一種活化的醋＊。乙醯硫酯會形成的原因，是因為二氧化碳本身是個穩定的分子，不容易受到氫的攻擊。但是二氧化碳容易被碳或是硫化物形成的自由基攻擊，因為自由基的活性頗高，而溫泉噴發口正好有很多這種自由基。所以，噴發口的能量造成了活性很高的自由基，然後促使二氧化碳跟冒出來的氫反應，合成乙醯硫酯。

乙醯硫酯之所以重要，是因為它代表了古老代謝反應裡的一個分歧點，而且至今仍可以在生物體內找到。當二氧化碳跟乙醯硫酯反應時，我們就通過了一個轉捩點，進入複雜有機分子的世界。這個反應是自發性的，除了釋出能量，還會產生一個三碳的分子叫做丙酮酸鹽。看到丙酮酸鹽這個名字，生化學家的眼睛都會為之一亮，因為這可是進入克氏循環的起點啊。換言之，在這裡只需要幾個熱力學上都傾向發生的簡單反應，藉由帶有礦物核心的酵素催化，讓它們有「堅實的基礎」，就可以帶我們直接進入克氏循環這個生命的代謝中心，絲毫不費吹灰之力。一旦我們進入了克氏循環，現在就只需要穩定供應的ＡＴＰ來推動這個循環，去生產生命所需的材料了。

當磷酸鹽與另一個乙醯硫酯反應時，它可以提供能量，這正是我們需要的另一個立足點。好吧，嚴格來說這個反應並不會產生ＡＴＰ這個能量分子，而是一種形式比較簡單的分子叫做乙醯磷酸鹽。但是它的用途差不多，而且至今仍有某些細菌使用乙醯磷酸鹽來當作能量來源。乙醯磷酸鹽跟ＡＴＰ所做的事情一模一樣，它們都是把活化的磷酸根傳給另一個分子，有點像是幫其他分子貼上能量標籤來活化它們。這個過程類似小孩子玩的遊戲「紅綠燈」，其中一個孩子當「鬼」去抓人，而被「鬼」抓到的小孩則會變成「鬼」。遊戲中當鬼的小孩有「反應力」，可以傳給第二個小孩。生化反應的磷酸根傳遞，差不多也是這樣：原本穩定的分子會因為接受磷酸根而活化。ＡＴＰ就是如此逆向推動克氏循環，而乙醯磷酸鹽也有同樣的能力。當乙醯磷酸鹽把具有活性的磷酸根傳給下一個分子後，剩下的產物就是醋，這也是今日大部分細菌的生化產物。下回如果你開了一瓶酒沒喝完，然後放久變酸了（變成醋），可以想一想這是許多細菌在裡面勤奮地工作，代謝出跟生命一樣古老的廢料。這樣一

＊醋的化學名稱是乙酸（醋酸），這是乙醯硫酯「乙」這個字根的來源。在乙醯硫酯裡面，含兩個碳的乙醯基會連在一個具活性的硫基上面。大約二十多年前德杜武就頌揚過，乙醯硫酯在早期生命演化史上具有重要的地位。現在他的論點終於經由實驗被科學家認真看待了。

想，這個廢料就變得很神聖，甚至比一瓶上好的醋還要神聖。

總結來說，鹼性溫泉噴發口可以持續地生產乙醯硫酯，乙醯硫酯又可以同時供應合成複雜有機分子所需的原料，以及合成它們所需的能源；而這能源的包裝形式，跟今日細胞所使用的基本上一模一樣。前述在溫泉區布滿礦物小氣泡的煙囪，則可以一次滿足眾多條件：它可以讓反應產物集中在一起，它有利於更多反應進行，它也提供可以加速反應的催化劑，而這階段的反應並不需要複雜的蛋白質參與。同時，不斷冒出的氫氣與其他氣體，進入煙囪迷宮之後可以源源不絕地提供各種反應原料，也確保各原料徹底混合。如此，這煙囪真的是一個生命之泉——不過還有一個影響深遠的小細節。

這細節，就是那個需要引起氫氣跟二氧化碳反應的起始能源。我前面提過，這在溫泉區並不是問題，因為這裡的環境可以提供活性大的自由基分子來引起反應。但是對於不住在溫泉區而自食其力的生命來說，這細節**就是**個嚴重的問題了。沒有自由基它們就要消耗ＡＴＰ來讓化學反應進行，就好像要自掏腰包買酒來化解初次約會的尷尬。這有什麼不對的嗎？問題在於這不划算。因為氫跟二氧化碳反應可放出足夠的能量，去產生一個ＡＴＰ分子，但如果你要花一個ＡＴＰ分子去得到另一個ＡＴＰ分子，那可是一點也沒有賺頭。如果沒有賺頭的話就沒有額外的能源，也無法讓克氏循環產生任何東西，也就不會有複雜的有機分子。因此生命也許可以從鹼性溫泉噴發口誕生，但是很可能必須永遠留在噴發口旁，永遠無法切斷這個由溫泉母親所提供的熱力學臍帶。

但是很明顯的，生命並沒有留在溫泉噴發口旁。然而前面的計算結果又是如此讓人信服，那我們是如何離開溫泉區的呢？馬丁跟羅素對這個問題的解答令人拍案叫絕，他們完美地解釋了為何今日大部分生物都用一套獨特的呼吸代謝反應來產生能量，而這套反應可能是生物學裡最不直觀的機制了。

在小說《星際大奇航》裡面有一段劇情是這樣的：笨拙到無藥可救的現代人類祖先，不幸墜毀在一顆叫做地球的行星上，然後趕走了猿人原住民。他們組成議會，重新發明輪子之類的工具，並且指定樹葉為法定貨幣，結果每個人都變成億萬富翁。這樣的後果就是嚴重的通貨膨脹，物價狂飆到需要花三座落葉林的樹葉才夠買一小船花生。為解決問題，我們的祖先展開了激烈的通貨緊縮政策：他們直接燒掉了所有森林。這一切聽起來，是不是恐怖得跟真的一樣？

我認為在這個戲謔嘲諷的故事背後，藏有一個很嚴肅的題目，那就是關於貨幣的意義：貨幣並沒有一個絕對的價值。一顆花生可以貴如一條金條，賤如一枚便士，或者值三座森林，這一切都決定於它們彼此的相對價值、稀有程度等因素。同樣的十英鎊也可以等同任何東西。然而在化學世界裡面可不是這樣。前面我用十英鎊來比擬ＡＴＰ，舉這個例子是有原因的。假如一個ＡＴＰ分子裡化學鍵的能量總合就是十英鎊，那等於你一次要付十英鎊來得到一個ＡＴＰ，或是用掉一個ＡＴＰ來得到一張十英鎊鈔票，一毛也不少。這個對價關係跟人類的貨幣不一樣，而這正是所有要離開溫泉自力更生的細菌所會面臨的嚴重問題。跟十英鎊的性質不同的是，ＡＴＰ並沒有那麼通行無阻，它的價值十分固定，而且也沒有零錢這種東西。如果你想點一杯飲料來化解初次約會的尷尬，那你必須付出整張十英鎊鈔票，就算這杯飲料其實只值兩英鎊，老闆也不會找零錢給你，因為這世上沒有「五分之一個ＡＴＰ分子」這種東西。同樣的，當你獲得氫跟二氧化碳反應所產生的能量，你也只能以十英鎊為單位來儲蓄。舉例來說，如果這個反應產生十八英鎊，但這不夠買兩個ＡＴＰ分子，所以你只能換到一個分子，而必須損失八英鎊，因為沒有零錢這種東西。我們在國外旅行時，也會在外幣兌換處遇到一模一樣的惱人問題，這些兌換處只收大鈔，不收零錢。

所以總結來說，不論是只需花兩英鎊來約會，或者賺到十八英鎊，一旦我們被迫使用統一的十英鎊鈔票，那就一定要花十英鎊來賺十英鎊。沒有細菌可以不管這個問題，因為它們無法只利用ATP以及氫與二氧化碳的結合反應來生存。然而細菌畢竟存活下來了，因為它們找到了一個非常天才的辦法，來把十英鎊鈔票換成零錢；這個方法有個了不起的名字：「化學滲透說」，由一九七八年諾貝爾生理醫學獎得主，古怪的英國生化學家米契爾所提出。米契爾的化學滲透說得到諾貝爾獎，引起了學界過去數十年激烈的爭辯。然而在今日人類正遙望下一個千禧年之際，我們終於了解到米契爾的研究，可能是二十世紀最重要的發現之一*。在過去，儘管支持者寡，仍有少數學者努力解釋為何如此怪異的反應機制，會普遍存在於各種生命系統中，就像放諸四海皆準的基因密碼、克氏循環與ATP一般，化學滲透也被所有生命系統共用，並且可以追溯到大家的共祖露卡身上。馬丁跟羅素現在就幫你解答。

簡單來說，化學滲透指的是質子（少掉一個電子的氫原子，也就是氫離子）通過薄膜的運動，因為跟水分子通過薄膜有點類似，所以就借用了「滲透」這個詞。呼吸作用其實就是在執行化學滲透。我們把食物分子中的電子取出，通過一系列電子傳遞鏈，最後電子傳給氧氣。在電子傳遞的過程中，每個步驟都會放出一點能量，這些能量都被用來把質子打到薄膜外面。所以整個過程最終的結果，就是薄膜一側堆積了一堆帶正電的質子，形成了質子的濃度梯度。在這裡，薄膜的角色有點像是水力發電廠的水壩。當水流從高處流下來時會推動渦輪運動而發電，而質子流過細胞薄膜時，也會推動蛋白質渦輪來生產ATP。這個複雜的機制完全超乎想像，原本只是讓兩個分子結合在一起的簡單反應，卻變成需要怪異的質子濃度梯度參與其中。

化學家通常都習慣處理整數，因為一個分子不可能只跟另外半個分子反應。而化學滲透說最讓人困惑的地方或許就在於，它把這些整數拆開了。電子傳遞鏈要傳遞多少電子，才夠合成一個ATP分子？據估計大約是八到九個電子。那需要打出多少質子才行？現今最準確的計算是四．三三個。這些數字表面上看起來一點意義也沒有，除非你讓離子濃度梯度參與其中。因為一個濃度梯度是由無數個小梯度所組成，所以其實它並沒有把整數拆開。而化學滲透最有利的地方在於，單一反應可以不斷地重複，直到產生一個完整的ATP分子為止。如果每個反應產生的能量，是整個ATP分子的百分之一，那這個反應只需重複一百次，就能慢慢累積足夠的質子濃度梯度去製造一個完整的分子。有了這個技巧，細胞突然變得可以存錢了，變成有個裝滿零錢的小口袋了。

講了這麼多，化學滲透真正的意義何在？讓我們回到之前的氫與二氧化碳的反應。現在細菌還是需要用掉一個ATP來啟動這個反應，但它們每次可以生產多於一個ATP的能量，而既然多出來的能量可以被存起來，多幾次之後它們就可以生產第二個ATP了。雖然並不寬裕，卻是很踏實的生活。更重要的一點，化學滲透讓不可能生存變成有可能生存。如果馬丁跟羅素是對的，如果最早的生命確實藉前述反應而生長，那麼要離開深海溫泉噴發口唯一的方法，就是化學滲透。今日已知唯一依賴氫與二氧化碳生化反應而生長的生命，完全依賴化學滲透而活，缺它不可。而我們也知道今日地球上幾乎所有的生命都帶有同一套古怪的化學滲透機制，不管必要或是不必要。為什麼會這樣？我認為

＊如果你想知道更多關於這詭異又無比重要的化學滲透說，我建議讀者去看我的另一本書：《力量、性、自殺》（*Power, Sex, Suicide*）。

這純粹就是因為大家都是從同一個生命共祖那裡繼承了這個機制，而生命共祖是依賴這個機制而活。

馬丁跟羅素的論點還有一個最強而有力證明，那就是質子的使用。為什麼不用其他帶電離子，像是鈉離子、鉀離子或是鈣離子呢？我們的神經系統就使用它們呀？自然界沒有理由獨鍾質子，而忽略其他帶電離子；而事實上確實也有細菌利用鈉離子梯度來工作，雖然這是極少數的特例。我認為最主要的原因，還是受到羅素那些溫泉噴發口特質的影響。還記得那些噴發口會持續地冒出鹼性液體，打入溶了大量二氧化碳的酸性海洋中嗎？酸鹼是由質子來定義的，所謂酸就是含有大量質子，而鹼則缺少質子。所以當汩汩冒出的鹼性液體進入酸性海洋中時，很自然地產生了一個天然質子梯度溶液。換句話說，羅素提到的溫泉噴發口細小礦物空腔，會自動執行化學滲透作用。羅素本人在好幾年以前就指出這件事情，但是了解到細胞必須依賴化學滲透才能離開溫泉噴發口這個事實，則是他跟馬丁合作的成果，因為馬丁帶入了微生物的能量觀點。現在這些小的電化學反應器，不只可以生產有機分子跟ATP，甚至還提出了逃脫計畫，用以逃離這個普遍存在的十英鎊鈔票難題。

當然啦，質子的濃度梯度再好用，也要生命能夠駕馭它，之後才可以去製造自己想要的濃度梯度。駕馭現成的濃度梯度當然要比製造一個濃度梯度來得容易，但是卻也沒那麼簡單。毫無疑問，天擇必須介入來改良這個機制。今日細胞靠著好幾個基因所指定的蛋白質來執行化學滲透，這樣複雜的系統一定要靠蛋白質跟基因參與才有可能演化，而基因，又要先有DNA才能組成。所以這是一個環環相扣的問題。生命要先學會製造並使用濃度梯度才可能離開溫泉噴發口而活，而要駕馭自己的濃度梯度又一定要有DNA跟基因參與其中。看起來，生命在這個礦物培育所裡面必定已經演化出一定的複雜度了。

如此，我們慢慢地為露卡這個地球上的生命之祖畫出一張獨特的肖像。如果馬丁跟羅素是對的（我認為他們是對的），那露卡應該不是一顆自由生活的細胞，而是生活在岩石迷宮裡的礦物細胞，靠著由鐵、鎳跟硫所組成的催化劑牆壁，以及天然的質子濃度梯度而生存。地球上第一個生命是一個多孔的石頭，在裡面一邊合成複雜的分子，一邊產生能量，以準備生產ＤＮＡ跟蛋白質。也就是說關於生命的故事，這一章只講了一半而已。下一章我們將會繼續另一半的故事：關於所有生命分子中最具象徵意義的，也是組成基因的物質——ＤＮＡ。

第二章 DNA

生命密碼

在劍橋的老鷹酒吧外牆上有一塊藍色的牌子，是二〇〇三年掛上去的，用以紀念五十年前在這個酒吧裡一段不尋常的談話。一九五三年二月二十八日，兩位酒吧常客——華生跟克里克，在午餐時間衝進吧裡，宣布他們發現了生命的奧祕。雖然這位急切熱情的美國人，加上一位滔滔不絕的英國佬所組成的搭檔，配上他們刺耳的笑聲，常常看起來活似一對喜劇演員，但是這一次他們可是非常認真，而且他們是對的——或者該說只對了一半。如果說生命真的有什麼奧祕的話，那一定是DNA。不過儘管華生跟克里克再聰明，當時也只知道一半的奧祕。

其實在當天早上華生跟克里克已經知道DNA鏈是雙股螺旋結構。他們跳躍的靈感來自他們的天賦，混合了模型結構、化學推論，以及一些偷來的X射線繞射照片。當時的構想，根據華生的回憶，就是「太完美了以至於一定是對的。」在午餐時間他們愈討論，對結論就愈有信心。他們的研究結果發表在四月二十五日出刊的《自然》期刊上，是一封只占一頁篇幅的信件體簡短論文，有點像是登在地方小報上的出生公告般。論文的語氣極不尋常的低調（華生有段對克里克廣為人知的描述，說他從未看過克里克謙虛的樣子，然而他本人也好不到哪兒去），在結尾十分委婉地寫道：我們也注意到了，我們所假設的這套專一配對法則，暗示它們有可能是遺傳物質的複製材料。

DNA是基因物質，當然也就是遺傳材料。它幫地球上所有的生物編碼，從人類到變形蟲，從蕈類到細菌，除了少數病毒不用它以外。它的雙股螺旋結構已經成為科學標幟了，這兩股螺旋鏈彼此纏繞一圈又一圈直到無窮無盡。華生跟克里克示範了這兩股螺旋，在分子結構上如何彼此配對。如果把這兩股螺旋鏈分開，則其中任何一股都可以當作模板，去合成另外一股，於是原來的一條雙股螺旋鏈就變成兩條雙股螺旋鏈。每一次微生物分裂的時候，它都會拷貝一份自己的DNA傳給下一代，而它只需要把自己的雙股螺旋鏈解開，去做出兩條一模一樣的雙股螺旋鏈即可。

雖然複製DNA的詳細分子機制十分讓人頭痛，但是原理上卻非常完美、令人驚艷而且簡單。這個遺傳密碼是一系列的字母（用專業術語來說，叫做鹼基）。DNA總共只有四個字母，分別是腺嘌呤（A）、胸腺嘧啶（T）、鳥糞嘌呤（G）以及胞嘧啶（C），不過你不必管這些化學名稱。這裡真正的重點是，這些字母由於受限於分子形狀以及形成鍵結的方式，A只能跟T配對，而G只能跟C配對（**見圖2.1**）。如果把一條雙股螺旋解開，讓這些鹼基單獨外露。這時候，每一個露出的A只有T可以對上，而每一個露出的G只有C可以對上，依此類推。這些鹼基對不只是彼此互補，它們是真的**想要**彼此結合。對於T來說，只有當它跟A配對的時候，它的化學生命才有意義。如果你把這兩個分子放在一起，它們的鍵結會唱出完美的和弦。這是純粹的化學——如假包換的「基本吸引力」。因此，DNA不只是被動的複製模板，每一股螺旋還會放出磁力，吸引可以與自己配對的另一個自我。把一條雙股螺旋拉開，它們會很快地重新自我結合，否則一條單股螺旋鏈會急切地尋找可以與自己配對的另一半。

這樣一條DNA長鏈看起來是無窮無盡的長。以人的基因體為例，裡面有將近三十億個字母，行話來說就是三十億個鹼基對。這等於單一一個細胞的核裡就含有三十億個字母，打出來的話，一個人的基因體可以填滿兩百冊書，每一冊都跟電話簿一樣厚。不過人類的基因體絕對不是世上最大的，你或許會很驚訝，因為世界紀錄保持者是無恆變形蟲，它有巨大的基因體，含有六千七百億個鹼基對，大約是人類基因體的兩百二十倍大。但是這個基因體裡面大部分似乎都是「垃圾」，並不負責製造任何東西。

每次細胞分裂的時候，它就會複製核裡所有的DNA，這個過程費時好幾個小時。而人體是一個由十五兆個細胞組成的怪物，每顆細胞都帶有相同的可靠DNA拷貝（應該說其實有兩套）。從一顆受精卵細胞發育成人，這套雙股螺旋長鏈要被解開，被當作複製模板至

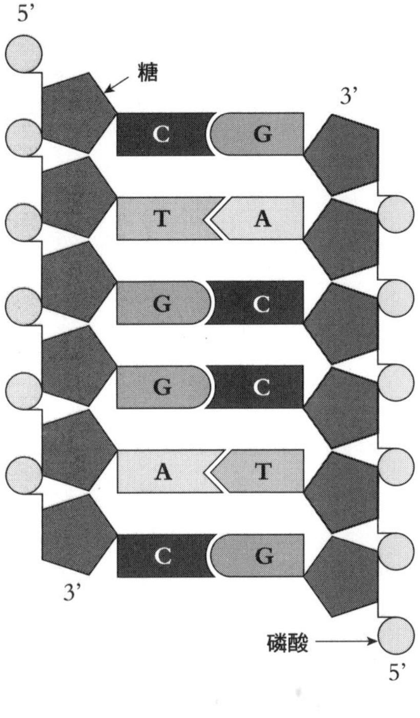

圖 2.1 DNA 的鹼基配對。這些不同字母的幾何圖案代表的意義是：A 只能跟 T 配對，而 G 只能跟 C 配對。

少十五兆次（真正的次數當然遠多於此，因為還要加上細胞會死亡、需要被置換等原因）。細胞複製時重寫這些字母的精確度簡直可稱為奇蹟，它要把這些DNA長鏈從頭照順序寫起，然後每十億個字母才出一次錯。用人類抄書來做比較的話，那等於要抄一本聖經兩百八十次才錯一個字母。而事實上人類抄寫的精確度遠低於此。今日已知大約有兩萬四千本聖經手抄本被保存下來，但沒有任何一本完全相同。

然而在每條DNA裡，還是會夾雜一些錯誤，這是因為基因體實在是太大太大了。這種一個字母被抄寫錯誤的問題，叫做點突變。每次人類細胞分裂時，一整套染色體裡面大概會有三個點突變發生。細胞分裂的次數愈多，這種錯誤就累積愈多，最終就可能發生像癌症這種疾病。突變也可能傳給下一代。對女性來說，如果一顆受精卵發育成女性胚胎，那之後大約要經過至少三十次細胞分裂才會形成一個卵細胞，每一次分裂就會累積一些錯誤。男人的精子更糟，因為細胞至少要經過一百次分裂才可以產生精子，而每次分裂大自然就會無情地加入一些突變。因為男人終生都可以製造精子，所以男人愈老，精子經過一輪又一輪的細胞分裂，情況只會愈來愈糟。正如同遺傳學家克羅所說的：還有繁殖力的老男人的精子，是整個族群健康上的突變大災難。不過就算是一般年輕父母所生的小孩，也比他們父母多了大約兩百處突變，但其中只有很少一部分是真正有害的＊。

如此，儘管細胞複製DNA的準確度極高，還是會發生改變。每一代的基因都跟上一代不同，不僅僅只是因為我們的基因混合了父母雙方的基因，更是因為我們都帶了新的突變。大部分的突變都是前面提到的「點」突變，只有幾個字母被置換掉。不過少部分突變卻十分劇烈，有時候是染色體複製了卻沒有分開，有時候一整段DNA序列發生缺失不見了，有時候病毒感染會插入許多新的片段，有時候一段DNA序列整段顛倒。各式各樣的突變都可能發生，不過最嚴重的突變往往會讓個體無法生存。從這個角度來看染色體整體，它們像騷動的蛇坑一般，帶著鑲嵌條紋的染色體不斷結合再分開，無休無止。天擇可以把絕大多數的大小突變怪物都剔除掉，因此實際上代表一股穩定的力量。DNA長鏈會捲曲，會變形，而天擇則將它們重新整理鋪平，把所有好的變異都留下來，嚴重的錯誤或改變則拋棄。而比較輕微的突變，則有可能導致日後的疾病。

不過當報章雜誌上出現跟基因有關的文章時，大概都不是在談DNA字母片段移位的問題，比較多的是如「DNA指紋」這種東西。它可以用來鑑定親緣，用來彈劾有性醜聞的總統，也可以在刑案發生幾十年後用來揪出嫌疑犯。它的基礎在於每個個體之間DNA序列的差異。因為DNA序列裡有這麼多的不同，所以我們每個人都有一套獨一無二的DNA「指紋」。也因為受到這些細微差異的影響，我們每個人對於各種疾病也有不同的耐受力。平均來說，人類的基因大概每一千個字母就會出現一個差異，這讓整套人類基因體裡面總共有約六百萬到一千萬個「單一字母」差異，這在科學上稱為「單一核苷酸多型性」（single nucleotide polymorphisms，簡稱 SNPs）。單一核苷酸多型性的意義在於，我們每個人所擁有的基因版本，都或多或少略有不同。雖然大部分的單一核苷酸多型性都沒有影響，不過根據統計，有一些變異則與某些疾病像是糖尿病或是阿茲海默症有關聯，然而它們對疾病的影響究竟為何，到目前為止仍然所知甚少。

---

*你也許會懷疑，如果有這麼多的突變，為什麼到現在我們還沒被突變給毀了？這個問題也同樣困擾著許多生物學家。不過答案就在一個字：性。關於這點我會在第五章詳述。

雖然每個人的ＤＮＡ版本略有不同，我們還是可以將「人類基因體」當成一個整體來討論，因為畢竟每一千個字母裡除了那一個單一核苷酸有可能不同以外，剩下的九百九十九個都一樣，這主要是由時間跟天擇兩個因素造成。在演化這偉大的計畫之中，人猿變成人並沒有太久，老實說動物學家會說我們其實還是人猿。假設我們的祖先跟黑猩猩在六百萬年前左右分家了，然後以每一代產生兩百個突變的速度累積，那到現在為止我們最多也只能改變整個基因體的百分之一。而因為黑猩猩也以同樣的速度在突變，理論上我們跟黑猩猩應該有百分之二的差異。不過實際上的比例比這個要小一些：將黑猩猩跟人的ＤＮＡ序列比對之後的結果顯示，我們跟黑猩猩有百分之九十八．六相同＊。這是因為天擇會踩煞車，剔除所有有害的改變。如果天擇會將突變剔除，那麼被保留下來的ＤＮＡ序列，當然會比毫無限制突變的相似一些。如前所述，天擇會好好整理這些序列。

如果我們再看更久遠一點，就會看到時間跟天擇這兩個條件如何共同作用，織出令人讚嘆的細緻生命之毯。從解讀ＤＮＡ序列可以看出，地球上所有的生命都彼此相關聯。藉由比對序列，我們可以用電腦去統計人類與任何一種生物的親疏，從猴子比到有袋類動物；也可以跟爬蟲類比，跟兩棲類比，跟魚類、昆蟲、甲殼類、蠕蟲、植物、原蟲、細菌比，隨便你挑。藉著比對這些相同字母組成的序列，所有的生物都有了清楚的定位。因為受到相同選擇條件的限制，大家會共有許多一模一樣的序列片段，而在此之外的序列則會變異到難以辨認的地步。如果試著解讀一段兔子的ＤＮＡ序列，你會發現這段無窮無盡的鹼基序列，有些段落跟人類一樣，有些則否，彼此交錯永不止息，好像萬花筒一樣。再看看薊花也是一樣，有一些片段跟我們完全一樣或者很類似，但是現在有更大片區域不同；這恰好反映出我們跟它們從共祖分家以來歷經了更久的時間，最終導致我們走上完全不同的道路。但儘管如此我們最基本的生化反應還是一樣——構成我們的細胞仍然使用類似的機制在作用，而這一部分正是由大家共有的ＤＮＡ序列所決定。

基於這種生化共同性，我們原本指望會找到一段跟最古老生命（比如細菌）所共享的序列，而我們確實也找到了。不過在這裡，相似性的尺度會有點混淆，因為它不是如你想像從百分之一百相似排到零相似，它是從百分之百排到百分之二十五，這是因為組成ＤＮＡ序列的只有四個核苷酸字母。如果其中一個字母被任意置換成另一個，那總有四分之一的機會會換回原來的字母。因此，如果你在實驗室裡隨意合成一段序列，那這段序列跟任意一段人類ＤＮＡ序列相比，一定會有百分之二十五相似。所以，那種認為「我們跟香蕉的基因體序列有百分之五十相似，所以我們是半個香蕉」的想法，嚴格來說是誤導視聽。否則的話基於同理，隨意合成的一段ＤＮＡ序列，都將會是四分之一個人類。因此，除非我們知道這些字母代表的意義，否則還是等於一無所知。

這也是為什麼，我之前說華生跟克里克在一九五三年的那個早上，只解開了生命奧祕之謎的一半。他們解開了ＤＮＡ的結構，也了解了這雙股螺旋的每一股，都可能是另一股的模板，因此可以當

＊這裡所指的是ＤＮＡ序列相似性。在黑猩猩跟人類分家之後，還有其他較大的基因改變發生，像是染色體融合或是缺失，這讓兩者的基因體相似性差不多是百分之九十五。相較之下，人類彼此的基因差異就非常微小了——我們大家的基因有百分之九十九．九都一樣。這種有限的差異所代表的正是最近所發生的族群「瓶頸效應」，也就是說大約在十五萬年以前，在非洲的某一個小族群，透過一波又一波的遷徙，形成今日全世界所有的人類。

作生物的遺傳密碼傳給下一代。然而在他們那篇著名的論文裡沒提到的，則是這些密碼代表什麼意義，因為這還有待日後十年無數傑出的實驗去發現。或許解開生命密碼並不像發現雙股螺旋那般具有崇高的象徵地位，但是它的重要性卻可能大於雙股螺旋本身，因為後者根本不管塞在序列裡面的東西是什麼；而克里克對此也有很大的貢獻。從本章觀點來看，對我們來說更重要的則是，解開這串密碼（這曾是現代分子生物學裡最令人失望的解謎過程）將會讓我們更透徹地了解，DNA如何在四十億年前演變出來。

DNA現在是如此的摩登，所以你可能很難想像，在一九五三年時我們對分子生物學的基礎了解竟是如此之少。當年躍現於華生與克里克原始論文上的DNA，那幅結構宛如兩條階梯互相旋轉纏繞的圖像，其實是由克里克的藝術家太太所繪製，五十年來不斷地被重複使用未曾更動（圖2.2）。華生在一九六〇年代所寫的名著《雙螺旋》，更為科學界帶來了現代的視野。這本書是如此有影響力，以致讓生命都藝術了起來。我在學校的時候就因為看了華生的書，整天夢想著諾貝爾獎跟偉大到足以傳世的發現。在那個時候，我對於科學的印象幾乎完全就是來自華生的書；之後到了大學，因為發現現實所給予的，與我對科學期望的興奮並不一致，夢想破滅是必然的；要等好幾年之後才漸漸領悟，之後才又重新找回科學帶來的知性興奮。

然而當時我在大學所學到的，幾乎全部都是華生與克里克在一九五三年所不知道的東西。一些今日大家視為理所當然的事，比如像「基因密碼轉譯出蛋白質」這種常識，在一九五〇代早期的科學家之間並沒有共識。當華生在一九五一年來到劍橋大學時，還因為被思想開明的懷疑論者如貝魯茲與肯德魯等人質疑而感到惱怒。然而對於貝魯茲與肯德魯而言，連基本問題如「基因」到底是由DNA或蛋白質所構成，都還沒有完全證實，更遑論其他。儘管當時並不清楚DNA的分子結構，我們卻已摸透了它的化學成分，也知道它在各物種間的組成幾乎一樣。如果說基因是遺傳物質，並且決定每個個體甚至每個物種之間的巨大差異，那麼像DNA這種化學組成單調又乏味的東西，從細菌到植物到動物長得幾乎都一樣，怎麼可能解釋生命的豐富與多樣性？反而是組成成分變化無窮的蛋白質，看來似乎更適合這項遺傳工作。

然而華生本人以及少數的生物學家，則深信美國生化學家艾佛瑞那些勤奮實驗的結果。艾佛瑞在一九四四年所發表的研究顯示，基因是由DNA所構成的。華生的熱忱與信念鼓動了克里克，促使他也來動手解開DNA的結構問題。一旦結構問題被解決之後，解碼就變得相當具有急

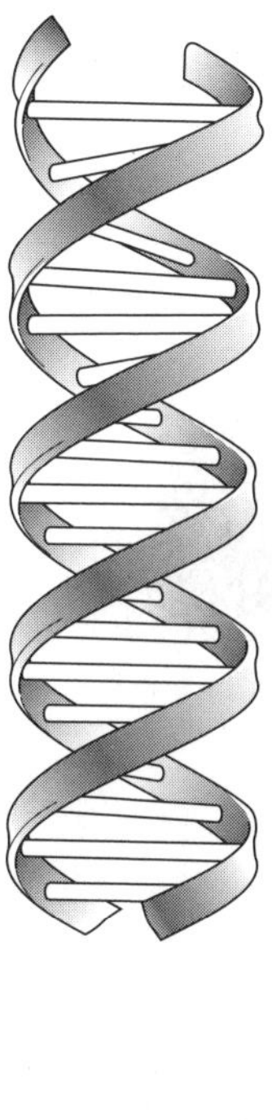

圖2.2 DNA的雙股螺旋結構，本圖顯示這兩股螺旋如何互相纏繞。把這兩股螺旋解開的話，每一股都可以當做模板，合成全新而互補的另一股。

迫性了。然而當時關於這方面知識之缺乏，必定會再次讓現代人覺得驚訝。ＤＮＡ看起來就是一連串字母任意組合、無窮無盡的長鏈。要找出這個序列的某個順序，是如何對應到蛋白質上，理論上並不困難，因為蛋白質一樣是由一連串的次單元所組成，它們叫做胺基酸。因此，想必ＤＮＡ序列可以與胺基酸序列相對應。而如果ＤＮＡ密碼是萬物通用（看起來這是毫無疑問的），胺基酸序列應該也是才對。不過關於此點，在當時可說是一無所知，甚至當華生跟克里克在老鷹酒吧裡坐下來，在午餐時間寫出那「經典二十」之際，也就是今日所有教科書都會提到的二十種胺基酸，也少有人考慮過這件事。驚訝嗎？這兩人沒有任何一個是生化學家，但他們卻第一個找到了正確的答案。

現在這個問題變成了一個數學遊戲，而無關於詳細的分子機制（我們對此卻要死記硬背）。四個ＤＮＡ字母要編碼出二十種胺基酸。這絕不可能是一對一編碼；也不可能是兩個字母編碼，因為兩個字母最多只能組成十六種可能（4×4）。因此，三個字母是最低要求，也就是ＤＮＡ序列裡面最少要三個字母對應到一個胺基酸。這個被稱為三聯密碼的規則，後來也被克里克跟布倫納證實。但是這樣看起來似乎很浪費，因為用四種字母去組三聯密碼，可以有六十四種組合（4×4×4），這樣應該可以給六十四個不同的胺基酸使用，那為什麼只有二十種胺基酸呢？一定有一個神奇的答案來解釋，四個字母，拼成六十四個字，各含三個字母，然後代表二十種胺基酸。

很巧的，第一個嘗試解答的人也不是什麼生物學家，而是熱情洋溢的俄裔美籍天文物理學家加莫夫，或許他的大霹靂理論比較廣為人知。加莫夫認為，ＤＮＡ序列就是直接生產蛋白質的模板，胺基酸分子可以嵌入雙股螺旋間的尖凹槽內來合成蛋白質。不過加莫夫的理論純粹是根據數學計算，因此當他後來知道蛋白質並非在細胞核裡面合成，因此也不可能跟ＤＮＡ直接接觸時，確實感到有點困擾，所以這點子後來顯得十分純理論。基本上加莫夫主張一種重疊的三聯密碼，這是譯碼員的最愛，因為這種密碼可以塞入最多的訊息。假設有一段DNA序列為ATCGTC，那第一個「字」（科學術語叫做密碼子）就是ATC，第二個是TCG，第三個就是CGT，以此類推。重疊密碼必定會嚴重減少可能的胺基酸排列方式，因為如果第一個密碼子ATC可以對應到某個特定胺基酸，那第二個胺基酸所用的密碼子，開頭一定要是TC才行，然後第三個開頭一定要是C。當你費力演算完所有的排列組合之後會發現，要符合這些規則的三聯密碼不會太多，因為A旁邊一定要是T，而T旁邊一定要是C，以此類推，很多密碼子都會因不合重疊規則而被排除。那麼演算之後到底還剩下多少種可能的三聯密碼呢？加莫夫帶著魔術師把兔子從帽子裡面拉出來的口吻說：正好二十個！

然而這也是第一個被冷酷無情的實驗數據所否決的眾多聰明點子之一。所有的重疊密碼理論都會作繭自縛。首先，根據這種編碼方式，某個胺基酸一定要排在另一個胺基酸旁邊。然而絕頂聰明的生化學家桑格（他因為太過聰明以至於得了兩次諾貝爾獎，一次是為蛋白質定序，一次是為DNA定序），那時候正好在幫胰島素定序（所謂定序就是破解胰島素蛋白質的胺基酸排列順序）。不久他就發現，事實上任何胺基酸都可以排在其他胺基酸旁邊，蛋白質的序列並沒有任何限制。第二個問題則是，根據這個理論，任何點突變（也就是一個字母被換成另一個）都會影響超過一個以上的胺基酸，但是實驗結果則指出，點突變往往只會改變一個胺基酸。很顯然的，真正的密碼並沒有重疊，加莫夫的重疊密碼理論早在我們解碼出來之前就被否證了。基因譯碼員已經開始考慮我們的大地之母或許有一兩個把戲玩得並不好。

克里克本人則接著跟上，提出了另一個十分漂亮的理論，也馬上深受歡迎，不過他本人卻對理論尚未被實驗證實這件事頗為顧慮。克里克綜合了許多來自不同分子生物實驗室的新發現，特別是華生在哈佛大學新成立的實驗室。華生那時候變得十分著迷於ＲＮＡ，這分子像是一段短而單股的ＤＮＡ，既存在細胞核中，也存在細胞質中。更有趣的是，ＲＮＡ是組成某個小胞器的一部分（現在稱為核糖體），而這個小胞器似乎是細胞合成蛋白質的場所。所以華生認為，ＤＮＡ長鏈安靜地待在細胞核裡不動，而當細胞要生產蛋白質時，其中一小部分序列就可以當成模板，複製出一小段ＲＮＡ，這一小段ＲＮＡ則會離開細胞核，與等在外面的核糖體結合。這一段敏捷的ＲＮＡ很快就被命名為「傳訊ＲＮＡ」或ｍＲＮＡ。早在一九五二年華生就在寫給克里克的信上說：「ＤＮＡ做出ＲＮＡ，再做出蛋白質。」而現在克里克真正感興趣的問題則是，這一小段ｍＲＮＡ的字母序列，如何轉譯成蛋白質裡面的胺基酸序列？

克里克想過這個問題，他認為ｍＲＮＡ可以藉由一系列「轉接器」的幫助來轉譯，每一個轉接器都負責攜帶一個胺基酸。當然每一個轉接器一定也是由ＲＮＡ所組成，而且都帶有一段「反密碼子」序列，這樣才能跟ｍＲＮＡ序列上的密碼子配對。克里克認為，這裡配對的原則將跟ＤＮＡ配對方式一模一樣，也就是Ｃ配Ｇ，Ａ配Ｔ，以此類推*。在當時那個關頭，這個轉接器分子純屬假設，不過幾年之後就被發現，而且確實也如克里克所預測的，是由ＲＮＡ分子所組成。它們現在叫做「轉送ＲＮＡ」或ｔＲＮＡ。現在這整個工程變得有點像樂高積木，一塊積木接上來，另一塊離開，一切都順利的話，它們就會這樣一個接一個地搭成精采萬分的聚合物。

但是克里克錯了。在這裡我要解釋得詳細一點，因為儘管實際上的機制比克里克所想像的要更古怪，但是他的構想跟這整套系統最早如何出現可能有些關聯。克里克是這樣認為的：ｍＲＮＡ片段懸浮在細胞質裡，密碼子的部分像母豬乳頭般突出，等著tRNA像小豬吸奶般一個個湊上來，跟相對應的密碼子結合。當所有的tRNA都一個接鄰著一個地在mRNA上從頭排到尾之後，它們所攜帶的胺基酸就會像小豬尾巴般突出在外面，隨時可以被連接起來合成一個大蛋白質分子。

但是克里克理論的問題是，tRNA會隨機出現，然後連接到離它最近的密碼子上。如果它們不一個個從起點開始，在終點結束，那tRNA如何知道密碼子的第一個字母在哪，最後一個字母在哪？它們要如何讀出一段有意義的訊息呢？假設一段序列一樣如前所述是ATCGTC，而一個tRNA可以接到ATC上，另一個可以接到GTC上，這時候該如何阻止一個認識CGT的tRNA從半路殺出，接到中間的位置上然後毀了整段訊息？克里克的答案十分獨裁，那就是不允許這種情況發生。如果要正確無誤的念出一段訊息，那就不能讓每種字母組合都有意義。那麼哪些組合必須剔除？克里克認為所有只含單個字母A、C、U或是G所組成的序列都不合格。像一連串的AAAAAA不可能含有任何意義。接著他輪替字母順序找出各種可能組合。簡而言之，如果ATC有意義，那麼同樣字母順序的其他兩種組合就必須被剔除（也就是說如果ATC有意義，那TCA跟CAT就不准有意義）。這樣篩選之後，還剩下多少可能的組合？又是不多不少二十個！（在六十四

＊在RNA裡面不像DNA一樣使用胸腺嘧啶（T），它被置換成另一個略微不同的分子，叫作尿嘧啶（U）。這是DNA與RNA分子唯二不同處的其中之一，另一個不同處則是RNA使用的醣類叫做核糖，不像DNA使用去氧核糖。稍後我們會看到這兩處小小的化學差異如何造成巨大的功能差異。

種排列組合裡，AAA、UUU、CCC跟TTT都被剔除，在剩下的六十種組合裡，如果每三種排列組合又只有一種有意義，那六十除以三就是二十種）。

跟重疊密碼理論不同的是，克里克的密碼組並不限制胺基酸序列的排列方式，而一個點突變也不會同時影響到好幾個胺基酸。在當時他的理論確實完美地解決了序列判讀的問題，也將六十四種密碼子成功縮減到二十組有意義的密碼子，更跟所有已知的資料相吻合。儘管如此，這理論還是錯的。數年之後，實驗證明如果合成一段只含AAA密碼子的RNA序列（根據克里克的理論，這組密碼子無意義），到頭來可以合成一個叫做「離胺酸」的胺基酸，而且也能轉換出一段只含離胺酸的聚合物。

隨著實驗技術進步而且愈來愈精密，在一九六〇年代中期許多實驗室陸續解開了序列密碼。然而經過這一連串努力不懈的譯碼工作後，大自然卻好像隨興地給了個潦草結尾，讓人既困惑又掃興。這些遺傳密碼子的安排一點也不具巧思，反而顯得退化（意思就是說，充滿了多餘贅字）。二十個胺基酸中有三個，每個都由多達六組的密碼子轉譯，其他的則各由一到兩組密碼子負責。每組密碼子都有意義，其中有三個意思是「在此終止」，剩下的每一組都代表一個胺基酸。這看起來既沒規則也不漂亮，事實上這根本就是「完美是通往科學真理的指南」這句話的最佳反證*。甚至，我們也找不出任何結構上的原因來解釋密碼排列，不同的胺基酸與其對應的密碼子間，似乎並沒有任何物理或化學的關聯。

克里克稱這套讓人失望的密碼系統為「凍結的意外」，而大部分人也只能點頭同意。他說，這意外是凍結的，因為任何改變（試圖去解凍密碼對應胺基酸的組合）都會造成嚴重的後果。一個點突變也許只會改變幾個的胺基酸，而改變密碼系統本身卻會造成從上到下天大的災難。這差別好似前者只是一本書裡面無心的筆誤，並不會改變整本書的意義太多；然而後者卻像是將全部的字母轉換成毫無意義的亂碼。克里克說這就像是密碼一旦被刻印在石板上，任何想更動它的企圖都會被處以死刑。這個觀點至今仍獲許多生物學家認同。

但是這個大自然「意外的密碼系統」卻給了克里克一個疑問。為什麼只有這個意外？為什麼不是好多個意外？如果這套密碼系統是隨便產生的意外，那理論上它不會優於其他套密碼系統，因此也不會有什麼天擇「瓶頸效應」讓這套密碼系統勝出，用克里克的話來說就是：在選擇上的優勢遠超越其他套密碼系統因而獨活下來。但是既然沒有選擇的瓶頸，那為什麼現今沒有好幾套密碼系統，同時存在於不同的生物體內呢？

答案很明顯的就是，地球上所有的生物都是來自同一個共祖，而這套密碼系統早在共祖身上就決定好了。更哲學一點的說法就是，生命只在地球上發生一次，使得這看起來像個獨特、罕見甚至反常的事件。對於克里克而言，這暗示了一次感染，一次播種。他猜測生命是由某個外星生物，將一個類

＊那麼大自然如何解決序列判讀的問題？很簡單，它一定從mRNA的起點開始讀，在終點結束。這過程其實極度地機械化：tRNA並不像小豬尋找母豬奶頭那樣接上來，反而是mRNA通過核糖體中間，就像錄音帶通過磁頭一般，然後核糖體會一個密碼子一個密碼子地唸，直到唸到終止密碼子。因此，胺基酸也不是等全部就位了之後才一起接起來，而是一個一個地照順序接出來，等核糖體念到終止密碼子，胺基酸長鏈也就做好被釋放出去。一段mRNA也可以同時接上好幾個核糖體，每個核糖體都製造一個獨立的蛋白質。

似單株細菌的東西播種到地球上。他甚至繼續發展這個構想，主張這細菌是由外星人，用太空船送到地球上來播種的。他稱這個理論為直接胚種論，並在一九八一年出版的書《生命：起源與本質》裡詳細闡述這個論點。如同科學作家瑞德里在幫克里克寫的著名傳記中提到：「這個主題可讓許多人睜大了眼睛。偉大的克里克寫出關於外星生命乘坐太空船在宇宙間播種的故事，他被成功沖昏頭了嗎？」

「意外產生的密碼」這樣的概念，是否足以證明上述沉重的生命觀，這純屬個人判斷。但是密碼本身並不需要任何優勢或是劣勢來決定能不能突破瓶頸，這只要特別加強選擇某些少數生命；或者不可思議的意外像是小行星撞擊地球後毀滅掉所有生命，只留下一株細菌，根據定義這樣就足以提供唯一的一套密碼系統。就算是這樣好了，克里克寫作的時機還是不對。因為早在一九八〇年代初期，當克里克在寫書的時候，我們已經漸漸了解這套密碼系統既不是意外，也沒有被凍住。在這套密碼裡暗藏著另一套固定模式，是一種「密碼子裡面的密碼」，這帶給我們關於四十億年前生命形態的一條線索。現在我們知道這套密碼，並不是當初被譯碼員棄如敝屣的雕蟲小技，而是唯一一套可以同時耐受各種變異又加速演化腳步的密碼。

這是一套夾帶在密碼子中的密碼！其實在一九六〇年代開始，科學家已經注意到這套密碼裡面似乎有些模式可循，不過大部分的研究，包含克里克自己的在內，都因為不夠深入而不值一哂。然而整體來看，這套密碼裡面就算有模式，也顯得意義不大。為什麼這模式看起來似乎沒有意義呢？來自美國加州的生化學家戴維斯就在研究這個問題，他一直對遺傳密碼的來源非常感興趣。戴維斯認為，許多人是因為認同「凍結的意外」這個概念，而失去了研究密碼來源的興趣，因為如果意外的發生毫無理由，那又何必研究呢？剩下少數的科學家，則又受到流行的太古濃湯理論誤導。如果這套密碼是在太古濃湯中誕生，那這些分子最基本的結構，必定是某些可以在濃湯中，藉由物理或化學反應產生的分子。果真如此，那應該會有一小群胺基酸，曾是形成遺傳密碼的基礎，後來再漸漸加入其他的胺基酸。恰好也有一些證據似乎支持這個假設（雖然並不正確）。事實上，只有當我們用**生合成**的角度來看這些密碼，也就是說當原始細胞可以開始利用氫跟二氧化碳自己製造生命材料時，這些模式才顯得有意義。

這些難解的模式是什麼？所有三聯密碼的第一個字母都有特定的原則。這第一個字母之所以引人注目，因為它跟前驅物合成胺基酸的反應有關。這個原則十分讓人詫異，值得好好解釋一下。今日細胞是透過一連串的生化反應，把數個簡單的前驅物合成一個胺基酸。讓科學家驚訝的是，這些前驅物似乎都跟三聯密碼的第一個字母有某種關係，舉例來說，所有由**丙酮酸鹽**合成的胺基酸，它們密碼的第一個字母都是T*。我這裡用丙酮酸鹽作例子，因為在第一章我們已經看過它了。我們提到這分子可以在海底溫泉噴發口，經由礦物催化劑的幫助，透過氫跟二氧化碳反應合成。然而不只是丙酮酸鹽，所有胺基酸的前驅物，都是克氏循環這個生命基礎化學反應的一部分，因此都可以在前面提過的

*你可以不管這些化學分子名稱，但是我還是要介紹一下：所有由α－酮戊二酸鹽所合成的胺基酸，其三聯密碼第一個字母都是C；所有由草醯乙酸鹽合成的胺基酸，第一個字母都是A，所有由丙酮酸鹽合成的胺基酸，第一個字母都是T。最後，所有簡單前驅物透過單一步驟所合成的胺基酸，第一個字母都是G。

海底溫泉噴發口合成。這暗示溫泉噴發口跟三聯密碼的第一個字母有某種程度的關聯，我承認現在看起來還很牽強，不過後面會詳述。

那麼三聯密碼的第二個字母有沒有什麼意義？第二個字母跟胺基酸是否容易溶在水裡有關，或者說跟胺基酸的疏水性有關。親水性胺基酸會溶在水中，而疏水性胺基酸則不溶於水，但會溶在脂肪或是油裡，好比說溶在含有脂質的細胞膜裡。所有的胺基酸，可以從「非常疏水性」到「非常親水性」排列成一張圖譜，而正是這張圖譜決定了胺基酸與第二個密碼字母之間的關係。疏水性最強的六個胺基酸裡有五個，第二個字母都是T；所有親水性最強的胺基酸第二個字母都是A。介於中間的有些是G有些是C。總結來說，不管是什麼原因，三聯密碼的前兩個字母，跟它轉譯的胺基酸之間有決定性關聯。

最後一個字母是造成密碼看似退化的主因，這其中八個胺基酸有**四倍退化度**（科學家愛死這種專業術語了）。一般人聽到這個詞可能會在腦海裡面想像一個搖搖晃晃的醉漢，連續掉進四條水溝裡面。但是當生化學家這麼講的時候，意思只是這三聯密碼的第三個字母不含任何資訊：不管接上哪一個字母都沒關係，這組密碼子還是會轉譯出一樣的胺基酸。以甘胺酸為例，它的密碼子是GGG，但是最後一個G可以代換成T、A或是C，這四組三聯密碼都會轉譯出甘胺酸。

第三個字母的退化性暗示了一些有趣的事情。前面提過，兩個字母組成的密碼已經可以編出十六種胺基酸。如果我們從二十個胺基酸裡拿掉五個結構最複雜的（剩下十五個胺基酸，再加上一個終止密碼子），這樣前兩個字母與這十五個胺基酸特性之間的關聯模式就更明顯了。因此，最原始的太古密碼可能只是雙聯密碼，後來才藉由「密碼子捕捉」的方式成為三聯密碼，也就是各胺基酸彼此競爭第三個字母。果真如此，那最早的十五個胺基酸在「接手」第三個字母時，很可能有「作弊」。比如說，那十五個由太古雙聯密碼所轉譯出來的早期胺基酸，如今總共用掉五十三組密碼（總共有六十四組），也就是平均每個胺基酸使用三．五組密碼子，而剩下五個比較晚出現的胺基酸只使用了八組密碼子，平均每個胺基酸才用一．六組密碼。很明顯的，早起的鳥兒有蟲吃。

好，現在就假設最早的太古密碼是雙聯密碼而非三聯密碼，它們總共負責十五個胺基酸（外加一個「終止」密碼子）。這套早期的密碼看起來似乎非常的決定論，也就是說完全由物理或化學因素所造成。第一個字母跟胺基酸前驅物之間的關係幾乎沒有例外，而第二個字母又跟胺基酸的疏水性相關。運氣在這裡恐怕沒太多插手的機會，因為物理定律是不容許任何自由的。

但是第三個字母是另外一回事。這個位置有很大的彈性，因此可以隨機選擇，所以就有可能讓天擇去選出一個「最適當」的字母。至少這是生物學家赫斯特跟傅利蘭在一九九〇年代末所做的大膽主張。他們當時把天然基因密碼跟電腦隨機產生的幾百萬組密碼拿去比對，結果曾經轟動一時。他們想知道，如果發生點突變這種把一個字母換掉的變異，哪一套密碼系統最禁得起考驗呢？這套密碼系統應該要能保留正確的胺基酸，或是將它代換成另一個性質相似的胺基酸。結果他們發現，天然的基因密碼最禁得起突變的考驗。點突變往往不會影響胺基酸序列，而如果突變真的改變了胺基酸，往往會由另一個物理特性相似的胺基酸來取代。據此，赫斯特與傅利蘭宣稱，天然的遺傳密碼比成千上萬套隨機產生的密碼要優良的多。它不但不是大自然譯碼員愚蠢而盲目的作品，還是萬中選一獨一無二的密碼。他們還說，這套密碼除了可以忍受突變，它還大大降低了災難發生時的破壞，因此可以加速演化的腳步。這很明顯，因為如果突變不帶來災難的話，那應該會帶來比較多好處。

不過我們先別稱讚大自然的設計。要詮釋最適化，最好的方式就是通過天擇考驗。如果有天擇作用的話，那生命的密碼應該已經演化了。而確實，我們已經發現這套「通用」的遺傳密碼，在細菌跟粒線體之間，存有一些細小的差異，如果這不是由其他因素造成的話，那它們說明了密碼確實可以在某些特殊情況下演變。但你也許會想問，這樣的改變為什麼沒有造成如克里克所說的破壞呢？答案就是：離散性。如果一個胺基酸使用了四個甚至六個遺傳密碼，那其中也許有幾個會比其他的更常用。比較少用的那幾個有可能漸漸地分配給其他不同（但是性質相似）的胺基酸，而不會造成災難，如此一來密碼就演化了。

總結來說，這個密碼子中的密碼，講的是一種自然法則作用，開始的時候，跟胺基酸的生合成以及溶解度有關，接著則是增加多變性以及最佳化。那麼現在的問題是，哪一種自然法則先開始作用？又是如何作用？

關於這點目前還沒有肯定的答案，同時也還有許多難題尚未解決。最先遇到的難題，就是蛋白質與DNA兩者誰先誰後這種雞生蛋蛋生雞的問題。這是因為DNA分子活性比較低，它需要專一的蛋白質來複製它。但反過來講，專一性的蛋白質不是無緣無故變成專一的，它們需要經過天擇篩選，要透過天擇的話，它們的構造就必須要能變異並且可被遺傳。然而蛋白質本身不是遺傳的模板，它要由DNA轉譯。所以問題就是，蛋白質沒有DNA就無法演變，而DNA沒有蛋白質也無法演變。如果兩者都是缺一不可，那演化永遠無法發生。

在一九八〇年代中期，科學家有一項驚人的發現，那就是RNA可以當作催化劑。RNA分子很少形成雙股螺旋，它們比較常捲成小而複雜的形狀，同時具有催化作用。這樣一來RNA分子就可以打破前面的困境。在假設的「RNA世界」裡面，RNA既可以扮演DNA的角色也可扮演蛋白質的角色，它可以催化自我複製以及很多其他反應。現在，密碼不再是DNA的專屬，它也可以透過RNA跟蛋白質直接反應來產生。

從現代細胞作用的角度來看這個假設是有意義的。今日細胞裡面，胺基酸並不會跟DNA直接接觸，當細胞需要合成蛋白質時，許多基礎反應都是由「RNA酵素」（就是由RNA構成的酵素）所催化。「RNA世界」這個詞，出自華生在哈佛的同事吉伯特，在《自然》期刊上所發表的一篇論文。該文現在是有史以來被閱讀過最多次的文章之一。這個假設對學界有著催眠般的影響，它讓關於生命密碼的研究方向，從「DNA密碼如何對應到蛋白質」整個轉向往「RNA跟胺基酸之間到底發生了哪些反應」？然而至今我們仍沒有很明確的答案。

在一個對RNA世界充滿了興趣的氛圍之下，你也許會很驚訝：小片段RNA分子的催化性質竟然完全被忽略了。如果較大的RNA分子具有催化能力，那麼很小片段的RNA分子，像是單個或是一對字母的那種RNA，或許也有催化力，儘管能力沒那麼強。最近，受人景仰的美國生化學家莫洛維茲，與分子生物學家柯普莉以及物理學家史密斯合作，就指出這種可能性。他們的構想或許不盡然全對，不過我認為在解釋生命密碼起源時，這正是我們所應該採取的理論。

莫洛維茲他們假設一對字母的RNA（學名就是二核苷酸）也可以是催化劑。他們認為二核苷酸會跟胺基酸的前驅物（比如丙酮酸鹽）結合，然後催化它們成為胺基酸。至於催化成哪一種胺基酸，則要看二核苷酸裡的字母是什麼（規則就如前面討論過的）。理論上第一個字母會決定胺基酸的前驅物，第二個字母決定反應形式。比如說，如果兩個字母是UU，那麼丙酮酸鹽會先接上來，然後被轉換成疏水性極強的白胺酸。莫洛維茲同時也為了這個簡單而迷人的點子，提供了許多反應機制，讓它們看起來可行性頗高。不過我還是比較希望有一天能看到這些反應真的在試管裡面發生。

現在，從這裡到三聯密碼只剩下兩步了（至少理論上如此），而它們都只需要簡單的字母配對即可。首先第一步，一段較大的RNA分子，要跟二核苷酸透過慣常的鹼基配對法則配對，也就是G配C，A配U。接著胺基酸會被轉移到這個較大的RNA分子上，因為分子較大，吸引力也比較大＊。其結果，就是一段RNA分子接了一個胺基酸，而序列取決於當初的二核苷酸字母。這其實就是克里克當初提倡的「轉接器」原型：一段RNA鏈帶著一個「正確的」胺基酸。

第二步則是需要將雙聯密碼變成三聯密碼，這也只需要兩段RNA序列間彼此字母配對即可。如果三個字母配對的效果比兩個字母配對來得好（也許分子間會有比較多的空間，或者分子間結合力會比較強），那三聯密碼自然會勝出，此時前兩個字母就由生合成時的條件所指定，而第三個字母則可以在有限的條件下改變，讓密碼隨情況最佳化。這是我認為克里克當初的假設有可能正確的地方，他認為帶著胺基酸的RNA會像小豬吸吮母豬乳頭一樣湊上來，而空間的限制的確有可能將相鄰的分子推開，而促使它們「平均」以三個字母為間隔。別忘記在這個時候，還沒有閱讀長串序列的問題，也沒有蛋白質參與，僅有胺基酸跟RNA兩者作用。這時候整套密碼的基礎已經完備，新增加的胺基酸後來加入的時候可以直接使用還沒被用過的密碼。

當然這整套理論都還只是個假說，目前也沒有太多證據可以證明。但是重要的是，它為密碼起源之謎帶來一線曙光，讓簡單化學反應到三聯密碼誕生的這段過程，看起來有可能，也可以被實驗檢驗。儘管如此，你也許會認為這一切聽起來很好，除了我嚷嚷著RNA分子像是它們直接長在樹上，隨便摘都有似的。關於這個問題，我們是如何從簡單化學合成，進步到選擇蛋白質？又如何從RNA進步到DNA？最近幾年的研究結果提供了一些驚人的答案。而這些新發現，恰好非常支持第一章所提到生命自海底溫泉噴發口誕生的假設。

第一個要問的問題就是，RNA分子是從哪裡來的？雖然我們對RNA的世界已經深入研究超過二十年了，然而這個問題卻幾乎從來沒有被好好地問過。一個大家絕口不提但是卻極為愚蠢的假設是：RNA不知為何就這樣存在於太古濃湯中。

我不是開玩笑的，科學家研究太多極為專一的問題，他們也不可能一次回答所有的問題。這美妙又威力無窮的RNA世界假說，其實是建立在一個「恩賜」上，也就是RNA事前已經存在了。對於提倡RNA世界的先驅來說，重點不在於RNA從哪裡來？而在於它們能做什麼？當然還是有人對RNA的合成過程感興趣，然而他們卻很快地陷入各自的小圈圈中，永無止境地爭論著自己所擁護的假說。或許RNA是在外太空由氰化物合成的，或許它們是由閃電劈打地球上的甲烷跟氨氣所合成的，又或許它們是在海底火山口冶煉愚人金時一起產生的。這些假設都各有各的優點，但是卻也都面

＊胺基酸轉移到哪一段RNA片段上的反應，很可能取決於這段RNA的序列。美國科羅拉多大學的雅魯斯與他的同事曾經示範過，含有比較多反密碼子的小段RNA，與「正確胺基酸」的結合力，遠比跟其他任何胺基酸的結合力大好幾百萬倍。

臨一個非常基本的問題，那就是「濃度問題」。

要製造單一的RNA字母（核苷酸）並不太容易，不過如果核苷酸濃度夠高，它們會很快地形成聚合物（也就是RNA分子）。大量的核苷酸分子會自動聚在一起變成RNA長鏈而沉澱下來。但是當核苷酸濃度降低時，逆反應就會發生：RNA會自己降解成單一核苷酸。問題就在這裡，RNA每自我複製一次，就會消耗核苷酸，濃度因此降低。除非有辦法持續而快速地生產核苷酸（一定要比消耗速度還快），否則RNA世界不可能行得通，當然就再也無法解決任何問題。這樣當然不行。所以，任何人如果想要在科學上獲得一點實質的進展，那最好先把RNA當作天賜的禮物吧。

當RNA起源的解答尚遙遙無期時，他們這樣做確實有其正當性。這個解答最後出現得頗戲劇化。RNA分子當然不是結實纍纍地長在樹上，而是長在溫泉噴發口裡，或者至少可從模擬的噴口中得到。不屈不撓的地質化學家羅素（我們在第一章已經介紹過他）、布勞恩與他們的德國同事，在二〇〇七年發表了一篇極為重要的理論性論文，提到在溫泉噴發口環境裡的核苷酸數量可以累積到驚人的等級。這與溫泉區環境可以產生極大的溫度梯度有關。羅素認為，在第一章提到的鹼性溫泉裡，泉水會被許多細小而互相連接的孔洞過濾。溫泉的溫度梯度會製造出兩種流動，通過這些孔洞循環。第一種是對流，就像煮開水時會看到的。第二種則是熱擴散，也就是熱會往較冷的海水裡消散。藉著這兩種流動的交互作用，溫泉會漸漸在較低的孔洞中填滿各種小分子。在他們的模擬溫泉系統中，核苷酸的濃度可以達到起始濃度的數千甚至數百萬倍。這樣高濃度的核苷酸很容易沉澱出RNA分子。他們因此推論：這樣的環境會強迫生命的分子從高濃度的環境中開始演化。

不過溫泉噴發口還可以做更多事。理論上較長的RNA鏈或是DNA鏈，因為體積較大容易填滿孔洞，會比單一核苷酸累積更多。一百個鹼基大小的DNA分子，據估計可以累積到起始濃度的一千兆倍。這樣高的濃度足以讓我們前面討論過的各種反應發生，像RNA分子彼此結合之類的。尤有甚者，這裡忽高忽低的溫度（如熱循環一般），可以產生如同全世界實驗室都在使用的聚合酶連鎖反應（polymerase chain reaction，簡稱為PCR），來促進RNA分子複製。在進行PCR時，高溫會讓DNA分子分開，如此DNA可當作模板，等冷凝到較冷的溫度時就有利於另一股開始複製合成。其結果就是分子複製的速度以指數增加*。

總結來說，溫泉區的溫度梯度可以讓核苷酸濃度增加到最大的程度，而促進RNA分子形成。同樣的梯度也會增加RNA的濃度，有利於分子接觸。而忽高忽低的溫度則可以加速RNA複製的速度。我們恐怕很難找到一個比這裡更適合形成RNA世界的地方了。

那麼關於第二個問題，我們如何從RNA分子自我複製彼此競爭的世界，走向一個比較複雜，由RNA分子開始製造蛋白質分子的世界呢？一樣的，溫泉也許可以給我們答案。

如果在試管裡加入RNA，然後再放入一些材料以及所需的能量（比如ATP），它就會自我複製。事實上除了自我複製以外，它還會開始**變化**，這是一九六〇年代美國分生學家史畢格爾曼跟其

---

*在實驗室裡進行反應需要酵素——DNA聚合酶，而看起來在溫泉噴發口要促進DNA或是RNA複製也需要酵素，但這並不是說一定要蛋白質做成的酵素才行，一個由RNA形成的複製酶應該也可以做得一樣好。現在尋找這種由RNA形成的複製酶變得像是在尋找聖杯一樣，科學家認為它非常有可能存在。

他人所觀察到的現象。在試管裡面複製個幾代之後，RNA會愈複製愈快，最終變得快得可怕。它們會變成不斷加速自我複製的RNA鏈，極度人為但也極度瘋狂，宛如「史畢格爾曼的怪物」。有趣的是，你可以從任何東西開始反應，不管複雜如一個完整的病毒RNA，或者是簡單如一段人工合成的RNA分子。你甚至也可以只加入一些核苷酸外帶一些聚合酶去把它們連在一起。不管你從哪些東西開始，它們最後都會趨向相同的結果，就是變成一樣的「怪物」，一樣瘋狂自我複製的RNA鏈。這些史畢格爾曼怪物很少超過五十個字母。這情況宛如分子版的《今天暫時停止》。

重點就在這裡，史畢格爾曼怪物不會再變得更複雜，它會停在五十個字母的長度，因為這恰好是與複製酶這種酵素結合所需要的長度。沒有複製酶，RNA鏈就無法複製。當然，RNA分子本身目光如豆，所以在這樣的溶液裡它也不會變得更複雜。那麼，最原始的RNA憑什麼要開始犧牲自己的複製速度，來換取製造蛋白質的能力呢？要跳出這個框架，唯有當選擇發生在「更高層級」時才有可能。也就是說，天擇的對象變成一整個單位（好比說像一顆細胞），而RNA只是單位中的一部分。問題是，現在所有的有機體細胞都太過複雜，它們不可能未經演化就一下子出現。因此，一定有某些選擇條件，傾向於讓細胞形成，而不會只允許RNA拚命複製。這還是一個雞生蛋蛋生雞的兩難問題，就像蛋白質跟DNA誰先誰後的問題一樣，不過這次問題比較簡單。

我們已經看過RNA可以完美地解決DNA跟蛋白質誰先誰後的問題，那麼現在誰來打破選擇RNA或是細胞的問題？其實答案就在眼前，那就是溫泉噴發口已經做好的無機礦物細胞。這樣的細胞大小恰好跟真的細胞一樣，而且溫泉區又無時無刻不在製造它們。所以如果一個細胞內含的材料，特別適合產生更多新的材料來複製自己，那麼這個細胞就會開始繁殖，也就是內含物會突入其他的無機細胞空腔裡。相反的，如果是一群只曉得儘快拷貝自己的「自私」RNA，那最終它們就會輸掉競爭，因為它們不會持續產生複製自我所需的新材料。

換言之，溫泉噴發口的環境會漸漸地淘汰只會快速複製自我的RNA分子，而選擇出具有完整「代謝」功能、能獨力運作的完整細胞單位。畢竟蛋白質才是真正能夠支配代謝的主角。不可避免的，最終它們一定會取代RNA。不過蛋白質當然不會就這樣一瞬間出現，最早的代謝一定是由礦物質、核苷酸、RNA、胺基酸跟一些複雜一點的分子（比如胺基酸接在RNA上）共同協力完成。這裡的重點是，一開始原本只是簡單的分子間的化學連結，在這個允許細胞自由增生的環境中，就變成「篩選具有複製自己整體內容物的能力」；也就是說，篩選能夠自給自足，而最終可以獨立自主的生命。有趣的是，今天我們卻是從這些已然自主的生命裡，找到DNA起源的最後一條線索。

細菌彼此之間有巨大的歧異度。將來在第四章裡我們將會看到，這種巨大歧異度對演化來說有多重要。在此，我們只要先關注它跟DNA起源的關係即可，不過這關係也夠深厚了。這個分歧存在於真細菌（eubacteria，希臘文的意思為「真正的」細菌）跟另外一群從許多角度來看都長得一模一樣的細菌間。這第二群細菌現在叫做古細菌（archaeabacteria），或直接稱古菌（archaea）。古菌之所以得名，是因為它們實在非常古老，存在已久，不過今日有部分學者認為，古細菌其實未必比真細菌古老到哪裡去。（所謂真細菌，就是大部分我們熟知的細菌。關於分類，有些學者傾向在界上面增加域或總界，將生物分成三域：細菌域、古菌域及真核生物域，請見第四章。而另外也有學者主張其他的分類法。不過不論是哪一種分類，都傾向將真細菌跟古細菌區別開。）

事實上也許就是這麼巧合，真細菌跟古細菌有可能從一樣的海底溫泉中誕生，否則很難去解釋為何兩者使用一模一樣的基因密碼，合成蛋白質的方式也相同。不過它們似乎是後來才各自獨立學會如何複製DNA。確實，DNA跟基因密碼必定只演化過一次，但是複製DNA這個今日各細胞代代相傳的重要機制，卻似乎演化過兩次。

如果這個主張不是來自聰明又嚴謹的計算遺傳學家庫寧，那我大概會滿腹懷疑地掉頭走開。庫寧是位俄裔的美國科學家，現在任職於美國國家衛生研究院。庫寧的團隊並非一開始就試圖去證明這個極端的論點，他們其實是在系統化比對真細菌與古細菌的DNA複製系統時，無意間發現這件事的。經過詳細比對真細菌與古細菌的基因序列之後，庫寧他們發現這兩種細菌使用的蛋白質合成機制大同小異。比如說，它們從DNA轉錄到RNA，再從RNA轉譯到蛋白質的方式，非常類似，而所使用的酵素很明顯也都是從同一個共祖繼承來的（這是基因序列比對的結果）。但是它們複製DNA所使用的酵素就不是這麼一回事了，這兩者之間幾乎沒有什麼共通性。我們只能用這兩種細菌分歧太大來解釋這奇怪的現象，但是問題就是，為什麼分歧程度一樣大的DNA轉錄跟轉譯系統，**卻沒有**產生這樣極端的差異呢？最簡單的解釋，就是庫寧所提出的那個極端理論：DNA的複製系統曾經演化過兩次，一次在古細菌裡，一次在真細菌裡*。

這個理論對大多數人來說，恐怕十分嚇人，不過對一位頭腦傑出而個性溫和，在德國工作的「德州佬」來說卻恰如其分。他就是我們在第一章提到的生化學家馬丁。此時他已經跟羅素一起合作來探索在海底溫泉噴發口的生化反應了。馬丁跟羅素在二〇〇三年發表了一篇完全不合當代主流意見的論文，提出他們自己的獨到見解。他們認為古細菌與真細菌的共祖，並非可以自由生活的有機體，而是受困在多孔礦物岩石區某種會自我複製的東西，但它們尚未逃離這群迷宮般的溫泉礦物細胞腔。為了支持自己的論點，馬丁跟羅素還列出了一長串古細菌與真細菌難以理解的差異。其中最特別的是這兩者的細胞膜跟細胞壁構造完全不同，這點暗示了兩群細菌應該是從相同的岩石禁錮裡，各自演化出來。這樣的主張對大部分的人來說都太過極端了，但是對庫寧來講，卻簡直是量身訂做般地合適。

很快地，馬丁跟庫寧就開始合作，討論基因與基因體起源於海底溫泉噴發口的可能性，然後在二○○五年發表了那些充滿啟發性的想法。他們認為古老礦物細胞的「生活史」，或許十分類似今日的反轉錄病毒，比如像愛滋病毒。反轉錄病毒的基因體通常都很小，成分是RNA而非DNA。當反轉錄病毒入侵細胞後，它會用一種「反轉錄酶」把自己的RNA反轉錄成DNA。這段DNA就會插入宿主細胞的基因體中，隨著宿主細胞讀取自己的基因，也會一起讀到病毒的基因而幫助病毒複製。所以當病毒複製自己的時候，使用的是DNA做模板；然而當它把自己包裝起來時，卻是用RNA來把遺傳訊息傳給下一代。這些病毒缺乏的正是複製DNA的能力。一般來說這是比較複雜的程序，需要許多酵素共同參與。

這種生活模式有優點也有缺點，最大的優點就是繁殖快速。既然病毒可以利用宿主細胞的整套機器來把DNA轉錄成RNA，再轉譯成蛋白質，那病毒自己就可以丟掉一大堆基因，省了不少時間跟麻煩。而最大的缺點則是，如此一來病毒就非常依賴「適當的」細胞才能生存。第二個比較小的缺點，則是跟DNA相比，RNA能儲存的資訊十分有限，因為RNA分子的化學性質比較不穩定。不

＊我們真核生物複製DNA的方法，是承襲自古細菌而非真細菌，至於為什麼，我會在第四章討論。

過反過來說，它比DNA分子要容易反應，這是RNA分子具有化學催化性的原因。但也因為這種化學活性，大片段的RNA分子容易斷裂，而這種尺寸限制將會大大影響病毒獨立自主的能力。一顆反轉錄病毒所需的所有東西，差不多就是RNA所能儲存的最大資訊量了。

不過在礦物細胞裡就不是這麼一回事了，礦物細胞可以提供至少兩個好處，讓RNA式的生命過得比較複雜而有演化的空間。第一個好處是許多獨立生活所需的物資，溫泉噴發口都免費提供，這樣至少讓細胞有個好的開始。比如會堆積成長的礦物細胞已經有完整的外膜，也會提供能量。就某方面來說，廣布在溫泉噴發口會自我複製的RNA，已具有「病毒性」了。第二個好處則是這些「群聚」在一起的RNA分子有很多機會，可以透過互相交流的礦物細胞彼此混合，任意配對。「合作良好」的RNA分子們，如果可以一起擴散到鄰近的細胞裡，就有可能在選擇中勝出。

馬丁跟庫寧所想像的，就是這樣一種出現在礦物細胞中的互助合作式的RNA分子，每段RNA分子各自攜帶少許相關的基因。這種生活模式當然有缺點，其中最大的致命傷，就是RNA族群有可能面臨混到不速配對象的窘境。然而如果有一個細胞能夠把所有合作愉快的RNA片段都轉換成一整段DNA，那它就掌握了所有的「基因體」，可以保存所有的優點。它可以用類似反轉錄病毒的方式繁殖，把所有基因轉錄成一群RNA，然後感染鄰近的細胞，讓它們也有能力把所有的遺傳訊息再存回DNA銀行裡。每一群RNA都是從這個銀行裡直接鑄造，所以比較不會出錯。

礦物細胞要在這種情況下「發明」DNA有多難？其實可能不會很難，事實上應該會比發明整套直接複製DNA的機器要來得簡單多了（複製RNA比複製DNA簡單）。DNA跟RNA在化學成分上只有兩處小小的不同，但是加在一起卻讓整個結構大不相同：一個是捲曲又具有催化能力的

RNA分子，另一個是具象徵意義的雙股螺旋DNA（在華生跟克里克於一九五三年發表在《自然》期刊上的論文裡曾經不經意地這樣預測過）＊。這種細小的變異恐怕很難不在溫泉區發生。這個反應第一步要先從核糖核酸（RNA）上移走一個氧原子，讓它變成「去氧」核糖核酸（DNA）。這種機制牽涉到一些反應性很強的中間物（正式的名稱是自由基），至今仍可在海底溫泉噴發口發現。反應的第二步則要在尿嘧啶（U）上面加上一個甲基（CH_3-），讓它變成胸腺嘧啶（T）。同樣的，甲基是甲烷的自由基碎片，在鹼性溫泉噴發口更是不虞匱乏。

現在我們知道了，要製造DNA並不難：它很可能跟RNA一樣是在溫泉噴發口自行合成（我是說它可能從簡單的前驅物，然後被核苷酸、胺基酸、礦物質等東西催化之類的）。比較麻煩的地方是要維持這些密碼訊息的正確性，也就是要製造出一段跟RNA一模一樣的序列，但是字母要換成DNA。當然這也不是不能克服的問題，因為從RNA轉換成DNA，只需要一個酵素，那就是反轉錄酶，而這個酵素今日是由反轉錄病毒（比如愛滋病毒）保管。很讓人意外的是，反轉錄酶過去被認為是「打破」生命中心法則（就是由DNA製造RNA然後製造蛋白質的法則）的酵素，而如今這個酵素也可以把病毒RNA所感染的早期多孔岩石，變成今日我們熟知的生命形態。或許，我們真該感激這些微小的反轉錄病毒，為我們帶來生命的起源。

這個故事還有太多細節沒有講到，至少對我來說，在試著把這個故事拼湊得完整而有意義時，還

＊華生跟克里克注意到：「不太可能用核糖來代替去氧核糖去做出這種結構（雙股螺旋），因為多出來的一個氧原子會太擠而超過凡得瓦力所需的距離。」

缺少了很多片段。我不會假裝在這章裡所討論的證據都已蓋棺論定，它們只不過是遙遠的過往透露給我們的一點線索而已。但是這些線索非常有用，並且有朝一日一定可以被某個可信的理論解釋得更完美。在生命的密碼裡面確實隱藏著某種模式，是化學反應跟天擇一起作用才能形成的。深海溫泉噴發口的熱流確實可以濃縮核苷酸，並讓這迷宮般的礦物細胞變成理想的RNA世界。而在真細菌跟古細菌之間，也確實存有著無法簡單解釋的差異。這種種跡象都顯示生命確實始於反轉錄病毒的形式。

在這章講的故事，我由衷地認為很可能就是真相，這讓我覺得十分興奮。不過在內心深處，卻仍有一個疑點困惑著我，那就是某些線索暗示生命曾經在海底溫泉噴發口處演化過兩次。究竟是成群的RNA從一個溫泉噴口感染鄰近的另一個噴口，最終遍布大海，讓天擇得以用全球的規模進行？抑或者是某一個特別的溫泉噴口，有著特殊的環境讓古細菌與真細菌可以同時誕生？或許，我們永遠也不會知道答案。在偶然與必然之間，仍有許多讓我們思考的空間。

第三章 光合作用

太陽的召喚

想像一下一個沒有光合作用的世界。首先，地球就不會是綠色的。我們的綠色星球，反映著植物與藻類的榮耀，這要歸功於它們的綠色色素，可以吸收光線進行光合作用。所有色素裡面首屈一指的神奇轉換者就是葉綠素，它可以偷取一束光線，將其幻化為化學能，同時供養著動物與植物。

再來，地球大概也不會是藍色的，因為蔚藍的天空與海洋都仰賴清澈的大氣與乾淨的水，這又要靠氧氣的清潔力來掃除陰霾與灰塵。沒有光合作用，大氣裡就不會有氧氣。

事實上，地球可能根本就不會有海洋。沒有氧氣，就沒有臭氧。沒有臭氧，地球就沒有任何東西可以阻擋炎炙的紫外線，而紫外線會把水分子分解成為氫氣與氧氣。氧氣因為形成的速度不夠快，永遠不可能組成大氣層；但氧氣卻會跟岩石裡面的鐵反應，把它們染成暗褐鐵銹色。而氫氣，因為是全世界最輕的氣體，會逃離重力的枷鎖逸入太空。這個過程緩慢而殘酷，就像大海漸漸失血流入太空。金星就因此付出它的海洋給紫外線成為犧牲品，火星很可能也遭遇了相同的命運。

所以，想知道沒有光合作用的星球長什麼樣子，倒不太需要想像力。它大概就會長得跟火星一樣，是一顆被紅土覆蓋的星球，沒有海洋，也沒有任何明顯的生命跡象。當然，還是有某些生命形式不需要依靠光合作用生活，許多太空生物學家就希望能在火星上找到這種生命。但是即使有少許細菌躲藏在火星表土之下，或者被埋在冰帽裡，這顆行星還是死寂的。火星現在處於一個幾乎完美的平衡狀態，表現在外就是明顯的惰性，你絕對不會把它跟我們的蓋婭之母搞混（蓋婭是古希臘神話中的大地女神）。

氧氣是行星生命的關鍵。氧氣只是光合作用產生的廢物而已，但卻也是構成生命世界的要素。光合作用產生氧氣的速度是如此之快，以至於很快地它就超出地球所能吸收的極限。最終所有的灰塵和岩石中的鐵質，所有海裡的硫和空氣中的甲烷，全部都被氧化了，然後多出來的氧氣才開始填滿大氣層。直到此時，氧氣才開始保護地球，不讓水分繼續流失到太空中。同時從水中冒出來的氫氣，也才有機會在逃到外太空以前撞到更多的氧氣。很快地，氫氣跟氧氣會開始反應形成水，以雨的形式從天而降，回到海洋中去補充流失的水分。當氧氣開始積聚在大氣層中，臭氧才能形成一層保護膜阻擋紫外線的燒炙，讓地球成為適合居住的地方。

氧氣不只拯救了地球上的生命，它更提供能量，讓生命繁茂。細菌可以在沒有氧氣的地方生活得很快樂，因為它們有舉世無雙的電化學技術，可以引起絕大多數的分子反應，從中攫取點滴能量。但是從發酵反應裡所得到的能量，或者像甲烷跟硫酸鹽兩個分子反應所得的能量，跟有氧呼吸所得到的能量相比，簡直就是小巫見大巫。有氧呼吸幾乎就像是直接用氧氣燃燒食物，將它們完全氧化成二氧化碳跟水蒸氣。再也沒有別種反應可以提供如此多的能量來支持多細胞的生命了。所有的植物，所有的動物，在他們全部或至少一部分生活史中，都要依賴氧氣。唯一一個我所知道的例外，是一種微小的線蟲（雖然微小卻是多細胞生物），可以生活在停滯而缺氧的黑海海底。因此，沒有氧氣的話，這會是個極為渺小的世界，至少從個體的角度來看是如此。

氧氣也從其他方面支持大型的生命形態。想想看食物鏈。最上層掠食者吃小動物，小動物吃昆蟲，昆蟲吃小昆蟲，小昆蟲吃草類或是樹葉。多達五六層的食物鏈在自然界並不罕見。在這裡每一層都會損失一些能量，因為沒有任何一種形式的呼吸作用效率是百分之百。事實上有氧呼吸的能量使用效率大約是百分之四十，而其他形式的呼吸作用（比如用鐵或是用硫來代替氧氣）的效率則少於百分之十。也就是說，如果不使用氧氣的話，只消兩層食物鏈，能量就少於一開始的百分之一了，而使用氧氣的話，要經過六層食物鏈才會達到相同的損耗。換句話說，唯有有氧呼吸才能支撐大型食物鏈。食物鏈經濟學給我們的教訓是，掠食者可以生活在含氧的世界裡，而沒有氧氣的話牠們根本負擔不起掠食生活。

掠食一定會造成軍備競賽，造成掠食者與獵物兩者體型逐漸升級。硬殼用來對抗利齒，偽裝可以欺瞞眼睛；而體型又會同時回頭來威脅掠食者與獵物。有了氧氣，牠們才負擔得起掠食行為，也才負擔得起大型掠食者需要的體型。氧氣不只讓大型有機生物可存活，更重要的是有可能出現。

氧氣還直接幫忙建造大型生物。讓動物具有力量的蛋白質是膠原蛋白。這是結締組織的主要成分，不管是鈣化的結締組織如骨骼、牙齒跟硬殼，或者是「裸露的」結締組織如韌帶、肌腱、軟骨與皮膚，全都是膠原蛋白。膠原蛋白可說是哺乳類體內含量最豐富的蛋白質了，整整占了全身蛋白質的百分之二十五。就算離開脊椎動物的世界，膠原蛋白也仍是硬殼、角質、甲殼跟纖維組織的重要成分，它們構成了整個動物世界各式各樣的「膠水與繃帶」。膠原蛋白的成分十分獨特，它需要自由的氧原子把相鄰的蛋白質纖維連結起來，讓整個結構可以承受高張力。需要自由氧原子參與的意義在於，只有當大氣中的氧氣量寬裕到有剩下，才有可能開始製造膠原蛋白，因此需要靠硬殼與骨骼保護的大型動物，也只有在這種情況下才有可能出現。這或許是為何根據化石紀錄，大約在五億五千萬年前的寒武紀，忽然出現大量大型動物的原因，當時正值地球大氣氧氣量遽升之後沒多久。

膠原蛋白對氧氣的依賴，或許不只是個意外。為什麼碰巧是膠原蛋白？為什麼不是其他不需要氧原子的東西出現？氧氣究竟是產生力量不可或缺的要素，或者只是偶爾不小心參雜入整個結構中，從此就留了下來？我們並不確知答案，不過讓人訝異的是，大型植物也需要氧氣來構成巨大又強韌的木質素聚合物，作為支持它們結構的成分。木質素的化學成分十分雜亂，但它也是靠氧元素來把許多條長鏈連結在一起。要打斷木質素的結構十分困難，這就是為什麼木頭會如此堅硬而難以腐朽。造紙業也需要很費力地把木質素從木漿中移除才能造紙。如果把木質素從樹木中移除的話，所有的樹都會變得弱不禁風，會因為無法支撐自己的重量而倒塌。

因此，沒有氧氣就沒有大型動植物，不會有掠食行為，不會有藍天，或許也不會有海洋，又或許根本就只有灰塵與細菌，再無其他。氧氣毫無疑問是世上最最珍貴的代謝垃圾了。然而老實說，代謝氧氣是件難以置信的事，不管在地球上、火星上，或是宇宙任何一個角落裡，光合作用其實都可以不靠產生氧氣而演化出來。不過如此一來，所有生命很可能就算變複雜，也只是停留在細菌等級，而我們或許只是茫茫細菌世界裡某種有感知的生物而已。

呼吸作用是造成氧氣沒有持續堆滿大氣中的一個原因。呼吸作用跟光合作用是勢均力敵但完全相反的反應。簡單來說，光合作用利用太陽能來使兩個簡單的分子——二氧化碳跟水，結合以產生有機分子。而呼吸作用則一模一樣，但程序完全相反。我們燃燒有機分子（也就是食物）時會釋放出二氧化碳跟水回到空氣中，與此同時產生的能量則用來支持我們生存。因此也可以說我們是釋放被禁錮在食物中的太陽能來生存。

光合作用跟呼吸作用不只在反應細節上相反，從全球平衡的角度來看也是如此。如果沒有動物、真菌跟細菌用呼吸作用燃燒植物當作食物的話，那空氣中的二氧化碳應該很久以前就被消耗殆盡，都轉換成為生物量了。如此一來所有的活動都會戛然停擺，只剩下緩慢的降解或者火山活動，會釋放出少許的二氧化碳。然而真實世界並非如此。實際上的情況是，呼吸作用會燒光植物存起來的有機分子，從地質學的時間尺度來看，則是植物會在一瞬間灰飛煙滅。這樣的話會造成一個極為嚴重的後果，那就是所有光合作用釋放出來的氧氣，會全部再被呼吸作用消耗光。這會是一個長期進行且持續不變的均勢，同時也是會為行星帶來滅亡的死亡之吻。如果一顆行星想要保住含氧大氣層，如果這顆行星不想步上火星那紅土後塵，唯一的辦法就是完整地封存住一部分植物物質，免於跟其他元素結合，或是讓聰明的生命找出方法，把它們轉換成能量。一部分的植物物質必須被埋葬。

而這就是地球的作法，把一部分的植物物質埋在岩石裡變成煤炭、石油、天然氣、煤灰、木炭或是灰塵，藏在地底深處。根據最近才從耶魯大學退休的地質化學先驅伯納的看法，被深埋在地殼中「死的」有機碳，大概是地殼上生物圈中有機碳的兩萬六千倍。因為地下每一個碳原子都可對上空氣中一個氧分子，所以我們每挖出一顆碳原子當成燃料燒掉，就會相對從空氣中消耗掉一顆氧分子，把它轉換成一個二氧化碳。這對全球氣候會造成重大而難以預估的影響。幸好我們永遠也不會耗光地球上所有的氧氣（就算消耗到為全球氣候帶來巨大浩劫的程度也不會），因為絕大部分的有機碳，都是以細碎岩石如頁岩的形態，被埋在岩石裡，這並非人類工業技術（或至少經濟工業）可及。到目前為止，儘管我們可以相當自大地燒光一切能找到的化石燃料，也只不過降低大氣含氧量的百萬分之二到三，或者約百分之〇．〇〇一而已＊。

不過這些被埋藏在地下的巨大有機碳儲存槽並未一直生產。它自亙古以來間歇地形成，而目前總額看起來很接近平衡，呼吸作用剛好打平光合作用（消耗掉的也打平新埋藏的），所以整體來講幾乎沒有淨輸入，因此自數千萬年以來，大氣中氧濃度就一直維持在百分之二十一左右。不過在地質時間很久很久以前，偶爾有些時候環境跟今日非常不同。其中最著名的例子，大概就是約三億年前的石炭紀了，那是個巨大如海鷗般的蜻蜓拍翅飛過天空，而長達一公尺的蜈蚣爬過樹叢底下的時代。這些巨型生物的存在，要歸功於石炭紀不尋常的碳埋藏速率，石炭紀的命名正是源自於這大量的煤礦蘊藏。因為大量的碳元素被埋入煤炭沼澤裡，大氣中的氧濃度曾一度上衝到超過百分之三十，這讓許多生物有機會長到遠超過牠們正常的尺寸。精確地來說，受到影響的都是依賴氣體被動擴散來行呼吸作用的動物（牠們透過皮膚或是深入體內的氣管來交換氣體，如蜻蜓），而不是那些可以用肺來主動換氣的動物＊＊。

是什麼原因造成石炭紀這種前所未有的碳埋藏速度呢？目前已知很多地質事件都有影響，比如說大陸的合併、潮溼的氣候、廣大的平原等，而其中最重要的一項或許是木質素的出現，讓巨大的樹木與結實的植物可以遍布大陸四處。要知道即使在今日，木質素都難以被細菌或是真菌分解，所以在演化上，它的出現可說是一個難以被超越的挑戰。因為無法被分解作為能量，大量的碳就會完整的隨著木質素被埋到地下去，而本來該與之配對的氧氣則飄盪在大氣裡。

此外還有兩次地質事件也讓大氣中的氧氣濃度有機會增加。這兩次很可能都是全球大冰期（又稱雪球地球時期）的後遺症。第一次氧氣攀升發生在距今約二十二億年以前，緊接在那時的地質變動與全球大冰期之後。而第二次大冰期則在距今約八億到六億年以前，之後也有一次氧氣濃度攀升。這種全球性的災難，很可能大大地改變了光合作用與呼吸作用之間的平衡，也改變了碳埋藏與消耗的平衡。當大冰河融解的時候，雨水大量落下，原本在岩石中的礦物質與營養（鐵質、硝酸鹽與磷酸鹽），就會被冰跟雨水沖刷注入海中，因而促使行光合作用的藻類與細菌大量滋生，這情況有點像施肥，不過規模是全球性的。然而這樣的溢流不止會造成生物滋生，它也會大量埋葬生命。被沖刷入海中的灰塵、髒冰屑與砂礫混著大量滋生的細菌沉澱到海底，讓碳元素埋藏量達到前所未見的程度，因此大氣中的氧含量就增加了。

這樣一來，意外的地質事件對我們地球的充氧作用就有意義了。反過來說，在氧氣攀升以前有很長一段時間，整個地球幾乎毫無動靜，這現象更強化了這個意義。從二十億年前到十億年前，這一段時間常被地質學家稱為「無聊的十億年」，因為幾乎沒有什麼值得大書特書的事情發生。如同其他好

＊大氣中的氧氣分子是二氧化碳分子的五百五十倍，所以就算讓二氧化碳濃度再增加個兩三倍也不是難事。然而就算大氣中氧濃度不會有太大的改變，溫度上升卻會減少溶解在水中的氧氣。許多魚類首當其衝已經受到低溶氧量的影響了。舉例來說，在北海的棉鯯類族群大小，每年都隨氧氣濃度而改變，氧氣濃度愈低，牠們族群愈小。

＊＊想知道更多氧氣對演化的影響，請見我的另一本書：《氧氣：創造世界的分子》（*Oxygen: The Molecule that Made the World*）。

幾億年一樣，大氣中氧含量穩定而低迷。雖然萬物本來傾向維持平衡，但是地質活動卻毫不休止地一頁翻過一頁，改變環境。這些地質因子應該也會存在其他行星上，不過在各種能夠引起氧氣增加的地質事件中，板塊運動跟火山活動似乎最為不可或缺。火星上或許很久以前也曾經演化出光合作用，這絕非不可能，然而在這小型的行星上，小規模的火山核心不足以提供讓氧氣堆積所需的地質活動，因此最後終於因為無法到達整個行星的規模而斷氣。

為什麼光合作用本來不必然會產生氧氣，形成地球的大氣層？這裡還有第二個更重要的理由。光合作用本身其實根本不需要用水做為材料。我們都很熟悉身邊植物的光合作用形式，觸目所及的草原、樹木、海藻等，基本上都是用同樣的方式在進行光合作用（也就是我們所稱的「產氧」光合作用），然後釋放出氧氣。但是如果我們退一步好好想一下細菌之流的生物，那光合作用的樣貌就有好幾種可能性。有些比較原始的細菌會使用溶解的鐵離子或是硫化氫來代替水分子，進行光合作用。這些原料聽起來或許十分不可思議，但那只是因為我們太過熟悉周圍的「氧合世界」——這個由產氧光合作用所一手打造的世界。這讓我們很難去想像，最早地球上第一次出現光合作用時，會是一種什麼樣的光景？

我們也很難去想像這種反直觀的光合作用機制（但事實上卻是一種更簡單的機制）。讓我舉個例子來說明一般人對光合作用的看法。用這個例子或許不是很公允，因為這是義大利化學兼小說家李維，在他一九七五年出版的名著《周期表》裡面所提到的情節。這本書在二〇〇六年時在英國皇家研究所，經由讀者票選成為「歷來最受歡迎的科普書」（讀者當然也包括我在內）。

我們這個碳原子，會在樹葉裡跟無數（但卻無用）的氮分子和氧分子相撞。之後它會被一個巨大而複雜的分子抓住而活化。與此同時，一道如閃電般的陽光從天而降，決定了碳原子的命運。剎那間，就像被蜘蛛捕獲的昆蟲般，碳原子從二氧化碳分子裡被剝離，跑去跟氫原子結合，或一般認為也有可能和磷原子結合，最終形成一條鏈狀分子，不論長短，這就是生命之鏈。

注意到哪裡有錯了嗎？其實有兩處錯誤，而李維應該很清楚才對，因為關於光合作用的詳細作用機制，早在本書出版前四十年就被闡明了。首先這道太陽光並不會活化二氧化碳分子。二氧化碳分子就算是在漫漫長夜中也可以被活化。它們不是被光線活化，就算是最明亮的太陽光也辦不到。此外氧氣也不會跟碳原子分開，而會一直頑固地黏在碳原子上。李維所描述的作用機制，假設光合作用的氧氣是從二氧化碳中釋放出來，是非常常見的錯誤。事實上氧氣並非來自二氧化碳，而是從水分子中放出來的。這一點點差異讓整個情況完全改觀，因為這是了解光合作用如何演化的第一步，更是解決當前地球上能源與氣候危機的第一步。

那道太陽能其實是把水分子劈成氫跟氧，這個反應如果發生在整個行星，就跟前面提過的紫外線讓海水蒸發，造成行星大失血一模一樣。光合作用所成就的，也是至今人類技術所無法達到的，就是發明了一種催化劑，可以僅用溫和的太陽光能量就把氫從水分子中剝離，而不需要使用燒炙的紫外線或是宇宙射線。到目前為止，人類窮盡其智慧，也無法讓花費在分離水分子上的能量，少於反應釋放出來的能量。如果有一天我們可以成功地模仿光合作用，僅用一些簡單的催化劑，就把氫分子從水分子中剝離出來，那就完全解決當前的能源危機了。到那時只要燃燒氫氣就能安心地供應全球能量需求，而唯一產生出的廢棄物就是水，既不污染，也沒有碳足跡，更不會有全球暖化。但是這可不是件簡單的事，因為水分子裡面的原子結合非常緊密。看看海洋就知道了，就算是最強的暴風雨吹襲、海水猛力拍打峭壁的力量，都無法把水分子敲碎回組成它的各種原子。水可說是地球上最獨特卻又最遙不可及的原料了。現代水手也許會夢想用水跟太陽來驅動他的船，其實他應該問問看那些漂在海浪中的綠色渣渣們是如何辦到的。

這些綠色渣渣，也就是今日的藍綠菌，它們的祖先是地球上唯一有機會玩弄分離水分子把戲的生命形態。當然它們那時也面臨過相同的問題。然而最奇怪的事情，就是藍綠菌要把水分子拆開的原因，跟它們的親戚要把硫化氫或氧化鐵拆開的原因一模一樣：它們都需要電子。然而要尋找電子，水分子應該是最後才會被考慮的選項才對。

光合作用的概念其實很簡單，全部就是電子的作用而已。在二氧化碳裡面加入一些電子，再加入一些質子來平衡電性，會發生什麼事？嘿！跟變魔術一樣，會跑出一顆糖！糖是有機分子，也是李維書裡面提到的生命之鏈，更是我們所有食物的終極來源。但是電子要從哪裡來？如果用一點太陽光來激發，很多東西都可以產生電子。在我們所熟悉的產氧光合作用裡面，電子來自水分子。但是事實上從一些比較不穩定的分子裡獲得電子，會比從水中獲取來得容易多了。從硫化氫中獲得電子，最終不會產生氧氣而會得到硫，也就是聖經說的硫磺烈火。從溶在海裡的鐵（如亞鐵離子）中獲得電子，會留下銹紅色的鐵離子，最終沉澱成為新的岩石層。這個過程可能一度十分普遍，造成今日到處可見的「條帶狀鐵礦」，同時也是地球上藏量最大的低品質鐵礦。

這種形式的光合作用，在今日這個充滿氧氣的世界上卻十分罕見，這純粹只是因為那些原料像硫化氫跟溶解的鐵離子，難以見容於現代陽光普照氧氣流通的世界。然而當地球尚年輕而大氣還沒有充滿氧氣之前，它們卻曾經遍布海中，並且是更為方便的電子供應者。如此就產生了一個嚴重的矛盾，而解開這矛盾，將是了解光合作用如何演化出來的關鍵。這個矛盾就是，為什麼大自然要從一個比較容易取得的電子供應者，轉換成另一個麻煩百出的電子供應者（也就是水分子）？更何況代謝水分子所產生的廢物（氧氣），對於那些產生它們的細菌來說，甚至是個毒氣，會嚴重威脅到細菌的生命？就算水分的含量確實遠遠超過其他原料，但這不會是大自然的考量，因為我們說過演化沒有遠見；同理大自然也根本不會在乎產氧光合作用可以改變這個世界的面貌這件事。所以到底是哪一種環境壓力或演化突變，導致這種轉變呢？

最簡單的答案，也是每一本教科書裡面都會提到的答案，就是原料用完了。生命開始用水做為原料，因為沒有其他更好的替代品；就好像人類在用完所有的化石燃料之後，也會開始用水做燃料。然而這是不可能的，因為地質紀錄顯示產氧光合作用出現得非常早，遠遠早於各種原料用罄之前，大概早了超過十億年。很明顯那時候生命並沒有被逼到牆角。

第二個答案則完美多了，其實就藏在光合作用的機制裡面，直到最近才被提出。這個答案結合了偶然與必然的結果，並且顯示了這世界上最複雜迂迴的電子捕獲機制背後簡單的一面。

葉綠體是植物體內萃取電子的地方。這是一個綠色的微小構造，廣見於各式各樣的葉子與綠草等植物細胞中，同時也讓它們顯得綠油油。葉綠體之名來自於讓它變成綠色的色素，那就是葉綠素，也就是可以吸收太陽能進行光合作用的色素。葉綠體裡面有一堆由精緻薄膜所組成的扁平盤狀小系統，薄膜上充滿了葉綠素。這些盤狀構造會堆疊在一起，外表看起來就像是科幻小說裡面的外星人加油站。每個加油站之間又有許多管子相連，它們從各種方向各種角度連接，跨越占滿整個空間。在這些盤狀構造裡面則進行著偉大的工作：把電子從水中抓出來。

要把電子從水裡面抓出來並不容易，而植物也費了很大的勁兒來做這件事。從分子的觀點來看，行光合作用的蛋白質跟色素複合體之巨大，簡直就像是一座小城市了。大致來說它們形成了兩個巨大的複合體，分別是光系統I與光系統II，每一個葉綠體裡面都有數千個這樣的光系統複合體。它們的工作就是擷取一道光線，把它轉換成為生命物質。解開葉綠素如何工作之謎花了我們快一百年的時間，透過許多精巧無比的實驗來闡明，很可惜這裡沒有足夠的篇幅來談它們*。這裡僅能著重在我們從光合作用裡學到了些什麼，以及關於大自然如何創造光合作用這件事，我們該談些什麼。

光合作用的整個核心概念，或賦予它意義的行動方針，就是所謂的「Z型反應」。這個反應讓所有念生化的學生既佩服又恐懼。極為聰明但個性羞怯的英國生化學家希爾，首先在一九六〇年提出這個反應機構，那時候他稱之為光合作用的「能量描繪」。希爾的談話方式以充滿格言之難懂而讓人卻步。為了不招致太多攻擊，希爾平常十分低調，以至於當他的論文於一九六〇年發表在《自然》期刊上時，同實驗室的同事都不太清楚他在研究些什麼。事實上Z型反應並不全然根據希爾自己的研究，而是從一連串其他的實驗觀察結果所拼湊出來的，當然希爾自己的部分占了最重要的地位。在這些觀察中首先要注意的，就是由熱力學所造成的有趣結果。光合作用，顧名思義就是要合成東西，不只合成有機分子，同時還合成生命的「能量貨幣」——ATP。讓人出乎意料的是，這兩者似乎有某種聯偶關係：光合作用合成愈多有機分子，也就產生愈多ATP，反之亦然（如果有機分子產量降低，ATP也會跟著減少）。顯然太陽很慷慨地同時提供了兩道午餐。讓人驚訝的是，希爾僅從這個的現象就看透了光合作用的內部機制。如同常言道：所謂天才就是可以比其他人先看到明顯的事實**。

如同希爾格言式的隱喻風格，Z型反應這個名稱其實也有誤導之嫌。字母Z其實應該轉個九十度變成N，才是對光合作用比較精確的能量描繪。先看看N左邊那垂直上升的筆畫，這代表一個吸能反應，要由外界提供能量讓它進行。接著那成對角線的下斜筆畫則代表一個放能反應，它放出的能量被擷取，以ATP的形式儲存起來。最後一個上升筆畫則又是一個吸能反應，又要靠外界提供能量。

光合作用的兩個光系統：光系統I跟光系統II剛好就是字母N兩根支柱的底部。一個光子撞擊第一個光系統，激發一個電子到比較高的能階，接著這個電子的能量會像下樓梯一樣，經由許多分子反應步驟釋放出來，剛好用來合成ATP。當電子降到低能階時正好來到第二個光系統，而第二個光子又再度激發這個電子到高能階，在這裡電子會直接傳給二氧化碳去合成糖。畫家沃克畫了一幅漫畫，像是遊樂園裡的力量測試遊戲機，可以幫助我們了解整個過程（見**圖3.1**）。在圖中打擊者用一隻槌子敲擊蹺蹺板，讓另一端的擊槌往上衝，衝到最頂端可以敲響一隻鐘。在遊戲機的例子裡，槌子提供能量激發另一個擊槌往上衝，而在光合作用裡太陽光也是做一模一樣的事。

---

*如果你想知道更多，我強力推薦英國科普作家摩頓所寫的《陽光饗宴》（*Eating the Sun*）。

**也正如湯瑪斯・赫胥黎在讀《物種起源》時曾這麼讚嘆道：「我們怎麼會這麼笨，竟然沒想到這一點！」

這個Z型反應（或者你高興叫它N型反應也可以）的作用方式極度迂迴難解，但是它背後卻有個很好的技術性理由。因為如此一來可以同時進行把電子從水中取出，以及將二氧化碳合成糖這兩個反應，除此之外，化學上恐怕別無他法。這主要受限於電子轉移反應的本質，或準確地來說，是電子跟某些特定化合物的化學親合力。如前所述，水分子極為穩定，也可以說電子對水分子的親合力極高。要從水裡面偷走電子需要非常大的拉力，或者說，需要一個很強的氧化劑。這個強力氧化劑就是貪婪狀態的葉綠素。它好像分子版的化身博士：溫和的傑奇醫生在吸收光子的高能量之後瞬間變成海德先生*。然而

圖3.1　畫家沃克所繪的Z型反應漫畫。光子的能量被畫成一個槌子，將電子激發到高能階。接著電子被傳遞到一個較低的能階，這個過程會釋放出一些能量供細胞使用。第二個光子又將電子激發到更高的能階，在那裡電子被捕獲而形成一個高能量的分子（NADPH），然後與二氧化碳反應，形成一個有機分子。

一般來說很會搶的人就很不容易放手。一個分子如果很會搶電子，在化學活性上就很不喜歡丟電子；就好像孤僻的海德先生，或是任何一位貪婪的守財奴一般，絕不會發自內心輕易地把他的財富送人。這種型態的葉綠素也是如此，當它被太陽能活化之後就擁有把電子從水中搶走的能力，但是卻不輕易把電子送人。用化學術語來說，它是一個強力氧化劑，卻是很弱的還原劑。

二氧化碳的問題則完全相反。它本身也是一個非常穩定的分子，所以不太想再被塞進多餘的電子。除非旁邊有一個很強的丟電子者，二氧化碳才會不得不吞下這個電子，用化學術語來說就是要有一個強力還原劑。這就需要另一種型態的葉綠素，一種很會推電子但不喜歡拉電子的葉綠素。這一種葉綠素不像守財奴，而像街頭小混混，強迫銷售贓物給路過的無辜受害者。當它被太陽能活化之後，它就有能力把電子丟給另一個分子。不過這個分子一樣超級不想要電子，它叫作NADPH，可以算是葉綠素集團的共犯，NADPH最終會把電子硬塞給二氧化碳**。

---

*在電磁光譜中，光的能量與波長成反比，也就是說波長愈短的光能量愈高。葉綠素所吸收的光屬於可見光，特別是紅光。這個超強氧化劑型態的葉綠素就叫作P680，因為它剛好吸收波長約六百八十奈米左右的紅光。也有一些葉綠素會吸收能量再低一點的光，像是波長七百奈米左右的紅光。葉綠素完全不吸收綠光跟黃光，所以它們會被葉子反射出來（或穿透），這就是為什麼植物看起來是綠色的。

**為什麼生物化學總讓人望之卻步？NADPH的全名是個好例子，它叫做：還原態的菸鹼醯胺腺嘌呤二核苷酸磷酸（reduced form of Nicotinamide Adenine Dinucleotide），是非常強的還原劑，也就是強力的推電子者。

這就是為什麼在光合作用裡面要有兩個光系統，這一點都不稀奇。然而現在真正的問題來了，這種環環相扣的複雜系統是如何出現的？在這個系統裡面其實有五個部分：第一個部分叫作「氧氣釋出蛋白複合體」，它有點像是一個分子胡桃鉗，可以把水分子定住然後把電子一個一個夾出來，最後把氧氣像廢料一般釋出。下一步是光系統II（你也許會有點疑惑，這兩套光系統並不照數字順序運作，這是因為命名法則乃跟隨發現順序），當它被太陽光活化之後就變身為分子版的海德先生，一把抓住被釋放出來的電子。再來是一連串的電子傳遞鏈，很多分子會把電子像橄欖球一樣一個丟給一個。這一系列電子傳遞鏈利用降能階的方式，把電子的能量釋放出來，去組成一個ATP，然後當電子降到最低能階時剛好來到光系統I。此時另一道光線再把電子推到高能階，將它們送給NADPH保管。如前所述，NADPH是很強的推電子者，它一點都不想留住這些電子。最終電子來到一群分子機器，活化二氧化碳後把它變成糖。所以，最後這個光系統I所生產的分子小混混，去把二氧化碳轉變成糖的過程，利用的是化學能而非光能，因此也被稱為暗反應，這是李維犯錯的地方。

這五個步驟協同作用把電子從水分子中取出，推給二氧化碳去合成糖分子。看起來這個夾碎胡桃的過程實在是太複雜了，不過要夾碎這顆很特別的胡桃，似乎也只有這個辦法。而在演化上最大的問題則是，這些環環相扣的反應如何出現？又如何照固定順序（同時很可能是唯一一種可行的排列法）排在一起，讓產氧光合作用可以動起來？

「事實」這兩個字常會讓生物學家感到膽怯，因為每個生物法則通常都有一大堆例外。不過有件跟光合作用有關的事情卻十分確定，那就是「事實上」光合作用只演化了一次。所有的藻類跟植物體內都有這個光合作用的基地，也就是葉綠體。它們無所不在，而且顯然彼此都有親戚關係，因此它們一定有個共有而不為人知的過去。尋找葉綠體過去歷史的線索，首先在於它們的大小跟形狀：葉綠體看起來就像是小細菌住在一個較大的宿主細胞裡面（見**圖3.2**）。後來科學家又在所有葉綠體裡面都找到一個獨立的環狀DNA鏈，這更進一步確定了葉綠體的祖先應該是細菌。每當葉綠體增生的時候，這個環狀DNA就會跟著複製，然後像細菌一樣把它們傳給下一代。根據葉綠體DNA字母定序的資料，科學家不僅肯定了它們與細菌的關係，更進一步揪出了跟葉綠體最近的細菌親戚，那就是藍綠菌。最後，植物體內光合作用的Z形反應與那五個步驟，跟藍綠菌使用的一模一樣（不過藍綠菌的反應機構比較簡單）。總而言之，葉綠體過去必定曾經是一種獨立生活的藍綠菌。

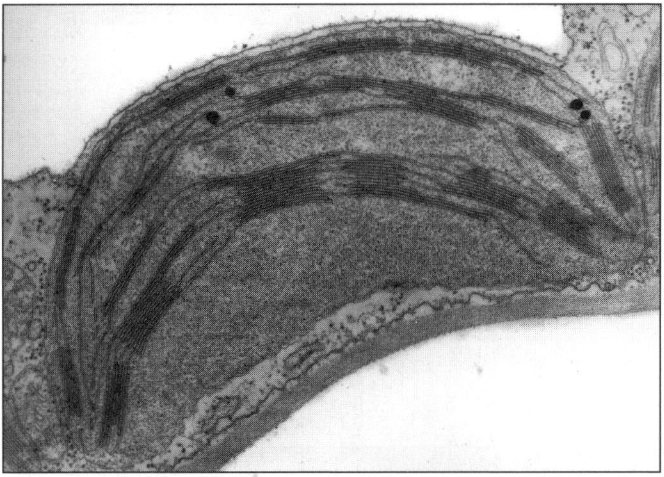

圖3.2 典型的甜菜葉綠體照片。圖中堆疊成一層一層的膜狀構造稱為類囊體，光合作用就是在此把水分分解釋放出氧氣。葉綠體長得像細菌並非偶然，它們確實曾經是獨立生活的藍綠菌。

藍綠菌過去有個美名，叫作藍綠藻，可惜這是錯誤的命名。藍綠菌是現今唯一已知可以藉由「產氧光合作用」把水分子拆開的細菌。它家族的某些成員，從何時開始住進較大的宿主細胞裡？這至今仍是個無解之謎，埋藏在長遠的地質時間裡——毫無疑問已超過十億年了。我們猜想或許只是某一天，細菌被宿主細胞吞入但沒有被消化掉而存活下來（這並不罕見），日後變成對宿主有用的小東西。那些吞掉藍綠菌的宿主細胞，後來發展成為兩大帝國，一個是植物，另一個是藻類。如今它們的特色就是都有能力依賴陽光跟水而生存，而它們行光合作用的工具也都來自過去本是客人的細菌。

所以現在尋找光合作用的起源，變成尋找藍綠菌的起源，尋找這個世上唯一可以打破水分子解決問題的細菌起源。這個問題，至今仍是現代生物學裡最矛盾的一個問題，並且尚待解決。

為此科學家們爭論不休，一直到這個千禧年交替之際，大部分的科學家才終於被一位美國加州大學洛杉磯分校的古生物學家所找到的重要證據說服。他就是薛普福，一位活躍而好鬥的古生物學家。從一九八〇年代開始，薛普福找到了一些地球上最古老的化石並開始研究它們，這些化石大概有三十五億年的歷史了。不過「化石」這個詞在這裡可能需要稍微講清楚一點。薛普福所找到化石，其實是岩石裡的一連串細小空腔，看起來就像細菌一樣，大小也差不多。根據它們的細部結構，薛普福一開始就認定這些化石是藍綠菌。這些顯微化石經常跟看起來像是疊層石的化石一起出現。活著的疊層石，是一層又一層「礦化」的小空腔堆積而成，有些可以長到一公尺左右的高度。疊層石形成的原因，是礦物質沉澱在旺盛生長的細菌表面而形成一層層的硬殼，最終讓整個結構變成一個堅硬的石頭，整片整片非常地漂亮（見圖**3.3**）。由於今日正在生長的疊層石外層，往往長滿了茂盛的藍綠菌，所以薛普福可以宣稱這些古老的結構就是早期藍綠菌出現的證據。為了消除其他人的懷疑，薛普福更進一步指出，這些他認定的化石裡面含有有機碳，成分看起來很像是由生物所合成的，而且還不只是隨便任何一種古老生物；他說這些碳成分，是由會行光合作用的古生物所合成。結論就是，薛普福認為藍綠菌，或者很像藍綠菌的細菌，大概在三十五億年以前就出現了，也就是在小行星大轟炸地球這個早期事件之後幾億年，或者也可以說就在太陽系形成沒多久之後。

隔行如隔山，只有很少人有能力挑戰薛普福對這些古老化石的推論，而他們似乎也同意薛普福的看法。其他人雖然比較沒那麼內行，卻多半抱持懷疑的態度。假設這些古老的藍綠菌，真的會跟今日的藍綠菌行一樣的光合作用然後吐出氧氣做廢物，但是地質學上最早發現大氣中有氧氣的痕跡，卻是在十億年以後了，這其間的差異之大不容忽視。更別說考慮到Z型反應的複雜程度，大部分的生物學家恐怕都

圖 3.3　澳洲西岸靠近鯊魚灣的哈美林池，有活生生的疊層石。這裡的池水鹽分是外面海水的兩倍左右，可以抑制嗜食藍綠菌的生物如蝸牛，因此讓藍綠菌聚落有機會繁衍。

無法接受光合作用可以這麼快演化出來，其他型態較為簡單的光合作用，似乎還比較像是這年代該有的古董。但大致上來說，那時候大部分的人都接受這是細菌的化石，並且或許是會行光合作用的細菌化石，但是關於這些是不是真的藍綠菌——那登峰造極的藝術品，則還有很多懷疑。

接著牛津大學的古生物學教授布拉希爾加入戰局，引起了現代古生物學界最激烈的一場戰爭。這場戰爭從很多角度來看，都清楚標幟著古生物學這門科學，參與其中的主角們是如何充滿熱情，但它給的證據又是多麼捉摸不定。大部分研究古老化石的科學家，都依賴倫敦自然史博物館的館藏樣品，然而布拉希爾卻親自回到薛普福當初挖掘化石樣品的地質現場，結果讓他非常震驚。當地不但不像薛普福所斷言的是平靜而淺水的海床，而且還充斥著地底溫泉的痕跡，布拉希爾說，這證明此地曾有十分激烈的地質活動。他還說薛普福只挑選了一些樣品來證明自己的論點，刻意忽略其他的樣品；而那些樣品表面上看起來雖然一樣，卻明顯不是由生物活動所造成，因此它們很可能全都只是沉澱的礦物質遇到熱水所形成的。疊層石也一樣，布拉希爾說，那是由地質活動而非細菌活動所形成的，並不比海浪在沙灘上留下的波紋神祕到哪兒去。至於那些有機碳的痕跡則完全沒有顯微結構，因此跟許多地熱環境中所發現的無機石墨幾無二致。最後，宛若是要給這位一度很了不起的科學家最後一擊似的，薛普福以前的研究生回憶起，曾被威脅強迫去寫一些模稜兩可的文字來詮釋資料。如今，薛普福看來好像被徹底擊垮了。

但是面對這種攻擊，很少人能輕易一笑置之，薛普福當然隨後也挺身反擊，他蒐集了更多資料來證明自己的論點。他們兩人在二〇〇二年四月，曾於美國太空總署的春季學術研討會上，有過一次激烈的會面，兩人都固守自己的立場。布拉希爾這個十足傲慢的牛津先生，指責薛普福的例子是「完完全全的海底溫泉現象，恐怕只有熱卻沒有光。」然而，大部分人都沒有被任一邊完全說服。雖然大家對於最早顯微化石的生物性來源仍有存疑，但其他晚於這個時間點數億年的顯微化石，引起的爭議就少多了。而布拉希爾本人也提出年代較接近這個時間點的化石標本。現在大部分的科學家，包括薛普福本人，都已經開始對生物起源採取更嚴格的標準來檢視。至此，整個事件唯一的受害者，只剩那些藍綠菌，它們過去曾是薛普福名望的徽章，但現在即使薛普福本人都已經讓步，承認那些顯微化石可能不是藍綠菌，或者不比其他鞭毛細菌化石更像藍綠菌。所以我們又回到了原點，繞了一大圈，卻仍然對藍綠菌的起源毫無頭緒。

我舉這個例子只是想要說明，光靠化石紀錄去量測久遠的地質時間會有多麼困難。就算證明了藍綠菌或他們的祖先確實存在，也不能證明它們已經找到了分解水分子的祕訣，因為藍綠菌的祖先很可能還是使用比較原始的光合作用。不過仍有其他更有效的辦法可以從古老的時間裡挖掘出資訊。這些祕密其實就藏在今日的生命之中，藏在他們的基因與物理構造裡，特別是藏在他們的蛋白質結構裡。

在過去這二三十年間，科學家在新技術的加持下，用各種名稱嚇人的方法，詳細分析了細菌跟植物光合作用系統的分子結構。這些方法的內容確實如名稱一樣嚇人，從X射線結晶學到電子自旋共振譜學。不過我們不必理會它們的原理，只要知道科學家用這些方法，分析了光合作用複合物的詳細構造與形狀，到了近乎（但卻總是惱人地還差一點）原子等級的解析度。現在研討會中仍會發生爭論，不過爭論主要是針對細節部分。在我寫此書之時，才剛參加完一場在倫敦舉辦的皇家學會研討會。在那場研討會裡，對於「氧氣釋出蛋白複合體中五個原子的正確位置為何」，有許多爭執，這既可說是窮幽究極也可說是吹毛求疵。窮幽究極的原因，是因為這五個原子的準確位置，關係著它們分解水分子的詳細化學機制，而這正是攸關解決世界能源問題的關鍵；而吹毛求疵則是因為，這些口角不過就是關於：要如何把五個原子排在幾個原子半徑內的距離，也就是數個埃（百萬分之一毫米）之間而已。老一輩的科學家或許會非常驚訝，現在科學家對於光系統II中其他四萬六千六百三十個原子的位置倒是沒有太多爭議。這些原子的位置是由英國倫敦帝國理工學院的生化學家巴伯所定位，而最近又更準確了些。

雖然還剩幾個原子沒找到自己的位置，不過我們研究光系統的整體結構已經超過十年了，如今大致底定，可以開始告訴我們它演化的歷史故事了。二〇〇六年時，生化學家布蘭肯希普（現在是美國聖路易華盛頓大學的傑出教授）所領導的一個小團隊曾指出，兩種光系統的構造，在各種細菌體內幾乎被保存得一模一樣*。儘管不同群的細菌在演化距離上是如此遙遠，但是它們光系統的核心構造卻是如此相似，相似到可以在電腦構圖上完全重疊。尤有甚者，布蘭肯希普證實了另外一件科學家懷疑許久的事情，那就是光系統I跟光系統II也有一模一樣的核心構造，而且幾乎可以確定的是，它們應該是從很久很久以前，由同一個祖先演化出來的。

換句話說，故事應該就是很久很久以前，本來只有一個光系統，有一天它的基因複製了自己，結果一次製造出兩個一模一樣的光系統。隨著時間過去，在天擇的影響下兩個光系統開始產生變異，但仍保有一樣的核心構造。最後，兩個光系統變成靠著Z型反應連結在一起，並經由葉綠體傳給了植物跟藻類。不過這個簡化版的故事，掩蓋了整個現象背後那不可思議的兩難。複製出兩個原始的光系統並無法解決產氧光合作用的問題——一個強推電子者跟一個強拉電子者，永遠不可能自己結合在一起。在光合作用要能運作之前，兩個光系統必須先往相反的方向演化，唯有如此當它們連結在一起時才會有用。所以問題就是，什麼樣的連續事件會造成兩個光系統先走上岔路，之後再被連結在一起，如同既親密又對立的歡喜冤家？或像男人與女人一樣，先從一個受精卵分歧之後又結合在一起？

回答這個問題最好的辦法，就是再回頭去看看今日的光系統。光系統在藍綠菌體內，是被綁在一起產生Z型反應，不過分開看的話卻各自都有好玩的演化故事。就先別去管光系統的演化來源，我們來快速瀏覽一下光系統在細菌世界裡的分布情況好了。除了在藍綠菌體內共存以外，這兩個光系統從來沒有同時出現在其他任何一種細菌體內。有一些細菌只有光系統I，其他的則只有光系統II。每一個光系統都獨自運作，也都產生不同的結果。詳細分析它們各自的工作，非常有助於了解產氧光合作用當初如何演化出來。

光系統I在細菌體內做的事跟在植物體內一模一樣。它們會從無機物中拉走電子，變身成為分子版「街頭混混」，再把電子塞給二氧化碳去製造糖。這裡唯一不同的是電子來源。光系統I不從水分子裡拉電子，因為它完全無法處理水分子；它寧可挑硫化氫或是鐵金屬，這兩者都比水要容易下手多了。附帶一提，光系統I裡的混混共犯——NADPH，也可以完全藉由化學合成，比如在第一章裡面提到的海底溫泉噴發口。所以在這裡，光系統I一樣利用NADPH去把二氧化碳轉換成糖，跟之前提過的反應很類似。因此，光系統I唯一革新的部分，就是駕馭光能來取代過去的化學能，去處理

＊嚴格來說它們在細菌體內並不叫做光系統，而叫做光合單位。然而，細菌的反應單位不管在構造上或功能上，都跟後來植物所有的系統幾無二致，所以我在這裡還是沿用一樣的稱呼。

同樣的事情。

另一件值得一提的事情則是，把光轉換成化學其實一點都不稀奇，幾乎所有的色素都可以做這件事。色素分子裡的化學鍵特別適合吸收光子。當它們吸收光子時會把電子推往高能階，如此一來其他鄰近的分子就比較容易抓到這個電子。此時這個色素分子就被光氧化而帶正電，它因此需要一顆電子來平衡帳目，所以會從鐵或硫化氫裡面拉出一顆電子。這就是葉綠素做的事。葉綠素是一種紫質，在結構上跟我們血液裡攜帶氧氣的血基質非常相近（每一個血紅素分子帶有四個血基質，這是血液呈紅色的原因）。還有很多其他的紫質也可以利用光線做類似的事情，不過有些時候會產生負面結果，好比說造成紫質症*。很重要的一件事情是，紫質屬於可在外太空小行星上找到的較複雜的分子之一，它也可以在實驗室無機的環境中合成。換言之，紫質很有可能在早期地球環境中自行誕生。

所以簡而言之，光系統I就是利用了紫質這個很簡單的色素，將它的光驅動化學能力，與細菌本身的化學反應結合在一起。其結果就是形成了一種非常原始的葉綠素，可以利用光能從「容易下手」的來源獲取電子，比如說從鐵或硫化氫。接著把這個電子傳給二氧化碳去合成糖。如此，這隻細菌就會利用光線來產生食物。

那麼光系統II又是如何呢？利用光系統II的細菌會變出另一種把戲。這種形式的光合作用無法產生有機分子，但可以把光能轉換成化學能讓細菌生存，或者說其實是產生電力。它的機制也很簡單，當光子撞擊葉綠素分子時，一個電子就會被激發到高能階，跟以前一樣它也會被另一個分子抓住。但接下來這個電子會沿著一道電子傳遞鏈，被許多分子一個傳給一個；每一次傳遞的過程，電子就丟掉一些能量，直到回到最低能階為止。在這過程中被放出來的能量，一部分會被捕獲去合成ＡＴＰ。

至於最後那個精疲力盡的電子，則又回到原來的葉綠素分子上，再度被激發，形成一個永不止息的循環。簡而言之，光能激發電子升到高能階，當電子降回低能階時所放出的能量，會用ATP的方式存起來，而這正是細胞可以使用的能量形式，所以這個光合作用就只是一個光線激發的循環電流。

這種循環是如何出現的？答案還是一樣，需要各分子的混合跟磨合。光合作用的電子傳遞鏈，其實跟呼吸作用使用的差不多，那些分子都可以在第一章提過的深海溫泉噴發口演化出來，現在只是借用它們來做一點不一樣的事而已。如同我們之前說過的，呼吸作用是把食物中的電子抓出來，通過電子傳遞鏈送給氧氣去合成水，中間釋放出來的能量則可以用來合成ATP。現在這種形式的光合作用也是一模一樣：高能量的電子通過一系列的電子傳遞鏈，只不過最後不是傳給氧氣，而是送回給那個貪婪的（氧化別人的）葉綠素。這個葉綠素愈會拉電子（也就是說化學活性上愈像氧氣），電子傳遞

＊紫質症其實是一群因為紫質堆積在皮膚與器官所引起的疾病總稱。大部分的病症都是良性的，但是有時候堆積過多的紫質被光活化後，會造成令人痛苦的灼傷。最惡性的紫質症像是慢性紅血球合成性紫質症，破壞性極強，會讓耳朵跟鼻子都被吃掉，牙床也被侵蝕而讓牙齒突出在外如同獠牙，還會造成皮膚結痂，面部生長毛髮。有些生化學家認為，這些症狀是造成某些民俗傳說的原因，像是吸血鬼與狼人等。他們認為這可能是有一些症狀較輕的紫質症患者，因為疾病的痛苦而充滿憤怒，但卻又沒有完全與世隔絕。而今日，惡性紫質症在社會中已經十分罕見，因為我們會採取預防措施與較佳的治療來避免併發症。除此之外，紫質對光敏感的特性也已經被用在癌症治療上面，也就是所謂的光動力療法，利用被光活化的紫質去攻擊癌細胞。

鏈的效率就愈高，也就愈能從電子中吸取能量。這整個系統最大的優點是不需要燃料（就是食物），至少在產生能量的時候不需要（食物是用來產生新的有機分子）。

所以結論就是，簡化型的光合作用在性質上有點像個拼裝貨。兩種形式的光合作用都各在這個新的轉換器（葉綠素）上外掛一些功能，把它變成不同的分子機器。其中一種機器會把二氧化碳轉換成糖，另一台機器則會生產ＡＴＰ。至於葉綠素本身呢，或許這種類似紫質的色素，從早期地球環境中自行誕生之後，天擇就會自動把剩下的部分補完。在這其中一點點結構上的小變異，都可能改變葉綠素吸收的波長，也會改變它的化學性質。這樣的改變會影響到自發反應的效率，剛開始多半沒什麼用處。不過慢慢地會開始產生「貪婪守財奴式」的葉綠素，讓飄浮不定的細菌可以製造ＡＴＰ；或者產生「街頭小混混型」的葉綠素，讓固著在硫化氫與鐵附近的細菌，可以製造糖。不過至此我們還是沒有解決比較大的問題：這兩套系統如何藉著藍綠菌的Ｚ型反應組合起來，然後開始拆解水分子這個終極燃料？

最簡單的答案其實是：我們還不確定。有很多方法都可以用來尋找答案，不巧的是到目前為止都還沒一個成功的。比如說，我們可以有系統地比對所有細菌體內光合作用基因的差異，來建立一套細菌的基因族譜，了解它們與共祖分家的時間。但可惜因為細菌的生活方式——它們的性生活，讓這個族譜做不出來。細菌的性生活跟我們的不一樣，我們的基因只遺傳給下一代，因此可以很有秩序地建立出一套族譜。但是細菌卻會任意揮霍散布自己的基因，完全棄遺傳學家的努力於不顧。因此，細菌的基因族譜比較像一張網而不是一棵樹，有些細菌的基因最終會出現在另一群毫不相干的細菌身上。

換句話說，我們並沒有確切的遺傳學證據，證明兩套光系統是何時組合起來形成Z型反應。

但這也不是說我們就技窮了。科學假設最大的價值就在於，你可以在未知中讓想像力飛馳，由新的角度切入跟用新的實驗去驗證，由它們來告訴你假設正確與否。這裡就有一個很好的點子，由倫敦大學瑪莉皇后學院一位極富創意的生化學教授艾倫所提出。在我寫過的三本書中所提到的人物裡，艾倫無疑是極為出眾的一位，他每次都有突破性的見解。就像所有偉大的想法一樣，這個想法也是單刀直入穿透層層複雜的現象直搗事物核心。雖然它不見得正確——畢竟科學上許多偉大的想法後來也被證明是錯的。但就算如此，它還是可以告訴我們事情**有可能**如此發生，此外根據這些想法所假設的實驗，可以指引科學家正確的方向。它既給我們洞察力也給我們靈感。

艾倫說，很多細菌都會隨著環境變化而打開或關閉它們的基因，這在細菌身上十分正常。而環境中最大的改變莫過於原料的有無了。簡而言之，如果環境中缺乏某種原料的話，細菌就不會浪費能源，去生產處理這原料所需的蛋白質。它會直接關閉生產線直到新的訊號進來。因此艾倫假設一個會波動的環境，好比在淺海區形成的疊層石中，一個會噴出硫化氫的熱泉噴發口旁邊。這裡的環境是不斷變動的：隨著潮汐，隨著洋流，隨著時間推移，隨著熱泉活動等等。在艾倫假設中最關鍵的部分，就是住在這裡的細菌要跟藍綠菌一樣，同時有兩個光系統。但是不同於藍綠菌的則是，這些細菌一次只能用一個系統。當有硫化氫的時候，細菌就啟動光系統I，用二氧化碳來製造有機分子。它們利用這些新合成的材料來生長，來複製。但是當環境變動時，當疊層石附近缺乏原料了，細菌就轉換到光系統II。此時它們放棄生產有機分子（也就是既不生長也不複製），卻仍可以利用太陽能來製造ATP，維持一己生活之需，同時靜待更好的時機。每一個光系統都有各自的好處，也都如同上節中所提到的，一小步一小步地發展出來。

那如果熱泉死了，或是水流改變導致環境變異延長，細菌怎麼辦？它們現在就必須長時間依賴光系統II所創造出的電子流循環生存。但是這有個潛在的問題，那就是電子流很有可能被環境中的電子堵住，儘管在缺乏電子的地方，這可能很慢才會發生。電子流有點像是小孩玩的傳彩球遊戲：電子傳遞鏈裡的分子或者帶一顆電子，或者什麼都沒有，就像遊戲中圍成一圈的小孩，在音樂停止時或者手上有彩球，或者沒有。但是假設現在有一個搗蛋的老師手上拿了一堆彩球，不停地把球一顆一顆傳給小孩。到最後每個小孩手上都會有一顆球，再也沒有人可以把球傳給下一個人，整個遊戲就會在眾人面面相覷的情況下停止。

光系統II也會遇到類似的問題。這個問題會跟著太陽光一起出現，特別是在早期大氣中還沒有臭氧層時，紫外線更容易穿透到海水裡面。紫外線不只會劈碎水分子，也會把電子從溶在海裡面的金屬或礦物質中劈出，首當其衝的金屬就是錳跟鐵。這樣會造成跟傳彩球遊戲一樣的問題，一點點額外的電子因此卡入細菌的電子流中。

現代的海洋中鐵跟錳的濃度都不高，因為今日的海洋已經完全氧化。但是在古老的年代這兩者含量卻都非常豐富。以錳金屬為例，今日它們大量以圓錐狀的「錳結核」形式，廣泛地分布在海床上。這是金屬慢慢圍繞著鯊魚牙齒般的物體沉澱，生長了數百萬年之後的成果，這種結核可是少數幾種能在巨大水壓下生長的東西呢。據估計現今廣布在海床上含錳量極高的結核，總重可能有一兆噸，是個雖巨大但經濟效益不高的礦藏。即使是經濟價值比較高的錳礦，像巨大的南非喀拉哈里錳礦場（這裡又有一百三十五億噸），也是二十四億年前從海裡面沉澱出來的。簡言之就是過去海裡面曾經含有大量的錳金屬。

錳金屬對細菌來說是很有價值的日用品，它可以當做抗氧化劑，保護細菌免受紫外線輻射的毀滅力量。當光子撞擊錳原子時，錳原子會被光氧化而丟出一個電子，這過程稱做「中和」輻射。也可以說錳金屬代替細菌「犧牲」，否則的話細胞裡面更重要的成分如蛋白質與DNA，將會被輻射劈成碎片。因此細菌會張開雙臂歡迎錳金屬住進來。不過麻煩處在於，當錳原子丟出電子時，這個電子幾乎一定會立刻被那個「貪婪守財奴般」的光系統II葉綠素抓走。如此一來，電流循環就會慢慢被電子塞住，像小孩子的遊戲被彩球塞滿一樣。除非有辦法可以流失掉多出的電子，否則光系統II注定會愈來愈沒有效率。

細菌要如何從光系統II中釋出多餘的電子？對此艾倫提出了一個非常聰明的假設。他認為既然光系統II被電子堵塞，而光系統I卻因為缺少電子而在旁邊怠工，那麼細菌所要做的只是把那個禁止兩個系統同時啟動的開關關掉，不管是從生理上改變，或者是藉由基因突變。接下來會發生什麼事？電子會從被氧化的錳原子進入光系統II。這個「守財奴式」葉綠素因為吸收了一些光線而把電子激發到高能階，從此電子通過一連串傳遞鏈釋放出能量，用來合成ATP。接著它們會走上一條岔路，不再回去日漸堵塞的光系統II，反而被飢渴而尋找新電子的光系統I吸收。當這個「街頭混混式」葉綠素吸收了一些光能後，電子會再度被激發而升到高能階。最後它們一定會被傳給二氧化碳，用來合成新的有機物質。

這有沒有聽起來很熟悉？其實我只是重述了一遍Z型反應而已。只要一個簡單的小突變就可以把兩個光系統連在一起，讓電子得以從錳原子經由Z型反應傳給二氧化碳去合成糖。霎時間一切變得如此明顯，這簡單的突變注定會導致之前那些極度複雜而迂迴難解的過程。這在邏輯上無懈可擊——所有分子本來就已在使命不同的系統中就定位。這樣的環境壓力十分合理而且可預期。從來沒有這麼小的突變可以造成整個世界巨大的改變！

這值得我再簡述一下剛剛才浮現出來的巨幅全像。在盤古之初本來只有一個簡單的光系統，很可能只會利用太陽能來獲取硫化氫的電子，把它們推給二氧化碳去製造糖。不知何時，或許是在一個藍綠菌祖先體內，光系統基因複製了自己，這兩個光系統開始在不同的需求下產生分歧＊。光系統Ｉ繼續執行它原本就在做的工作，而光系統Ⅱ則漸漸走向專門利用太陽光產生電子流來製造ＡＴＰ。這兩個光系統依照環境需求，有時開有時關，但從來不會同時開啟。隨著時間慢慢過去，光系統Ⅱ開始出毛病，源於循環電子流的性質，任何環境中多出來的電子都會卡住這循環。因為細菌會利用錳原子來保護自己不被紫外線輻射傷害，所以電子很有可能是從錳原子緩慢而持續地加入循環中。其中一個解決之道就是關掉轉換系統，讓兩個光系統同時運作。從此電子就可以從錳原子通過兩套光系統，傳給二氧化碳。電子中間所通過的曲折路徑，每一處小細節，都昭示了將來成為Ｚ型反應的可能。

現在還差一小步就要完成含氧光合作用了。我們從錳金屬而非水分子中獲取電子，最後這個改變是怎麼發生的？答案十分驚人，那就是什麼都不必改變！

氧氣釋出蛋白複合體，可說是一個水分子胡桃鉗，剛剛好可以箝住水分子，把電子一個個夾出來。當電子都夾完了，那無用的廢棄物「氧氣」就飄入我們的世界。這個複合體是光系統Ⅱ構造的一部分，不過卻是很邊緣的一部分，它面向外面，給人一種後來才鑲上去的感覺。它的體積之小、結構之簡單讓人驚訝，總共也就是只有四個錳原子跟一個鈣原子的集團，以及由幾個氧原子織成的柵欄連起來而已。

從好幾年前開始，那位活躍的地質化學家羅素（我們在第一跟第二章介紹過他）就主張過這個複合體的結構，像極了一些在深海溫泉噴發口的礦物質，比如說錳鋇礦或是含鈣水錳礦管道結晶。然而在二〇〇六年以前，我們對這個錳原子集團的構造，都無法得到原子級解析度的了解，而羅素的主張也因此如曠野風聲般被忽略。現在我們知道縱然羅素的主張不全對，但是他概念的大方向絕對是正確的。這個原子集合的構造，如同美國勞倫斯柏克萊國立實驗室的雅強達團隊所解析出來的一般，確實跟羅素所主張的構造極為相似（見**圖3.4**）。

最早的氧氣釋出複合體是否僅是一小團礦物，後來才被併入光系統II之中？我們無法確知。或許這些錳原子是在被紫外線氧化的過程中跟氧原子連在一起，最後導致細小的結晶就地生成**。又或許這個礦物集團因為太靠近葉綠素或其他蛋白質，以至於結構被扭轉了一點點，而使它的功能最適化。不過不管它的來源為何，都極可能是意外造成的。它的結構太像礦物而不像生命產物了。就像在

＊根據艾倫的看法，兩個光系統是在一株藍綠菌的祖先體內，因應不同的環境需求而分歧。其他人則認為兩個光系統應該是在兩株不同的細菌體內獨自發展，最後才藉由某種基因融合作用合併在一起，形成基因嵌合體，也就是今日藍綠菌的祖先。最近的研究結果比較支持艾倫的論點（研究結果顯示，光系統是從藍綠菌傳給其他細菌，而不是反方向傳回來）。不過現階段遺傳學的證據其實很模稜兩可。不論誰對，兩個光系統都要先獨立運作才能結合。

許多其他酵素核心也可以找到的金屬集團一般，它們必定是好幾十億年前就能在溫泉噴發口旁邊找到的古董。這些被蛋白質所包覆的金屬集團，是最珍貴的珠寶，就這樣被藍綠菌永遠地保管了下來。

不管來源為何，這一小團錳原子，不只為第一個包住它們的細菌，更為整個行星的生命都創造了一個全新的世界。一旦形成，這個金屬團塊就開始分解水分子——四個氧化的錳原子結合其化學親和力把電子抓出來，把氧氣如廢棄物般釋出。因為錳原子會持續地被紫外線氧化，所以剛開始分解水分子的速度應該很慢。不過一旦與葉綠素結合，電子就開始流動。隨著葉綠素漸漸適應這份工作，流動會愈來愈快。吸入水分子，拆開，電子流出，氧氣釋出。一開始一點點，慢慢地變成大量湧出，這一道創造生命的電子流就是所有繁榮生命的幕後功臣。我們要為了兩件事好好感謝它，一件是為了它成為所有食物的終極來源，另一件是為了它帶來氧氣讓我們可以燃燒食物。

它同時也是解決世界能源危機的關鍵。我們不需要兩個光系統，因為我們不需要生產有機分子。我們只需要從水中釋出兩種材料——氫跟氧，讓它們再度反應，就可以釋出所有人類所需的能量，然後唯一會排出的廢棄物就是水。換言之，有了這種小小的錳原子團，我們就能利用太陽能來分裂水分子，再讓產物重新結合在一起生成水，這

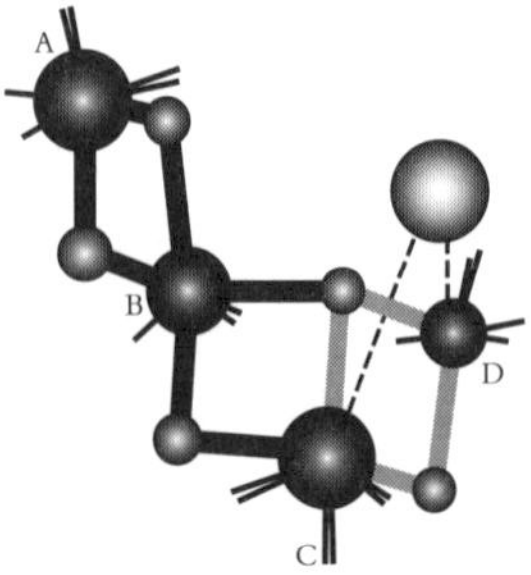

圖 3.4　古老的氧氣釋出蛋白複合體的礦物中心結構，由 X 射線結晶繞射法所解析出：帶四個錳原子的核心（標示為 A 到 D）被幾個氧原子織在一起，旁邊還有一個鈣原子。

就是氫經濟。從此不再有污染，不再有化石燃料，不再有碳足跡，也不再有影響全人類的全球暖化，或許只有一點容易爆炸的麻煩。如果這一小團原子過去曾經徹底改變地球的面貌，那麼了解它們的結構將會是改變今日世界的第一步。就在我寫此書之時，全世界都有化學家在爭相研究如何從實驗室合成這個微小的錳核心，或是具有相同功能的東西。他們一定很快就會成功，而我們學習如何依賴陽光與水生活的日子，也就指日可待了。

＊＊根據巴伯的看法，今日的氧氣釋出蛋白複合體就是這樣形成的。如果把複合體從光系統II中移走，再把這個「空的」光系統放入帶有錳跟鈣離子的溶液中，則只要一些閃光就可以重建這個複合體。每一道閃光都會氧化一個錳離子，一旦氧化之後離子就會就位。經過五至六道閃光之後，所有的錳離子跟鈣離子都就定位了，整個複合體就重建完成。換言之，只要有適合的蛋白質，這個複合體是可以自我包裝的。

第四章 複雜的細胞

命運的邂逅

「植物學家就是可以賦予相同的植物相似名稱，不同的植物相異名稱之人。如此，對眾人來說，事物皆清楚明瞭。」這是偉大的瑞典分類學者林奈的評論，而他本人，正是一位植物學家。或許我們今日會為這麼渺小有限的抱負感到驚訝，但是藉著將生命世界依據其物種而分類，林奈卻為現代生物學奠定了基礎。他必定對自己的成就十分自豪。「上帝創造萬物，林奈整理萬物。」他總是如此說道。而他必定也會認為，今日的科學家應該要繼續使用他的分類系統，將所有生物分成界、門、綱、屬、種才恰當。

這種將萬物分類，從渾沌中理出秩序的欲望，讓我們周圍的世界開始有意義，同時也為好幾門學科打下根基。沒有周期表的話化學將不知所云，沒有世代紀元的話地質學也將無以為繼。但是生物學跟它們有個巨大的差異，那就是只有在生物學裡，這些分類的研究仍然是主流學科中活躍的一支。那株「生命樹」，也就是那幅標示所有生物彼此關係的圖譜該如何繪製，至今仍是平常謙恭的科學家彼此火爆爭執與敵視的源頭。加拿大的分子生物學家杜立德，一位最彬彬有禮的科學家，有一篇文章的標題倒是很忠實地傳達了這種情緒：「帶一把斧頭走向生命樹。」

他們並不是在斤斤計較一些枝微末節，而是關注所有物種區別中最重要的部分。我們大部分人都跟林奈一樣，會直觀地將世界分成動物、植物與礦物，畢竟這些確實就是我們肉眼可見之物。究竟是什麼地方不同呢？動物由複雜的神經系統指揮，四處巡弋，以植物或其他動物為食。植物以二氧化碳與水為原料，利用太陽光為能源來製造自身所需之物；它們根著於定點，也不需要大腦。至於礦物則完全就是無生物，雖然礦物生長的現象曾誤導了林奈——說來有點尷尬，林奈也把它們分類了。

生物學就以此為根基，分成動物學與植物學兩大學門，彼此好幾代以來從來不曾交集。即使在發現了微生物之後也甚少動搖過這個基礎。「如同動物般的」變形蟲，會四處游動，因此被歸類到動物界，隨後並獲得**原蟲**之名（protozoa，原蟲或稱原生動物，其實意思就是「最原始的動物」），而有顏色的藻類與細菌則被加入植物界。林奈如果有知，必定會十分高興看到他的分類系統仍被使用，但一定也會十分驚訝地發現自己如何被外表所蒙蔽。今日我們發現動物與植物在分類上的差距其實並不大，然而在細菌與其他複雜生物之間卻有一道極大的鴻溝。如何橫跨這道鴻溝正是引起科學家彼此間爭執的原因：生命如何從原始的簡單形式，走向複雜的動物與植物？同樣的情況也會發生在宇宙他處？或者我們是唯一的？

為了不讓這些不確定性，被那些主張「或許可以用上帝來解釋」的人所玩弄，我要說科學家其實並不缺少好主意，問題在於證據，特別是如何去詮釋這些證據，將它們與遙遠的時間連結起來，因為這段時間可能久達二十億年，第一個複雜的細胞差不多出現在那時候。最大的一個問題是，為何複雜的生命在我們行星的整個生命史中只出現過一次？毫無疑問所有的動物與植物都有關係，這代表我們都擁有同一個共祖。複雜的生命形態並沒有不斷地在不同的時間點從細菌演化出來——並不是說植物從一株細菌演化出來，動物從另一株演化出來，而藻類與真菌則又從不同細菌演化出來。事實上細菌只有過一次偶然的機會演變成複雜的細胞，然後這細胞的後裔接下去發展成所有的複雜生命王國：動物、植物、真菌與藻類。而這個最早的細胞，這個所有複雜生命的祖先，跟細菌長得非常不同。讓我們在腦中想想這棵生命樹，細菌宛如坐落在樹的根部，而各種複雜有機體的家族則組成上面的枝葉。那麼樹幹的部分發生什麼事了？雖然我們認為單細胞生物比如說變形蟲，是介於兩者中間的位置，但是事實上它們在很多方面的複雜程度，都跟動物與植物比較接近。它們的確位在比較低的分支上，但是位置仍然高於樹幹。

細菌與其他所有生物間的鴻溝，其實是在於細胞組織結構上的問題。至少從形態學的角度來看，也就是從細胞的大小、形狀與內含物等方面來看，細菌都十分簡單。它們最常見的形狀就是扁平、球狀或是桿狀。這些形狀由一層圍繞在外的細胞壁所支撐，至於裡面則沒什麼東西，就算用電子顯微鏡來看也一樣。細菌已經將可以支持獨立生活的配備降至最低需求。它們有效率到了近乎殘忍的地步，所有裝備都適用於快速繁殖。大部分的細菌都盡可能地保留生存所需最少量的基因，而當環境壓力變大時，它們會很習慣從其他細菌那裡撿拾額外的基因，來增加自己的基因庫，一旦不需要了就立刻把它們丟棄。因為基因體很小，所以複製速度可以很快。有些細菌甚至每二十分鐘就可以複製一次，只要還有材料，它們指數成長的速度可是相當驚人。如果給予足夠的資源（這當然是不可能的條件），一個重量只有一兆分之一克的細菌，會在不到兩天的時間內長出一個重量等同地球的龐大族群。

現在來看看複雜的細胞，很高興它們有個了不起的名字：**真核細胞**（eukaryote）。我希望它們有個稍微平易近人一點的名稱，因為它們實在太重要了。這地球上幾乎所有的東西都由真核細胞構成，所有我們談論過的複雜生命形態都是。這個名字源於希臘文，「真」（eu-）意指「真實的」，

「核」（karyon）則是「細胞核」。因此真核細胞有一顆實在的細胞核，這讓它們不同於細菌，也就是所謂的**原核細胞**（prokaryote），因為原核細胞並沒有核。就某方面來講，原核生物的字首「原」（pro-）這個字，其實帶有價值判斷的味道，因為那等於宣稱原核細胞早出現於真核細胞。雖然我認為這很有可能是真的，不過有少數科學家並不同意。不管細胞核是何時演化出來，它都是用來判斷真核細胞最重要的一個特徵。然而如果我們不了解細胞核為何以及如何出現，還有為什麼細菌從來就沒有發展出細胞核，那就不可能解釋它們的演化過程。

細胞核是細胞的「指揮中心」，裡面裝滿了DNA，也就是基因物質。除了核本身以外，真核細胞的細胞核還有許多方面都不同於細菌。真核細胞並不像細菌一樣有一條環狀的染色體。它們的染色體長相筆直，有好幾條，而且經常成雙。而基因本身的排列法也不一樣，細菌的基因是連成一長串如同念珠般，真核細胞的基因則常常被切開分成好幾個片段，中間塞滿了許多段長長的非編碼DNA序列：不知何故，我們這些真核細胞的基因總是這樣「支離破碎」。最後，我們的基因並不像細菌的一樣「裸露在外」，它們用讓人訝異的方式與蛋白質纏繞在一起，有點像現在包裝禮品的塑膠繩一般，因此不容易受到損害。

而在細胞核之外，真核細胞跟原核細胞也像是來自完全不同的世界（見**圖4.1**）。它們通常遠大於細菌，平均來說體積是細菌的一萬到十萬倍。再者它們裡面塞滿了東西，有疊成堆的膜狀構造，有大量密封起來的囊泡，還有機動性極高的細胞骨骼，可以支持細胞的結構，也可以隨時分解然後又在細胞周圍重新組裝，讓細胞可以改變形狀跟移動。或許所有東西裡面最重要的就屬胞器了。這些微小的器官在細胞中都各專司其職，就好像身體裡的腎臟或肝臟，也都各自有其任務。胞器中最重要的當屬粒線體，又被稱為細胞的「發電廠」，因為它會產生ATP形式的能量。一顆典型的真核細胞常帶有數百個粒線體，不過有一些細胞帶有多至十萬個。粒線體一度曾是獨立生活的細菌，它被細胞捕獲的影響將占本章極大的篇幅。

上面講的都只是外表部分而已。真核細胞在行為上也一樣引人注意，而且跟細菌大異其趣。大概可以說，除了少數的例外，幾乎所有的真核細胞都有性生活：首先它們會產生精跟卵之類的生殖細胞，再重新結合成一個融合細胞，一半的基因來自父親，一半的基因來自母親（關於此點下一章會討論得詳細一些）。所有的真核細胞在分裂的時候，染色體會自我複製，之後成對排列在紡錘體的微管上面，各自往細胞的兩極移動，彎曲的樣子像是欠身退場，整個過程宛若染色體在跳一支迷人的嘉禾土風舞。關於真核細胞怪異行為的清單還可以這樣一直列下去，不過在這裡我只想提最後一個，那就是吞噬作用，也就是一

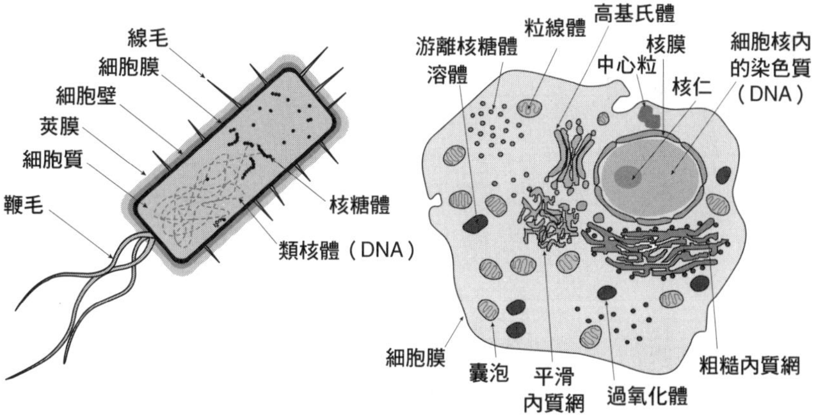

圖 4.1 簡單的原核細胞如細菌（左），與複雜的真核細胞（右）之間的差異。真核細胞內有許多「家私」，包含細胞核、胞器跟內膜系統。本圖很明顯地**沒有**依照真實比例繪製，真核細胞的體積平均來說大於細菌一萬至十萬倍。

個細胞把其他細胞狼吞虎嚥到體內然後消化掉的能力。雖然有少數幾種生物已經遺忘了這種能力，比如像真菌跟植物細胞，但是這個特徵似乎非常非常地古老。因此舉例來說，雖然大部分的動物跟植物細胞並不會四處巡弋狼吞虎嚥，但是免疫細胞遇到細菌時，卻會用跟變形蟲一樣的各式工具，把它們吃掉。

上述特點跟所有的真核細胞都有密切關係，不管是動物細胞、植物細胞或是變形蟲。當然，這些細胞彼此之間還是有些許差異，然而這些差異一旦跟它們的共同點一比，就顯得微不足道。比如說，大部分的植物細胞都有葉綠體這種可行光合作用的小胞器。葉綠體跟粒線體一樣，很久以前曾經是獨立生活的細菌（葉綠體過去曾經是藍綠菌），在偶然的機會下被所有植物跟藻類的共祖完整地吞到肚子裡。不知為何，這個共祖沒有辦法把藍綠菌消化掉，結果反而從消化不良的病例變成只需要陽光、水與二氧化碳就可以完全自給自足的細胞。只是因為咬了一口，就引發了一連串的事件，最後終於導致靜態的植物世界與動態的動物世界，完全分道揚鑣。然而細看植物細胞，你會發現這只是與其他細胞成千上萬個共同點中少數特例而已。我們還可以再講幾個差異。植物跟真菌後來建造了外面的細胞壁，讓整體結構強化；有些細胞還有液泡等胞器。然而所有這些真核細胞間的差異其實都無關緊要，一旦跟細菌與真核細胞之間的天壤之別一比，就顯得不足掛齒。

但是這個所謂的天壤之別說起來又十分作弄人，因為它亦真亦假。在所有我們考慮到的特徵中，真核細胞跟細菌之間其實還是有一些模糊地帶。確實有一些非常巨大的細菌，也有很多很小的真核細胞，它們的尺寸其實有重疊。細菌沿著細胞壁也有內部細胞骨骼，其組成纖維跟真核細胞的骨骼非常相似，而且有些時候甚至還有機動性。也有一些細菌有棒狀（而非環狀）的染色體；有一些有類似細胞核的構造；有些內部有膜狀構造。有些細菌沒有細胞壁，或至少在生活史中某些階段中沒有；有些細菌可以組成結構十分複雜的菌落，對於那些細菌的擁護者來說，這非常有可能是多細胞生物的前身。甚至，有一兩個例子指出，有的細菌體內含有另一隻更小的細菌。這現象真是讓人費解，因為在現今已知的細菌中，沒有一種可以藉由吞噬作用吃掉其他細胞。我個人認為，細菌曾經有一度嘗試往真核細胞的方向發展，但是很快就停止了，因為某個不明的原因，它們無法繼續試驗下去。

你當然可以很合理地認為，重疊跟連續其實是一樣的事情，所以沒有什麼需要解釋的。如果在這條連續演化之路的一端是極度簡單的細菌，另一端是極度複雜的真核細胞，那中間還會有斷層可言嗎？就某方面來說，是沒錯，但我認為這種看法頗有誤導之嫌。確實這兩條路有某種程度的重疊，但是這仍是兩條分開的路：其中一條屬於細菌，從「極度簡單」走到「有限複雜」為止就斷了；而另一條路屬於真核細胞，明顯地長了許多，從「有限複雜」到「嚇死人的複雜」。是的，這兩條路有些重疊，但是細菌從來沒有走到像真核細胞那麼遠，只有真核細胞真的走了很遠很遠。

歷史非常清楚地顯示了這種差異。在地球上出現生命的最初三十億年中（從四十億年到十億年前），細菌主宰一切。它們徹底改造了居住環境，但它們自己卻甚少改變。細菌改變環境的幅度大到讓人咋舌，其程度連今日人類都難以望其項背。比如說，所有大氣中的氧氣都經由光合作用所產生，在早期可全是由藍綠菌一手包辦。大約在二十二億年前發生的「大氧化事件」，讓空氣中與陽光普照的海面都充滿氧氣，徹底且永久地改變了地球，但卻甚少改變細菌自己。那次事件僅僅改變了細菌的生態，也就是讓好氧菌出頭而已。就算一種細菌變得比另一種更適合生存，但它們還是徹頭徹尾的細菌。其他所有值得一書的歷史事件也是一樣，比如細菌曾經讓海底充滿讓人窒息的硫化氫長達二十億年之久，但它們本身還是細菌。又比如說細菌讓大氣中的甲烷氧化沉澱，全球溫度降低，造成第一次雪球地球事件，但是細菌還是細菌。在所有事件裡面改變最大的，或許是由真核細胞所組成的多細胞生物所造成的，那大概發生在六億多年前。真核細胞生物提供了細菌一些新的生活方式，比如讓細菌可以用傳染疾病的方式生活。但儘管如此，細菌還是細菌。再也沒有什麼東西比細菌還要保守的了。

但從那時候開始，歷史由真核細胞來記錄。這是史上第一次終於開始有了一連串連續的事件，而不再只是永無止盡的了無新意。甚至有些時候事情發生得實在快得離譜。比如說寒武紀大爆發，就是一件典型的真核細胞事件。這是眾人等待的一刻，也是地質學上重要的一刻，持續了大約幾百萬年。史上第一次有大型動物結結實實地留下具體的化石紀錄，而不再是試探性地露個臉，或只是蟲子蠕行的痕跡。各種奇形怪蟲明目張膽公然亮相走秀，其中有些怪蟲出現得如此之快，但卻又轉瞬消失。這好像哪位發了失心瘋的創造者，有一天忽然醒來，決定立即開始動工，著手彌補以往流失的時光。

學界稱這種爆炸現象為「輻射」，就是一種獨特形狀的生物不知何故開始繁衍，短暫地進入一段毫無羈絆的演化時光。各種新式生物會不斷地以原型為圓心往各種方向演變，就好像腳踏車輪的輪輻一般。寒武紀大爆發當然是最為知名的一次事件，但是事實上還有很多其他的例子可以提，比如生物登上陸地開始繁衍，開花植物的出現、草原的蔓延、哺乳動物的多樣性發展等，族繁不及備載。每次當環境中有機會的時候，依據遺傳學本質，這似乎是一定會出現的現象，就好像每次大滅絕之後的復甦時期。不論原因為何，這種壯觀的輻射現象，可是百分之百由真核生物負責。每一次都只有真核生物旺盛繁衍，而細菌，自始至終都還是細菌。有時候似乎不得不承認，人類的智慧與知覺這些我們極為重視，同時試圖在宇宙其他角落尋找的生命特質，似乎不可能由細菌產生。至少在地球上，這些是百分之百真核生物的特質。

這兩者差異非常明顯，儘管細菌擁有種種讓我們真核生物汗顏的生化反應機制，但它們在外型上卻完全局限在自身有限的潛力中。它們幾乎不可能發展出我們四周隨處可見的精采形態，好比是蜂鳥或木槿花之類的東西。而簡單細菌過渡為複雜真核細胞，恐怕也是我們星球上最為重要的過渡了。

達爾文並不太喜歡演化斷層。因為天擇的基本概念是一系列漸進的變化，一點一點改良個體直到最後。這也就是說，理論上我們應該可以找到遠多於現在所看到的中間過渡型態。達爾文在他的《物種起源》裡面處理了這個明顯的問題，根據他的定義，所有今日所見「演化終點」的生物都會比過去任何過渡階段的生物，要來得更能適應。根據天擇，比較差勁的形態會輸給較佳的競爭者。很顯然的，可以用發育良好的翅膀順利飛翔的小鳥，應該會比其他只能勉強用笨拙「殘肢」的同類生物，要過得舒服。就好像透過相同的過程，新的電腦軟體也會慢慢取代舊的版本。你還記得上次看到Windows 286 或 386 系統是什麼時候嗎（指微軟在一九八八年出的 Windows 2.1 系統軟體）？這些系統軟體過去曾經都是了不起的產品，就好像原型翅膀比起其他同時代產物亦同（就像今日的飛鼠或是滑行的蛇也一樣）。然而隨著時間推移，舊的系統軟體漸漸消失得了無蹤影，彷彿在今日的軟體（就說是 Windows XP好了*）出現之前是一大段空白。雖然我們都知道 Windows 系統隨著時間在改進，

*當你讀此書之時，Windows XP 對你來說或許已經跟 Windows 286 是差不多的東西了。這套系統一定會消失，會被更複雜的（但一樣不穩定與易被病毒攻擊）的系統取代。

但是如果只靠比對現在正在使用中的系統軟體，恐怕很難證明這點，除非偶爾在倉庫裡找到一些已經報廢了的老古董電腦才有辦法。對於生命也是如此，如果我們想證明漸進演化是存在的，那一定要細細檢視化石紀錄，要細細檢視那段改變發生時期的紀錄。

化石紀錄當然還有很多漏洞，但是已知的中間型化石可是遠多於那些宗教狂熱者願意承認的。當達爾文寫書的那年代，人類跟人猿之間確實有一段「失落的環節」存在，那時候還沒有找到帶有中間型特徵的人科化石。但是半個世紀過去了，人類考古學家已經找到很多化石，每一個的特徵都正如我們所預測的，剛好落在演化該有的位置上，不管是腦容量或是步法。現在的資料不但不是不夠，而且是讓人窘困的豐富。我們不知道在這眾多化石中到底哪一個（如果在其中的話）才是人類的直系祖先，而哪一些又是毫無理由憑空消失？因為我們尚未找到答案，所以還一直聽到有人大聲宣稱失落的環節**從來沒有**被找到過。這才真是嚴重違背真理與事實。

不過身為一個生化學家，對我來說，化石雖漂亮卻容易讓人迷失。因為形成化石的過程罕見而充滿不確定性，同時無可避免地不利於那些柔軟組織生物如水母，以及生活在旱地的動物與植物。理論上，化石**不可能**完整保存過去的紀錄。如果它們真的保存了所有的紀錄，我們還是會半信半疑。很偶爾的機會裡，化石真的保存了歷史完整的紀錄，那科學家會高興得像是挖到寶一樣，這可是需要一連串多如繁星的事件奇蹟似的彼此配合才有辦法。但是再高興，化石證據也只是用來驗證天擇的證據之一而已。而其他重要的證據其實一直存在我們之中，在這個遺傳學的時代，它們就存在基因序列裡。

基因序列保存了比化石更多關於天擇方面的證據。隨便挑一段基因來看，這序列是一長串的字母，它們代表著構成蛋白質的胺基酸序列。一個蛋白質通常都由好幾百個胺基酸所組成，其中每一個胺基酸都由DNA所形成的三聯密碼所轉譯（請見第二章）。我們前面說過，真核細胞的基因裡，經常夾雜著大段大段的非轉譯DNA序列，把可轉譯的序列切割成許多小片段。兩者通通加在一起的話，一個基因序列會有好幾千個字母長。生物都有好幾萬個基因，每個基因都用這種方法組成。整體來說，基因體可以看成是一長條寫滿了億萬個字母的緞帶，而這些字母的順序，可以告訴我們緞帶主人數不盡的演化故事。

從細菌到人類，都可以找到某些相同的基因轉譯出相同的蛋白質，做著相同的工作。在演化的漫長歷史中，基因序列如果發生有害的突變，就會被天擇剔除。這樣會造成一種結果，就是讓同樣基因的相同位置上，儘量保存著相同的字母。從實用的觀點來看，這讓我們可以辨識出不同生物體內相關的基因，儘管這些生物可能從不知道多久以前就已經分家了。不過根據經驗法則，一個基因的數千個字母裡面往往只有一小部分是真正的關鍵，其他的部分則因為影響較小，可以容許或多或少的改變而不至於被消滅，隨時間過去這些突變也會累積下來。時間愈久累積愈多，兩個基因序列間的差異就愈大。剛從同一個共祖分家出來的兩個物種，比如說黑猩猩跟人類，就有非常多的基因序列一模一樣。而共祖比較久遠的物種，比如說黃水仙跟人類的就相對較少。這原則其實跟語言的變遷很像，語言也會隨著時間與人類遷移而改變，慢慢地與共祖失去相似性，但是在某些地方還是會不經意地流露出彼此曾有的關聯。

基因樹基本上就是根據不同物種基因序列之間的差異來繪製的。雖然說基因突變的累積上有一定程度的隨機性，不過如果跟基因中數千個字母的統計機率相關性一比，這種隨機性就會被平均掉。單單比對一個基因，我們就可以建立起所有真核生物的家譜，而且它的準確度會是以前的化石獵人一輩子都不敢想像的。如果你對這個家譜有任何懷疑，那只要再找第二個基因重複一次，看看結果是否相同就行了。所有真核生物共有的基因，沒有數千也有數百個，所以科學家可以一再重複同樣的比對，一次又一次把新算出來的家譜重疊在舊的上面。借助現代電腦的威力，最後我們可以畫出一棵「一致的」家譜，顯示出所有真核生物之間最可能的親戚關係。這個方法跟研究化石斷層有很大的差異：它可以清楚地告訴我們，人類到底跟植物、真菌、藻類等生物有多少差異（見**圖4.2**）。達爾文對於基因當然是一無所知，但是今天卻是靠著基因的構造，才能夠弭平達爾文世界觀中各種討人厭的鴻溝。

不過這個方法雖然好，卻也不是

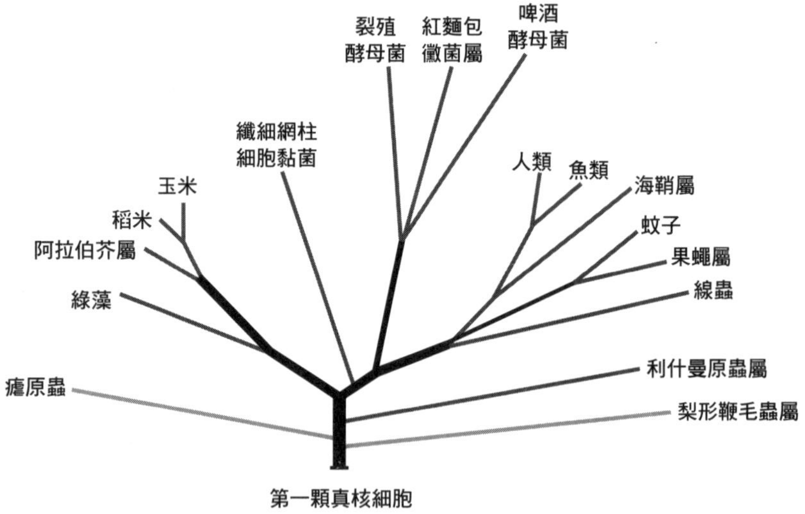

圖4.2　一棵典型的生命樹，用來顯示所有真核生物與原始共祖之間的差異與距離，這個共祖很可能是活在二十億年前的真核單細胞生物。愈長的樹枝代表著愈長的演化距離，也就是說兩者之間的基因序列差異愈大。

萬無一失。麻煩主要來自用統計學去度量久遠時光所會出現的誤差問題。簡單來說因為DNA只有四個字母，而突變（至少此處對我們來說有用的那種突變）就是把原來的字母換成另一個字母。如果每個字母都只突變一次，就沒問題。但不巧的是在漫長的時光中，每個字母都會突變很多次。既然每次突變就像抽獎一樣，我們其實並不知道這個字母是被換了五次還是十次。如果基因中一個字母跟共祖一樣，我們其實不會知道這個字母是從來就沒突變過，還是已經突變了很多次，而每次都有四分之一的機會換回原來的字母。因為這種比對分析法的基礎就是統計上的機率，所以到了某個時間點我們將無法分辨出任何差異。更不巧的是如同所有的壞運氣，這個即將溺斃我們的統計不確定時間點，差不多就是真核細胞出現的時刻。在原核細胞過渡到真核細胞的關鍵時刻，卻這樣被一波波基因的不確定浪潮所淹沒。唯一的解決之道，就是要用更細緻的統計篩子，來慎選比對用的基因。

真核細胞體內的基因可以大致分為兩大類：一類跟細菌的一樣，另一類則歸真核細胞所獨有，也就是在細菌世界中尚未發現可以與之比擬的基因*。這些獨特的基因我們稱為「真核細胞識別基因」，而它們的來源則是引起今日生物學家激烈爭執的引爆點。有些人認為這些基因證明了真核生物域的歷史跟細菌一樣古老到令人刮目相看。他們主張真核細胞之所以有這麼多獨特的基因，一定是因

*這並不是說細菌裡面就沒有同等的基因了。舉例來說，組成細菌細胞骨骼的蛋白質很明顯地跟真核細胞的有關，因為它們的物理結構是如此相似，以至於可以在空間上重疊。但是儘管如此，它們的基因卻早就變異到毫無相似性的地步。如果只考慮基因序列的話，那細胞骨骼算是真核細胞所獨有。

為它們早在盤古開天闢地以來就跟細菌分家了。但是假設它們分歧的速率不變（也就是說如果突變像一座分子時鐘一樣滴答滴答地以穩定的速率發生的話），那麼根據今日這些基因差異的幅度來看，我們該相信真核細胞已經出現超過了五十億年，也就是在地球出現前五億年就已經出現了。套句英國擅長揭醜的諷刺雜誌《祕密之眼》所說的挖苦名言：其中必定有什麼誤會吧。

其他人則認為，既然我們不可能知道在遙遠的過去，基因演化有多快，也沒理由相信基因分歧的速率會像時鐘般穩定進行，那真核細胞識別基因，其實無法告訴我們太多關於真核細胞的演化來源，而今天我們確實也知道某些基因演化的速度快過其他基因。用分子時鐘去測量遙遠的過去所得到如此模糊的結果，指出了兩種可能：或者生命是從外太空播種到地球上（但對我來說這不過是個藉口而已），不然就是這個分子時鐘壞了。可是為什麼這個時鐘會錯得如此離譜呢？因為事實上基因演化的速率受很多因素影響，特別是跟不同生物本身有關。好比之前我們講過，細菌本身是非常保守的，它們永遠都是細菌，但是真核細胞則傾向發生劇烈的改變，會造成如寒武紀大爆發等事件。不過從基因的觀點來看，大概沒有什麼事件會比形成真核細胞本身要更劇烈了，我們很有理由相信真核細胞在那段早期發展的日子裡，基因改變的速度必定非常驚人。如果真如大部分學者所想，真核細胞出現於細菌之後，那它們的基因應該與細菌差異甚大，因為它們一度演變得非常快速，不斷地突變、結合、複製然後再突變。

既然如此，真核細胞識別基因因為發展得太快，快到把它們的源頭淹沒在遙遠的時間之霧裡，已經無法再告訴我們什麼。那麼另外一類基因呢？那些跟細菌共有的基因呢？這些基因立刻就顯得有用多了，因為我們可以開始來比對它們的相似性。真核細胞跟細菌所共有的基因所負責的，往往都是細胞核心程序，比如說核心代謝反應（產生能量的方式，或用來製造構成細胞的基本材料，如胺基酸跟脂質等），或者是核心訊息處理（像是讀取ＤＮＡ序列然後轉錄成有用蛋白質的方式）。這些核心程序演化的速度往往比較緩慢，因為太多東西依賴它們而活了。改變任何一點點製造蛋白質的程序就會改變所有的蛋白質，而不只是其中一兩個。同樣的，稍微改變一點產生能量的方式，就可能干擾整個細胞的運作。因為任意更改核心程式比較容易受到天擇的懲罰，所以這些基因演變緩慢，可以讓我們有機會細細檢視演化的痕跡。利用這類基因所建立出來的生命樹，理論上來說應該可以顯示出真核細胞與細菌之間的關聯。它們應該可以指出真核細胞來自哪些細菌，搞不好還可以告訴我們為什麼。

美國的微生物學家渥易斯首度在一九七〇年代末完成這種生命樹。渥易斯選擇了一個負責細胞核心訊息處理的基因，講得詳細一點，他選擇的基因屬於核糖體這個胞器的一部分，而核糖體正是幫細胞合成蛋白質的小機器。因為某種技術上的原因，渥易斯並沒有直接比對這個基因，他使用由這個基因所轉錄出來的ＲＮＡ序列（就叫做核糖體ＲＮＡ，ｒＲＮＡ），這段序列一被轉錄出來就會馬上嵌進核糖體裡。（ｒＲＮＡ本身其實不負責轉譯出蛋白質，它本身就有酵素的功能，如第二章所言，而它的酵素功能對細胞來說至關重要。ｒＲＮＡ屬於核糖體胞器的一部分，在細胞裡含量比ｒＲＮＡ的基因多很多。）渥易斯從許多細菌跟不同細胞中把這些ｒＲＮＡ分離出來，判讀它們的序列，然後互相比對去建立生命樹。他所發現的結果非常驚人，並且嚴重地挑戰了傳統學界對於生命該如何分類的看法。

渥易斯發現，我們地球上的所有生命可以大致分為三大類，或者稱為三域（見圖**4.3**）。如大家所預期的，第一大類就是細菌（屬於細菌域），而第二大類是真核細胞（真核生物域）。但是剩下的第三大類，如今稱為古細菌的（屬於古菌域），卻毫無登上世界舞台的理由。雖然人類發現少量的古細菌已將近一個世紀，不過直到渥易斯提出他的生命樹模型之前，古細菌一直被認為只是屬於細菌的一個小分枝而已。但在渥易斯看來，這些古細菌變得跟真核細胞一樣重要，儘管在外形上它們**看起來**實在就跟細菌一模一樣：它們體積極小，通常都有細胞壁圍繞在外，缺乏細胞核，細胞質裡面也一樣乏善可陳；同時古細菌從來就不會聚集成結構複雜的菌落，你絕不可能把它們跟多細胞生物搞混。對很多人來說，抬高古細菌的身價，等同於藐視這不可思議的生命世界，等於把植物、動物、真菌、藻類跟原蟲等各式各樣的生物擠到無足輕重的角落去，而讓原核生物占據生命樹的大部分位置，如此重組世界未免太過魯莽。渥易斯等於要我們相信，動物跟植物之間的種種明顯的差異，相較於細菌與古細菌中間那道看不見的鴻溝，其實輕如鴻毛。這主張可激怒了當時許多舉足輕重的生物學大師，像是麥

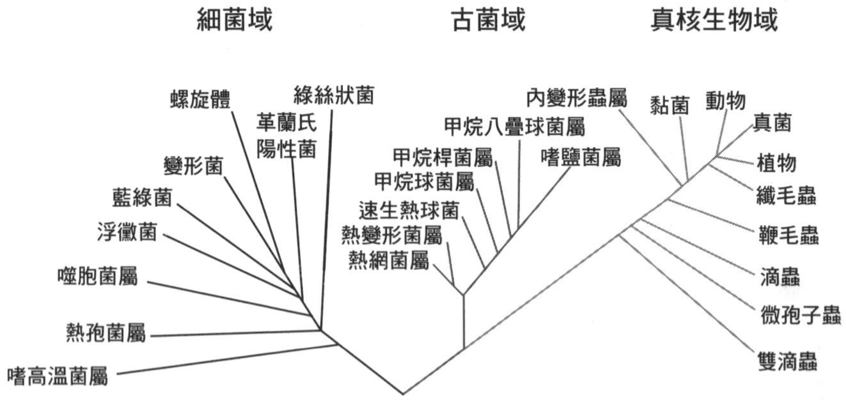

圖4.3　由 rRNA 為基礎所繪製的生命樹。渥易斯根據它將生命分成三大域：細菌域、古菌域與真核細胞（真核生物域）。

爾跟馬古利斯等人。隨後幾年交鋒激烈的程度，讓後來著名期刊《科學》為文稱讚渥易斯是「微生物界的疤面革命先鋒」。

如今在風暴過去之後，大部分的科學家都漸漸接受了渥易斯的生命樹，或者至少認可了古細菌的重要性。從生化的角度來看，不管在哪方面古細菌確實都跟細菌大異其趣。首先組成它們兩者細胞膜的脂質成分不僅不同，而且是由兩套不同的酵素系統所製造。古細菌的細胞壁成分跟細菌完全不一樣，體內生化代謝過程也相似甚少。另外我們在第二章曾說過，這兩種細菌控制DNA複製的基因也沒有太大的關聯。如今全基因體分析技術已如家常便飯，因此我們知道古細菌只有不到三分之一的基因跟細菌一樣，剩下的都非常獨特。總結來說，渥易斯很意外地用RNA所建立的基因樹，凸顯了古細菌與細菌之間一系列的生化差異。儘管這些差異從外表來看是如此低調而不引人注意，但所有證據加起來都支持渥易斯大膽的重分類主張。

渥易斯的生命樹所揭露出第二個意料之外的發現，則是真核生物與古細菌之間的密切關聯：它們兩者有相同的祖先，然後都跟細菌的關係較遠（見圖4.3）。換句話說，古細菌與真核細胞本來有一個共祖，很早以前就跟細菌分家了，之後才分開各自去形成今日的古細菌與真核細胞。而生化上的證據，至少在幾個十分重要的地方，都支持渥易斯的這項結論。特別是古細菌與真核細胞的核心訊息處理方式，有許多雷同之處。兩者的DNA都纏繞在相似的蛋白質（組織蛋白）上面；基因複製與讀取的方式也很相近，而製造蛋白質的整套機制也無分軒輊。這一切一切的細節，都跟細菌十分不同，所以從某些方面來看，古細菌填補了一些失落的環節，它們橫跨了真核細胞與細菌之間的那道鴻溝。基本上，古細菌在外表跟行為上維持跟細菌一樣，不過在處理蛋白質與DNA的方式上，已經開始有一些真核生物的特色了。

然而渥易斯的生命樹有個問題，它是依照單一基因所繪製，無法藉著與其他的基因樹重疊來達到統計上的效力。只有在完全相信一個基因可以確實反映真核細胞的遺傳與起源的情況下，我們才能只用單一基因來繪製生命樹。而要驗證這點唯一的辦法，就是去比對其他演化速度一樣緩慢的基因，看看它們是不是也顯示出相同的生命樹分枝結構。但是當我們這麼做了之後，結果卻十分讓人困惑。如果我們只使用三者所共有的基因（也就是在細菌，古細菌跟真核生物三域裡都可以找到的基因），那麼所建立的生命樹很清楚地顯示細菌與古細菌的關係，但是真核細胞卻不行，真核細胞混雜的程度讓人完全摸不清。我們細胞中有些基因似乎來自古細菌，其他的卻又似乎來自細菌。最近一個大規模的分析，找了一百六十五種不同種的生物，結合了五千七百個基因去做分析比對，結果繪製出了一株「超級生命樹」。然而研究愈多基因，科學家愈發現，真核細胞並非遵循傳統達爾文式演化，反而比較像是透過某種龐大的基因融合而演化。從遺傳學的觀點來看，第一個真核細胞應該是個「嵌合體」，也就是半個真細菌，半個古細菌。

根據達爾文的觀點，生命是經由慢慢累積一連串的變異，漸漸變得多元，而每一分枝也因此與它們共同祖先漸漸分道揚鑣。這過程最終的結果就是形成一株繁茂的生命樹。鑑此，生命樹無疑地也最適合用來描繪我們肉眼可見眾多生物的演化過程，特別是大部分大型的真核生物。然而反過來看，生命樹也很明顯地不是用來描繪微生物演化最好的方式，不管是古細菌、真細菌或是真核細胞。

有兩個過程特別會干擾達爾文式的基因樹，那就是「水平基因轉移」與「全基因體融合」。對於微生物種系發生學者來說，在試圖建立細菌與古細菌之間的親緣關係時，水平基因轉移發生之頻繁讓人沮喪。這個複雜術語的意思，簡單來說就是基因被傳來傳去，像鈔票一樣由一隻細菌傳給另一隻。這樣會造成一種結果，那就是一隻細菌傳給後代的基因體，有可能與它親代的一樣，但也有可能不一樣。有些基因傾向「垂直」遺傳，一代傳給一代，像是渥易斯所使用的ｒＲＮＡ；但是也有很多基因會被大家換來換去，而且常會發生在毫無關聯的微生物間＊。緣此，最後被描繪出來的圖像往往會介於樹狀與網狀之間，根據某些核心基因（如ｒＲＮＡ）可以畫出樹狀圖，但是用其他的基因則會畫出網狀圖。有沒有任何一群核心基因，**從來就沒有**被水平基因轉移傳來傳去過？這個問題一直讓眾人爭執不休。如果沒有這樣一群基因，那麼想追溯真核細胞的祖先回到某幾群特定原核細胞的想法，無異緣木求魚。這樣一群基因只有在一直透過直系繼承，而不會被隨機傳來傳去的情況下，才有可能被當成歷史身分標記。但是反過來說，如果只有一小群核心基因**從來沒有**被傳來傳去，可是所有其他基因**都有**，那這小群基因又怎麼能代表身分呢？如果大腸菌有百分之九十九的基因都被隨機置換掉，那它

＊渥易斯堅持由ｒＲＮＡ所建立的生命樹，才最具權威性，因為核糖體小次單元的基因（譯注：核糖體是由大小兩個次單元組合而成），不止演化緩慢，更**完全沒有**經過水平基因轉移。這個基因只透過垂直傳遞，也就是說只由親代傳給子代。然而這不全對，因為科學家還是有發現某些細菌的ｒＲＮＡ基因會透過水平基因轉移，好比說像淋病雙球菌。這種現象在演化過程中有多頻繁？那又是另一個問題了。要知道答案，也唯有利用其他更精確而「一致不變」的基因來繪製別株生命樹來比較。

還是大腸菌嗎*？

基因體融合也帶來了類似的問題，這裡會有的問題是，它讓達爾文式的生命樹走回頭路，不但不發散，反而開始收斂。這樣一來問題就變成了到底哪兩位（或更多）父母的基因才代表演化路徑？如果我們只追蹤rRNA的話，那確實會得到一株達爾文式的生命樹，然而如果考量更多的基因，或把整個基因體都算進去，那會得到一個環狀樹，它的分支一開始發散出去，但是後來則會收斂最後合併在一起（見**圖4.4**）。

真核細胞是一個嵌合體，這點毫無疑問。現在的問題是，典型的達爾文式演化有多重要？猛烈的基因融合又有多重要？或者換個方式來問，真核細胞的所有特質裡，有多少是從母細胞一點一點經由演化而來的？又有多少是**只有**在基因融合發生

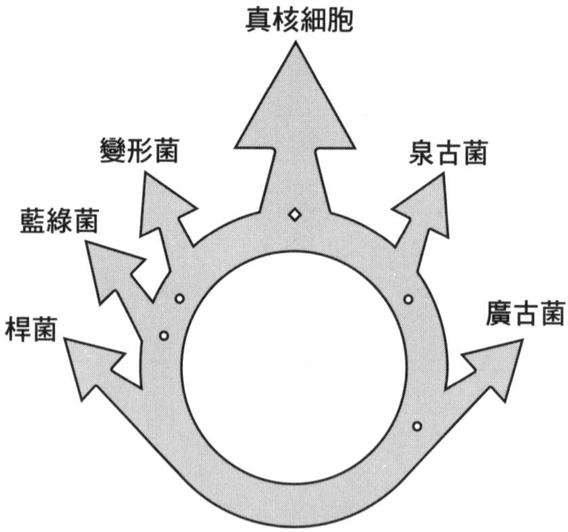

圖4.4　這就是生命之環，最早的生命共祖在底部，然後分開形成代表細菌的左邊，與代表古細菌的右邊，最後兩枝再合而為一形成上方的真核細胞嵌合體。

之後才得到的？過去幾十年來，科學家提出各式各樣關於真核細胞起源的理論，範圍從充滿想像力（如果你不想稱之為捏造的話）到利用生化證據細細檢視的都有，但至今無一被證實。這所有的理論都可以歸為兩大類，一類強調達爾文式的漸漸分散演化，另一類強調劇烈的基因融合。事實上這兩大類理論恰好反映了生物學早期兩派激烈的爭執，一派強調演化是經由一連串漸進式的改變而來，也就是漸變論；另一派強調一段長期而穩定的靜止或平衡，被突如其來的巨變所中斷因而造成演化，也就是斷續平衡說。以前有人曾經揶揄這兩派演化論：奴才演化論對上笨蛋演化論＊＊。

而在真核細胞的起源上，諾貝爾獎得主德杜武稱這兩派為「原始吞噬細胞」假說與「命運的邂逅」假說。原始吞噬細胞假說在概念上非常達爾文，由牛津大學的卡瓦里爾史密斯與德杜武本人所支

＊這是關於身分認同老掉牙哲學問題的分子版：如果我們全身上下所有的部分都被換掉，只保留一小部分負責記憶的大腦，那還能保有對「自我」的認同嗎？又如果我們的記憶被移植到別人身上，那他們會自認為是「我」嗎？細胞就像一個人，也是由許多部分組成的整體。

＊＊在演化上當然兩者都會發生，而且它們也並不互斥。其實這個問題可以簡化成，你用世代交替的眼光還是用亙久的地質時間來測量改變的速度。大部分的突變都是有害的，所以會被天擇剔除，因此只剩大同小異的東西會被留下來，除非環境發生變化（比如說，大滅絕）才會改變現況。從地質時間的眼光來看，這些改變可以非常快速，但是在基因層級上調節它們的過程卻是一模一樣，而且從世代交替的角度來看，一代一代的變化仍然十分緩慢。其實災難比較重要還是漸進的改變比較重要，有很大一部分端視研究者的性格——看他是不是個激進革命者。

持。這個假說的基本原則就是，真核細胞的祖先會慢慢累積各種現代真核細胞的特質，這些特質包括了細胞核、性行為、細胞骨骼，以及最重要的一項，就是吞噬能力。這能力讓細胞可以四處漫遊，改變形狀吞噬其他細胞然後在體內慢慢消化。原始吞噬細胞跟現代真核細胞唯一不同的，就是它缺少粒線體這個利用氧氣來產生能源的小器官。我們假設原始吞噬細胞依賴發酵作用產生的能量來生存，當然發酵作用的效率很差。

但對於一顆吞噬細胞來說，吞掉粒線體的祖先也不過就是日常工作的一部分而已。可不是嗎？難到還有更簡單的辦法讓一個細胞進入另一個細胞裡面？這個過程一定會為原始吞噬細胞帶來龐大的利益，因為可以徹底改變它產生能源的方式，但是呢，這過程對吞噬細胞的外表卻沒有太大的影響。在吞掉粒線體以前，它已經是吞噬細胞，在吞掉之後還是，只不過變得擁有比較多能源。不過許多基因會從這個被奴役的粒線體傳到宿主細胞的細胞核裡，然後跟宿主的基因融合在一起，這是造成現代真核細胞的基因體看起來像嵌合體的原因。粒線體的基因在本質上是細菌的，所以支持原始吞噬細胞假說的人，並不反對現代真核細胞其實是嵌合體這件事，但是他們堅持曾有一個非嵌合的吞噬細胞，一個雖原始卻是原生的真核細胞做為宿主。

時光拉回一九八〇年代，那時候卡瓦里爾史密斯十分強調有上千種看起來十分原始的單細胞真核生物，它們都沒有粒線體。他認為，這裡面或許有少數幾種，從遠古時代真核細胞誕生之初就存在直到今日，是那些從來就沒有過粒線體的原始吞噬細胞的直系後裔。果如此，這些細胞的基因應該毫無嵌合現象，因為它們只會遵循純達爾文式過程來演化。但是二十幾年過去了，研究結果顯示，這些真核細胞全部都是嵌合體。看起來這些細胞全部都曾有過粒線體，其中有一些因故遺失了，或者把它變成其他東西。**所有**已知的真核細胞若不是還留著粒線體至今，就是過去曾一度擁有它們。如果以前曾經真有缺少粒線體的原始吞噬細胞，那它們很不幸沒有留下任何直系子嗣。這並不是說它不曾存在過，只是說它的存在目前純屬推測。

第二類理論全都可以歸入「命運的邂逅」大纛下。這些理論都假設兩種或多種原核細胞間有某種程度的關聯，最終演變成一個彼此緊密連結的細胞群落——一個嵌合體。但如果一個宿主細胞本身不是吞噬細胞，而是帶有細胞壁的古細菌，那最大的問題就是，到底其他細胞是如何進去的？這一派的支持者，特別是馬古利斯跟馬丁（我們在第一章介紹過他），都提出很多種可能。比如馬古利斯就指出，某些掠食性細菌可以強迫在其他細菌身上打洞穿入（這是確有實例的）。而馬丁則主張另一種細胞間互惠代謝式的生活型態，他說，也就是像夥伴們之間交換代謝材料*。然而在這個例子中很難想像，沒有吞噬作用的話一個細胞如何能夠進入另外一個細胞體內？馬丁提出了兩個例子，指出這確實可以在細菌之間發生（見**圖4.5**）。

命運的邂逅假說基本上是非達爾文式的，因為它並非藉由累積一連串的小變異來演化，而主張相

---

*生化學家馬丁與繆勒一起提出了一個「氫氣假說」來解釋這種關係。他們認為可能是一隻依賴氫氣與二氧化碳而生存的古細菌，與另一隻視情況所需而可以用呼吸代謝氧氣，或藉由發酵作用產生氫氣與二氧化碳的細菌，兩者間建立某種關係。根據他們的假設，這隻多才多藝的細菌可以利用古細菌代謝出來的甲烷廢料。關於這個理論，我不擬在這裡多做討論，因為在我的另一本書《力量、性、自殺》裡已經花了些許篇幅闡述。在本章隨後幾頁中所提到的想法，在那本書中也都有詳述。

對劇烈的結合產生新個體。最關鍵的部分是，它假設所有真核生物具有的特質，都只出現在命運的邂逅**之後**。這些互相合作的細菌本身是百分之百的原核生物，沒有吞噬作用，沒有性生活，沒有機動性的細胞骨骼，沒有細胞核之類的東西。這些特質只有在它們的結合穩固了之後才會出現。這暗示著是這個結合本身有某些特別之處，可以讓結構保守、從不改變的原核細胞，轉型成為完全相反的高速拼裝車，變成不斷變化的真核細胞。

但是我們怎麼有辦法區別這幾種可能性？之前我們已經提過，靠真核細胞識別基因是辦不到的。我們無法得知這些特質是四十億年前還是二十億年前演化出來？是在細胞有了粒線體之前還是之後演化出來？即使從原核生物那半邊來的緩慢演化基因顯然也不可靠，這要看我們選哪一個基因。如果我們採用渥易斯的rRNA生命樹，那資料就可以適用於原

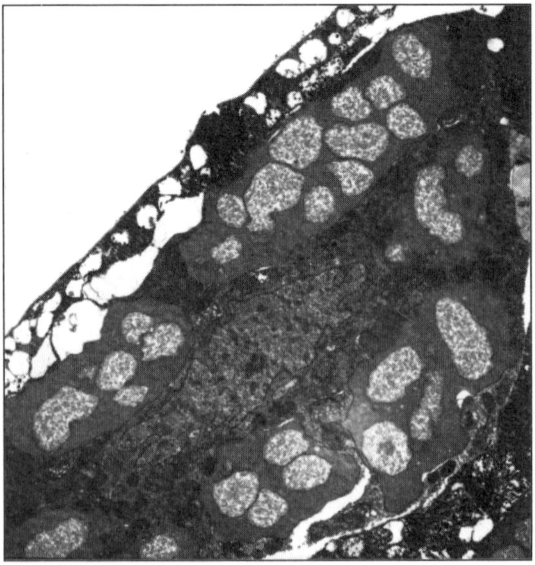

圖4.5　生活在其他細菌體內的細菌。許多γ-變形菌（淺灰色）生活在幾隻β-變形菌（深灰色）體內，然後全部都在同一個真核細胞體內，圖中央偏下處為真核細胞帶有斑點的細胞核。

始吞噬細胞假說。因為在渥易斯的生命樹模型裡，真核細胞與古細菌是「姐妹群」，有一個共同的祖先，它們來自「同樣的父母」。這也就是說，真核細胞並不是從古細菌演化來的，而是平輩關係。在這個模型裡共祖幾乎可以確定是個原核細胞（否則的話就是說所有的古細菌後來都遺失了它們的細胞核）。但除此之外，其他就沒有什麼事情可以肯定了。真核細胞這分枝或許在吞入粒線體之前就已經變成原始吞噬細胞了，然而關於這個推測完全沒有基因上的證據支持。

反過來說，如果我們選擇更多的基因來繪製一株較複雜的生命樹，那真核細胞跟古細菌之間的平輩關係就不存在了，看起來反而比較像是真核細胞來自古細菌。確實來自哪一株尚未可知，但現今最大規模的研究結果顯示——就是我前面提過，用了五千七百個基因去繪出超級生命樹的研究——最早的宿主細胞確實是古細菌，或許跟現代海底熱泉附近的古細菌有密切關聯。這些不同可是有天差地別。如果最早的宿主細胞確實是古細菌的話（也就是原核細胞，沒有細胞核、性生活、活動細胞骨骼、吞噬作用等等），那它一定不會是原始吞噬細胞。果如此，那命運邂逅假說就一定是對的：真核細胞來自於原核細胞形成的聯盟。原始吞噬細胞從來就不存在，找不到它存在的證據現在反過來就是它不曾存在的證明。

然而目前為止這也不像是最後的答案。事實上這一切都端看我們用來分析的菌種跟所選擇的基因，以及篩選的條件為何。每次這些參數一改變，生命樹的長相與分枝模式就會跟著改變，陷在統計學前提、原核細胞間平行基因轉移或是其他未知的因素之間打轉。到底這情況會因為有更多資料而好轉，或者其實根本就不是遺傳學所能回答的（遺傳學有如生物學界的不確定原理，愈接近事實就愈模糊），大家都還在猜。但是如果遺傳學真的沒有辦法解決問題，難道我們要永無止境地陷在這種對立科學家互相攻訐的泥沼中嗎？一定有別的出路。

所有的真核細胞若不是還保留著粒線體，不然就是曾經一度擁有粒線體。很有趣的是，所有的粒線體至今都仍扮演著粒線體的角色，也就是說在功能上利用氧氣來產生能量，同時保有一小部分基因，這一小撮基因是它們曾經屬於獨立生活細菌的前世記憶。我認為這一小撮基因其實正藏著真核細胞最深的祕密。

真核細胞在過去二十億年間不斷分歧。在這段時間內它們都各自遺失了粒線體基因。總計來說大約有百分之九十六到九十九．九的粒線體基因不見了，或許其中大部分都被轉移到細胞核裡，不過倒沒有任何一個粒線體，可以完全丟掉所有的基因而不同時失去利用氧氣的能力。這現象可不是隨機產生。把所有的基因轉移到細胞核裡，其實非常合理又井然有序，所以當百分之九十九．九的基因在細胞核裡都有備份的時候，又何必在每個細胞中各處，同時存放數百個一模一樣的基因？而且保有全部基因的意義也代表著，要同時在每個粒線體裡面，都存放讀取基因以及把基因轉換成有功能蛋白質的整套機器。這種揮霍的行為應該會惹火會計師，而天擇應該可以算是會計師的始祖守護神。

就更深一層的意義來說，粒線體其實也不是存放基因的好地方。它經常被暱稱為細胞的發電廠，事實上這小名還真恰到好處。粒線體會在膜的兩側產生電位差，透過這個厚約僅百萬分之幾毫米的薄膜作用，生成的電壓幾乎跟閃電一樣大，這可是家用電路的好幾千倍呢。在這個地方存放基因，有如把大英圖書館最最珍貴的書籍放在一座瘸腳的電廠裡。這個缺點並不只是理論上，事實上粒線體基因突變的速度確實要比細胞核裡的快多了。像用酵母菌這種精巧的實驗模型可證明，粒線體基因突變率快了差不多一萬倍。撇開這些細節不管，最重要的是兩者（細胞核跟粒線體）的基因運作一定要配合得天衣無縫。真核細胞所需要的高電力能量來自於兩者基因轉譯出來的蛋白質。如果它們不能互相配合，那後果將是死亡：不只是細胞死亡，更是個體死亡，所以這兩者一定要順利合作一起產生能量。既然合作失敗會導致死亡，偏偏粒線體基因突變的速率又比細胞核裡的快一萬倍，讓密切合作幾乎變成不可能的任務。這一點絕對是真核細胞最最罕見的特質。如果把這個現象當作僅是一種怪癖而忽略它，就好像教科書裡都這樣寫，那等於對地球上的聖母峰視而不見。如果剔除所有的粒線體基因對情況有所幫助的話，那天擇毫無疑問一定會這樣篩選，或至少會產生一個物種。這些基因被保存下來一定有它們的理由。

那到底為什麼粒線體要把部分基因留下來呢？根據艾倫的想法（在第三章討論光合作用時，我們介紹過這位充滿想像力的科學家），答案就是為了控制呼吸作用這麼簡單。不會有其他更重要的原因了。呼吸對每個人來說都有不同的意義。對一般人來說，呼吸不過就是吸氣吐氣。然而對於生化學家來說，呼吸代表著細微到細胞等級的吸氣吐氣，代表了一系列細緻的生化反應，讓食物跟氧氣反應去產生強如閃電的內在高電壓。我想不出來還有哪一種天擇壓力會比保有呼吸更迫切，從分子的角度來看，在細胞裡面也是一樣的情形。像氰化物這種東西可以阻斷細胞的呼吸作用，讓細胞停止工作，速度比套塑膠袋在頭上快多了。不過就算在正常工作的情況下，細胞也要像為樂器「旋鈕調音」一樣，依照細胞的能量需求來微調呼吸作用。艾倫想法中關鍵的一點就是，用這種方式供應所需能量，細胞需要毫不間斷的回饋訊息，而這只能藉由調節**區域性**的基因表現才有辦法。就好像戰術上把軍隊灑出去之後，就不應該再由中央政府來遙控指揮。同理，細胞核也不適合去指揮細胞中數百個粒線體該工作快點或慢點。

艾倫的想法完全未經證實，不過有人正在尋找支持的證據。如果他是對的，那對於解釋真核細胞的演化很有幫助。如果真核細胞真的**需要**遍布四處的基因來控制呼吸作用的話，那很明顯地代表了大而複雜的細胞無法自行調節吸吸作用。現在來想想細菌跟古細菌會面臨的選擇壓力，它們兩者產生ATP的方式跟粒線體一樣，也是透過一道薄膜產生電壓。不過原核細胞只能利用細胞外膜，這就限制了細胞的尺寸。實際上可以把它們看成是利用皮膚在呼吸。想知道為什麼這會造成問題，我們可以用削馬鈴薯皮當作例子。如果要削一噸重的馬鈴薯，你一定會挑最大的來削，因為這樣才能削最少皮就得到最多馬鈴薯。相反的，削小號馬鈴薯則會削出一大堆皮。細菌就像馬鈴薯一樣，它們用皮膚呼吸，長愈大顆的話就愈難呼吸*。

原則上，細菌可以藉著讓產生能源的膜往內延伸來解決呼吸不足的問題，而在某個程度上它們確實也有這麼做。如同我們前面提過，有些細菌帶有內膜，讓它們外表看起來像是「真核細胞」。然而細菌再也沒有繼續發展下去：就算是「一般的」真核細胞用來產生能量的內膜，比起最有能量的細菌來說也有好幾百倍之多。這如同所有其他的細胞特質一樣，細菌開始往真核細胞的方向發展，但是很快就停止了。為什麼呢？我猜這正是因為細菌無法控制更大範圍內膜的呼吸作用。要這麼做的話細菌必須分出好幾組基因，如同放在粒線體裡一樣，但這絕對不是件簡單的事。所有細菌所面臨的天擇壓力，像是快速繁殖、丟掉大部分基因只保留最基本的，都不允許細菌往更複雜的方向發展。

但是這些卻正好是成為吞噬細胞的條件。吞噬細胞必須夠大才能吞入其他細胞，它需要非常多能量才有辦法四處移動，也才有辦法改變形狀吞下獵物。問題就在這裡，當細菌變得更大時，它就愈沒有活力，也愈無法消耗能量在四處移動與改變形狀上。我認為很有可能小型的細菌因為裝備適合快速繁殖，每一次都可以在能源競爭上贏過大細胞，讓大細胞沒有足夠時間好好發展成為吞噬細胞所需的各種條件。

不過「命運的邂逅」假說就完全是另外一回事了。在這模式中兩種原核細胞以互惠代謝的方式和諧地生活在一起，彼此提供對方所需的服務。自然界中這樣的共生關係在原核細胞群裡非常常見，其頻繁的程度比較像是通則而非例外。比較罕見的（但是卻仍有被報導過的）反而是一個細胞實質上吞下另一個。不過一旦吞進去之後，整個細胞（包含住在裡面的細菌）就會一起演化。它們仍然像以前一樣互相提供彼此所需，但是其他多餘的功能則會漸漸消失，直到被吞入的細菌最後只負責提供宿主細胞很少量服務：在細菌變成粒線體這個例子裡，這服務就是生產能源。

粒線體帶給細胞最大的厚禮，同時也是粒線體讓細胞從此可以快速演化的關鍵，就在於它們帶來早已準備好可以製造能量的內膜，以及整套可以就地調節呼吸作用的基因。只有當細胞裝備了粒線體之後，它才可能自我升級成為大而活躍的吞噬細胞，而免於因為過多的能量消耗而絆手絆腳。如果上面的推論都正確，那麼缺少粒線體的原始吞噬細胞應該從來不曾存在，因為沒有粒線體就不可能有吞

＊技術上來說，體積愈大，表面積對體積的比例就愈小，因為面積以平方增加，而體積以立方增加。長度變成兩倍則表面積會變成四倍（2×2＝4），但是體積會變成八倍（2×2×2＝8）。這會造成的結果就是細菌長愈大，能源效率就愈差，因為用來產生能源的膜面積比起細胞增加的體積來說會變小。

噬作用＊。兩個細菌之間的結盟，可以解除讓細菌永遠只是細菌的能源封印。一旦這道封印解開，細菌就可能可以嘗試一種全新的生活方式，也就是利用吞噬作用。真核細胞只演化過一次的原因，正是因為兩種原核細胞間的這種結盟關係，也就是一顆細胞進入另一顆細胞的結盟方式，實在是太罕見了，這是如假包換的「命運邂逅」。所有今日我們珍視的生命特質，所有世上的奇妙美好萬物，其實都是源自於一次同時包含了偶然與必然的單一事件而已。

在本章開始之初我曾提過，只有當我們體悟了用來定義真核細胞特徵——也就是那顆細胞核的重要

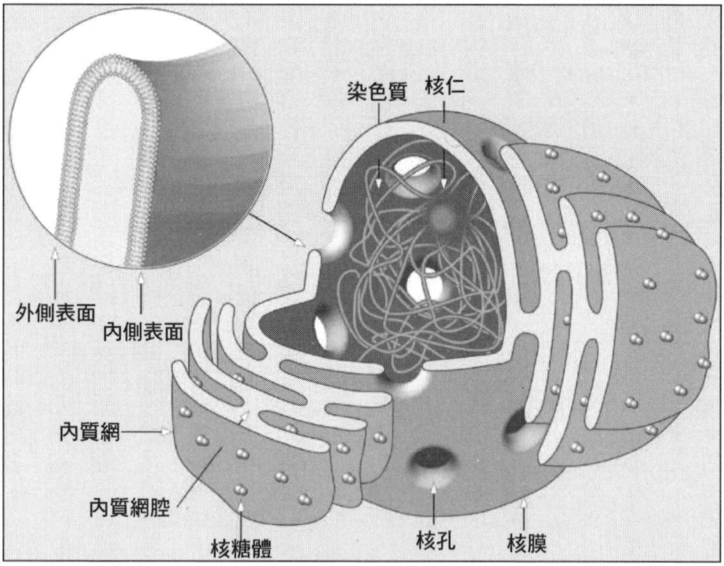

圖4.6　核膜的構造，圖中顯示核膜會與細胞裡其他膜狀構造連接在一起（特別是內質網）。核膜就是由這些囊泡結合在一起所形成。核膜在結構上跟任何細胞外膜都沒有相似處，這代表說核膜的起源，並不是來自一顆細胞生活在另一顆細胞裡面。

性，我們才可能了解或解釋真核細胞的起源。現在該是時候來談談細胞核，做為本章的結尾。

科學家對細胞核的起源，就像對細胞本身的起源一樣，也有各種理論跟想像，從最簡單像是細胞膜上冒出了一個小泡，到複雜如來自一整顆被吞入的細胞都有。不過大部分的假設往往在一開始就被摒除了。比如說，大部分的理論首先就不符合核膜的結構。細胞核膜並不像外面的細胞膜，是一整片連續而平滑的膜；它比較像是一堆被壓扁的小囊，連接著細胞裡面其他的膜狀構造，同時上面還布滿謎一般的孔洞（見**圖4.6**）。剩下的理論也無法解釋為什麼細胞有核會比沒有核要好。最標準的答案就是細胞核可以「保護」基因，但接下來的問題就是，要「保護什麼東西」？小偷還是強盜？如果說細胞核真的有某些選汰上的普遍性優勢，比如說免於分子上的傷害，那為什麼細菌從來就沒有發展出細胞核呢？而我們已經提過有些細菌也發展出內膜構造，應該可以當作細胞核來用。

既然現在還沒有任何確切的證據，我要在這裡介紹另一個優秀而充滿想像力的假說，這是我們在

---

*我曾經在全世界巡迴演講提倡這個主張，到目前為止都還沒有遇到可以駁倒我的反證。所有批評裡最強力的反駁，該算是卡瓦里爾史密斯所提出的，他指出今日仍有少數真核細胞可以不需要粒線體仍能行吞噬作用。但是我不認為這些吞噬細胞的存在可以否決這理論，因為最強的天擇壓力其實非常不利於那些只靠外膜呼吸的原核細胞。反過來說一旦吞噬細胞出現，它比較有可能在各種不同的情況下削弱自己的能力，這種過程稱為還原式演化，在寄生蟲身上非常常見。叫一個演化完全的吞噬細胞在特定情況下丟掉粒線體，變得像寄生蟲一樣，比起叫一個原核細胞在沒有粒線體的幫助下演化成吞噬細胞，前者應該要容易多了。

第二章介紹過的天才雙人組：馬丁跟庫寧所提出的。他們的假設同時解釋了兩個問題，一個是專門解釋為什麼一個嵌合體細胞會需要演化出細胞核？特別是這種一半細菌一半古細菌的嵌合體細胞（我們剛說過這最有可能是真核細胞的始祖）。這假說同時也解釋了為何幾乎所有的真核細胞的核裡面，都塞滿了一大堆毫無用處的ＤＮＡ，而不像細菌的那樣簡潔。我認為我們需要尋找的正是**這種**想法，儘管它未必正確，但是它確實提出了許多原始真核細胞所會面臨的問題，而它們一定要想出辦法解決才行。這些假說好似在科學裡面加了些魔術，我希望他們是對的。

馬丁跟庫寧思考的，正是真核細胞「支離破碎的基因」這令人費解的結構，這可以算是二十世紀生物學上最讓人驚訝的事情之一。真核細胞的基因不像細菌的基因排列連續又有條理，它們被許多冗長的非編碼序列分割成為一小段一小段。這些非編碼序列又稱為**內含子**，關於它們的演化歷史，長久以來一直困擾著科學家，直到最近才有了一線曙光。

雖然各個內含子之間有許多差異，不過現在透過辨認共有的序列後，可以知道它們的來源都是某一種**跳躍基因**，這種基因會瘋狂地複製自己，然後感染其他基因體，是一種自私的基因。它們的把戲其實也很簡單，當一個跳躍基因被轉錄成為ＲＮＡ時（通常都是附屬在其他序列裡面一起跟著被讀出），它會自動摺成特殊的形狀，變成具有ＲＮＡ剪刀的功能，可以把自己從長段序列上剪下來，接著以自己為模板，不斷地把自己複製成ＤＮＡ。這些新的ＤＮＡ序列隨後會或多或少任意地插回基因體裡，變成自私基因的眾多複製品。跳躍基因有很多不同種類，都是同樣模式的各種不同變型。人類基因體計畫跟其他的大型基因體定序計畫，可以證明這些跳躍基因在演化上之成功，實在讓人咋舌。人類基因體幾乎有一半都是完整的跳躍基因或是衰退掉的（突變的）殘餘片段，總計來說，人類全部的基因裡大致有三類這種自私的跳躍基因，不管是死是活。

就某方面來說，死掉的跳躍基因（就是突變到一定的程度然後完全失去功能，因而無法跳躍）比活著的跳躍基因危害更大。至少，活著的跳躍基因會把自己從ＲＮＡ序列上切下來，而不至於造成任何實質上的傷害。而死掉的基因呢？它不會切掉自己，所以會進入正常程序擋路。如果這段基因不會切掉自己，那宿主細胞就要想辦法除去它，不然它會跟著進入蛋白質製造程序，接下來就是大災難。早期真核細胞剛演化出來的時候，確實發明了一些機制來切掉不想要的ＲＮＡ。這些機制很有趣，細胞其實只是利用跳躍基因自己的ＲＮＡ剪刀，然後包上一些蛋白質就成了。所有現存的真核生物，從植物到真菌到動物，都在使用這些古老的剪刀，來切掉不想要的非編碼ＲＮＡ序列。因此，現在我們看到了真核細胞裡面極為怪異的情況，就是真核細胞的基因體裡面，綴滿了由自私的跳躍基因製造出來的內含子。每一次細胞讀取一個基因的時候，就用從跳躍基因偷來的ＲＮＡ剪刀，把這些不要的片段從正常ＲＮＡ序列上剪掉。問題是，這些古老的剪刀速度稍嫌緩慢，而這正是為什麼細胞需要細胞核的原因。

總的來說，原核細胞無法忍受跳躍基因或是內含子這種東西。原核細胞的基因跟製造蛋白質的整套機器之間並沒有區隔。在沒有核的情況下，製造蛋白質的小機器（核糖體）是直接跟ＤＮＡ混雜在一起的，基因在被轉錄成ＲＮＡ的同時也被轉譯成蛋白質。問題就是，核糖體轉譯蛋白質的速度奇快無比，但是ＲＮＡ剪刀切掉內含子的速度就慢了，當剪刀正在剪去內含子的時候，細菌的核糖體早就製造出好幾套夾雜內含子而功能不良的蛋白質了。細菌如何讓自己免受跳躍基因跟內含子之害，至今仍不完全了解（或許是透過整個族群的負選擇），但是事實就是它們辦到了。大部分的細菌幾乎都剔除了所有的跳躍基因跟內含子，只有少數細菌（包含粒線體的祖先）還帶有一些。這些細菌的整個基因體裡面，大概只有三十幾個跳躍基因拷貝，相較之下真核細胞的基因體裡，可是有上千到上百萬套亂糟糟的拷貝。

真核細胞的嵌合體祖先似乎屈服於來自粒線體的跳躍基因大入侵。我們會知道是因為看起來事情就是如此。真核細胞裡的跳躍基因，在結構上跟細菌體內發現的少數跳躍基因十分相似。尤有甚者，絕大部分真核生物相同基因的內含子，都插在同一個位置，從變形蟲到薊花如此，從蒼蠅到真菌到人類亦是如此。根據推測，這很有可能是早期跳躍基因大入侵時，不斷地複製自己散布到全基因體中，但是後來因漸漸衰退而死去，結果就在真核細胞共同祖先的基因體裡留下了這些固定的內含子。但是為何當初跳躍基因會在早期的真核細胞裡，造成這種大混亂呢？一個可能的原因是，當初真細菌的跳躍基因，在古細菌宿主體內四處跳來跳去的時候，古細菌宿主細胞根本無法處理這些東西。另一個原因則可能是早期嵌合體細胞族群還太小，所以也無法像大型細菌族群，可以利用負選擇來剔除有問題的個體。

不管原因是什麼，最早的真核細胞始祖現在要面臨一個難解的麻煩。它被大量的內含子侵擾，而因為RNA剪刀切去它們的動作不夠快，很多內含子已經開始製造出一堆蛋白質了。這不必然會造成細胞死亡，因為無用的蛋白質最終還是會被分解掉，而慢速剪刀最終也還是會完成工作，讓細胞開始製造好的蛋白質。不過就算不死，這必定也是極為可怕的災難。而解決之道就在眼前。根據馬丁與庫寧的想法，要重建秩序最簡單的方法，就是確保RNA剪刀有足夠的時間，可以在核糖體開始製造蛋白質以前，把工作做完。換句話說，就是要確保帶著內含子的RNA，會先經過剪刀的篩選，然後才送給核糖體。對細胞而言，只要區隔體內空間，把核糖體跟鄰近的DNA分開，就可以賺到足夠的時間。要用什麼呢？就是用有大洞的膜！只要徵召現成的膜把基因包在裡面，然後確保上面有足夠的洞可以把RNA送出去，這樣一切就完美了。因此，用來定義真核細胞的那顆細胞核，完全不是為了保護基因用的，根據馬丁與庫寧的說法，那是用來跟細胞質裡的蛋白質製造工廠分開的。

這個解決之道看起來是有點粗糙撿現成的意味（不過就演化的觀點來看，這是資產），但是它馬上就現出優點了。一旦跳躍基因不再構成威脅，內含子就變成一個好物。其中一個原因是，它讓基因可以用不同而新鮮的方式組合起來，拼貼出各種有潛力的蛋白質，而這正是今日真核細胞基因的一大特色。如果一個基因被內含子分隔成五段，隨著切掉內含子方式的不同，我們可以用同一個基因做出好幾種相關的蛋白質。在人類基因體裡面大約只有兩萬五千個基因，用這種方法卻可以做出至少六萬種不同的蛋白質，多麼豐富的變化呀！如果說細菌是終極保守者，那內含子就讓真核細胞變成不懈的實驗者。

跳躍基因帶來的第二個好處，就是讓真核細胞擴充它的基因體。一旦適應了吞噬細胞的生活型態，真核細胞就不再陷於細菌生活那樣永無止境的勞役，不必堅持瘦身只為快速繁殖。真核細胞不再需要跟細菌競爭，它只要在閒暇的時候吃一下細菌消化它們即可。一旦不需要快速繁殖，真核細胞就可以開始累積DNA直到難以想像的複雜地步。跳躍基因幫助真核細胞擴充基因庫到數千倍於細菌基因庫的大小。雖然大部分的DNA跟垃圾沒什麼兩樣，有一些卻可以吸收成為新的基因或是成為調控基因。愈複雜的東西多少一定會有些附加作用。

所以如此下去複雜的世界或人類意識之類的東西幾乎是無可避免。世界從此一分為二，有永恆的原核細胞也有繽紛的真核細胞。從一個轉型到另外一個的過程不太像是漸進式演化，並非由無限大的原核細胞族群，嘗試各種可行的變化，慢慢累積而成。當然龐大的細菌族群仍然在探索各種可能的生存之路，但是囿於能量跟尺寸不能兩全，它們永遠都是細菌。只有偶爾發生罕見的事件，讓兩個原核細胞互相合作，透過一個住在另外一個裡面，才可以打開這個死結。這是一場意外。新誕生的嵌合體細胞也會面臨一堆問題，但它同時也獲得了寶貴的自由，那是不必擔心能源不足而綁手綁腳的自由，也是變成吞噬細胞而打破細菌生命輪迴的自由。在面對跳躍基因大感染之時，細胞無意間找出的解決方案，不只做出了細胞核，同時還讓它們傾向蒐集ＤＮＡ，經過無限的重組，造就了我們四周神奇的生命世界。這又是另一個意外。這個了不起的世界，似乎就是兩個意外的產物。命運之絲如此脆弱，我們能在這裡真是無比幸運。

第五章　性

地球上最偉大的樂透獎

愛爾蘭劇作家蕭伯納一生有無數的趣聞軼事，其中一則故事是關於在某場晚宴上，一位漂亮的女演員前來調情*。「我想我們應該生個小孩才對，」據說那個女演員如此向他建議，「因為如此一來這個幸運的小孩就會兼有你的頭腦跟我的外貌。」「啊，」蕭伯納有點狡獪的回答說，「但是如果不巧這小孩有我的外貌跟妳的頭腦，那怎麼辦？」

蕭伯納是對的。對於眾多已知的成功基因來說，性是最詭異的隨機產生者。或許也只有性的隨機力量可以創造出聰明的蕭伯納或是美艷的女演員，然而一旦進一步製造出兩者的優勝混合體之後，性又會馬上把它們拆解掉。有個無害但臭名遠播的組織：諾貝爾精子銀行，恰好可算落入這個圈套的代表。它曾邀請諾貝爾獎得主，美國生化學家瓦爾德貢獻他那些得獎精子，結果被婉拒。瓦爾德說，精子銀行所需要的並非他本人的精子，而是他父親那種人的精子：一個一貧如洗的裁縫師移民，從外表

---

*有人傳說這位女演員應該是康貝爾夫人，當時英格蘭最有名卻也最聲名狼藉的女演員。蕭伯納後來在喜劇《賣花女》中為她寫了杜麗德一角。還有人說她是現代舞大師鄧肯醜聞中的母親。但其實這故事本身可能根本只是謠言。

完全看不出有可能是孕育天才的搖籃。「我本人的精子對世界有什麼貢獻？」這位諾貝爾獎桂冠如此問道，「就兩個吉他演奏者而已。」天才，或者廣義的來說，聰明的特質，絕對是可以遺傳的，也就是說它們受到基因的影響大於環境的影響。但是性卻會讓這一切都變得像難以預料的大樂透一樣。

所有人都看得出來性這位魔術師（以繁殖的面貌出現在我們面前），有這種製造變化的超能力，每一次都可以從大禮帽裡拉出不同物品。然而當遺傳統計學家細細檢視這個現象之後，從變異的角度來看，卻難以理解這種變異真的會是件好事。為什麼要打破優勝的組合？大自然為什麼不直接就複製它？複製一個莫札特或是蕭伯納或許會因太過企圖扮演上帝而讓世人震驚，因為這嚴重挑戰了人類過度膨脹的自尊，不過這其實也不是遺傳學家想做的。科學家的想法其實頗為世俗，那就是由性所製造出毫無節制的變異，其實很有可能直接導致悲劇、疾病或死亡，而完完全全的複製品卻不會。複製的話，因為會保有經天擇淬鍊後的成功基因組合，往往才是最佳賭注。

舉個簡單明瞭的例子，想想看鐮狀血球貧血症好了，這是一種嚴重的遺傳性疾病，病人的紅血球會扭曲成僵硬的鐮刀狀，所以無法擠壓通過細小的微血管。造成這種疾病的原因，是因為病人同時遺傳到兩個「壞的」基因。或許你會問，為什麼天擇不把這個壞基因篩選掉呢？因為事實上，如果只遺傳到一個「壞的」基因是有好處的。如果我們從父母那裡各得到一個「壞的」基因跟一個「好的」基因，我們不但**不會**得到鐮狀血球貧血症，也比較不容易得到瘧疾（瘧疾是另外一種跟紅血球有關的疾病）。一個「壞的」基因會改變紅血球表面細胞膜的結構，讓引起瘧疾的寄生蟲難以進入感染，但是卻不會讓細胞扭曲成有害的鐮刀狀。唯有複製（也就是說，透過無性生殖來繁殖）才可以將這種有益的混合基因型每一次都順利傳給下一代，而性，卻會無動於衷地把基因傳來傳去。假設有一對父母，兩人都帶有這種有益的混合基因型，那麼他們的孩子們有一半可以遺傳到混合基因型，而有四分之一會遺傳到兩個「壞的」基因，這會讓他們得到鐮狀血球性貧血。剩下的四分之一會遺傳到兩個「好的」基因，因為瘧疾是由蚊子傳播，而如果他們住在有蚊子的地方（也就是地球上大部分的地方），那就會讓他們成為容易得到瘧疾的高危險群。換句話說，過大的變異會讓整個族群至少一半以上暴露在嚴重疾病的威脅下。所以，性，是有可能直接摧毀生命的。

這還僅僅只是一小部分性的害處而已。事實上，性造成的損害清單可以一直列下去，若看到它的長度，我想任何正常人都不會覺得這是好事。戴蒙曾經寫過一本書名為《性趣何來？》，卻很奇怪地略過這個問題不答。他一定覺得答案其實十分明顯，如果性不好玩的話，那應該沒有任何正常人會躍躍欲試，這樣的話我們又會變成什麼樣子？

讓我們就假設蕭伯納當時把警惕當成耳邊風，大膽的試試自己的手氣，在小孩的頭腦跟外表上賭一把。我們也可以合理假設（這假設雖不公平但可清楚解釋）那位傳說中的女演員，真的過著維多利亞全盛時期，她這種職業的人傳聞中的生活。她或許有性病，比如說梅毒。這兩人相遇時抗生素還沒出現，梅毒仍然在貧窮的士兵、音樂家與藝術家之間肆虐，這些人經常在夜晚造訪那些同等貧窮的可憐煙花女子。在那個年代，因梅毒感染而發瘋致死的人如尼采、舒曼跟舒伯特是如此讓人印象深刻，宛若對輕微踰矩性行為之嚴重懲罰。而在那個時候，所有的治療方法像是使用砷或是汞所帶來的痛苦，可不比疾病本身小到哪兒去，彼時有句諺語說，一晚耽溺在女神維納斯臂彎裡，終生被囚禁於水銀之星上（在抗生素發明以前，含水銀藥劑幾乎是治療梅毒的唯一有效方法，副作用則是汞中毒，故有此諺）。

當然，梅毒只是所有惱人的性病其中之一，其他更致命的性病如愛滋病，今日在全球各地的盛行率更是不斷飆高。愛滋病在非洲撒哈拉以南地區的竄升程度，讓人既震驚又憤慨。當我在寫本書之時，感染愛滋病的非洲居民已高達兩千四百萬左右，它在青年人族群中的盛行率約是百分之六，在感染最嚴重的國家盛行率甚至會超過百分之十，並且讓全國的平均壽命短少超過十年。當然這種危機是由許多因素共同造成，比如不足的醫療資源、貧窮以及同時感染其他疾病如結核病等共病現象，然而最大的問題還是在於不安全的性行為＊。但不管致病原因為何，這問題嚴重的程度剛好讓我們對於性所造成的蠢事有個概念。

現在再回到蕭伯納的故事，與女演員發生危險的性行為，可能會生下集父母缺點於一身的小孩，同時讓蕭伯納自己得病甚至發瘋。不過他也會得到一些好處，而不像大多數我輩之流的芸芸眾生。當女演員追求他的時候，蕭伯納已經是一位有錢的名人，這代表他特別容易產生緋聞，說白一點，更容易產生小孩。至少，接受性行為，他的基因有機會在時間長河中流傳下去，而不必像其他大多數人一樣，因為遍尋不到終生伴侶（甚或只是一夜春宵）而煩悶苦惱著。

我並不擬在這裡討論已經吵得過於火熱關於性的政治議題。不過很明顯的是要找到伴侶需要成本，因此把自己的基因傳下去也要成本。我所指的不是經濟上的成本，雖然這種成本對於那些剛起步要付初次約會帳單的人，或是對那些跌跌撞撞要安排離婚費用的人來說，再現實不過了。我所指的成本，是那些花在滿滿的徵友啟示與如雨後春筍般冒出的交友網站上，無數的時間與情感。但是其實真正巨大的成本，也就是生物上面的成本，今日人類社會恐怕難以理解，因為它們已被掩蓋在各種文化與禮節之下。如果你對這點有所懷疑的話，只要想想看孔雀的尾羽就好。那些華麗的羽毛，象徵著雄性的生殖力與適應力，其實對於生存來說危害甚大，一如其他眾多鳥類求偶時所露出的多彩羽毛。或許所有例子裡面最極端的要算是蜂鳥了。蜂鳥看起來很出鋒頭，但是地球上三千四百多種蜂鳥都要面臨配對的成本，並不是與另一隻蜂鳥配對（這毫無疑問的也很難），而是幫開花植物配對。

植物因為根著於一個定點，本來應該是最不可能行性生活的生物才對，然而地球上絕大多數的植物卻都是實實在在的有性生殖生物，只有蒲公英與少數種類植物才對性不屑一顧。大部分的植物都發展出自己的策略，其中最戲劇化的，莫過於各種精巧的開花植物，它們從約八千萬年前開始布滿世界各地，把原本單調無趣的綠色森林如魔術般地染成今日我們熟知的自然景觀。不過開花植物其實很早就演化出來了，約在侏羅紀晚期，也就是距今約一億六千萬年前。但是它們卻要等很久之後才占領全球，並且開始跟後來才出現的昆蟲傳粉者，像是蜜蜂等緊密地結合在一起。花朵對於植物來說是純粹就只是成本。它們必須要用各種誇張的顏色跟形狀，以及甜滋滋的花蜜去吸引傳粉者（花蜜有四分之一的重量都是糖），讓牠們願意光顧，同時藉由牠們把花粉適切的分布出去：這範圍不能太近（否則近親繁殖就失去性的意義）也不能太遠（否則就沒有傳粉者能幫它們尋找伴侶繁殖）。既然這取決於傳粉者的選擇，花朵跟傳粉者的演化命運因此連在一起，端看彼此要付出的成本跟獲得的利益而定。

＊在烏干達這個少數扭轉局勢的非洲國家裡，愛滋病的盛行率在十年之內已由百分之十四降至百分之六，而絕大部分可以歸功於較充足的公共衛生資訊。他們所傳達的訊息原則非常簡單（實踐上是另一回事），那就是避免不安全的性行為。烏干達提倡簡單的一二三：一要禁欲，二要忠誠，三要使用保險套。有一項研究指出，第三點才是導致成功的最大功臣。

不過恐怕沒有其他傳粉者需要為植物靜態的性生活付出像蜂鳥這樣極端的成本了。

蜂鳥的體型一定要小，因為再大的鳥類就無法維持懸停在空中的飛行，藉此深入細長的花朵中，為了如此飛行，蜂鳥的翅膀每秒要拍擊五十次。微小的體型加上為了懸停飛行所需的龐大代謝速率，代表蜂鳥必須發了瘋似的進食。牠每天需要造訪數百株花朵，攝取超過自己體重一半以上的花蜜。如果強迫蜂鳥長時間停止進食（約數個小時），牠就會陷入如同冬眠般的昏迷狀態。心跳與呼吸速率會降至比平常睡眠時還慢，而體內的中心溫度卻會無止盡地下滑。牠們受到花朵的魔法藥水所誘惑，過著一種如奴隸般地生活，必須無休無止地在花朵間移動散布花粉，否則就會陷入昏迷狀態，而很有可能死亡。

如果你覺得這還不夠糟，那性這檔事裡還有一個更難理解的謎。找到一個伴侶所花的成本，根本無法與維持一個伴侶所需的成本相比。那可是差勁透了的雙倍成本。有些憤怒的女性主義者會抱怨說這世上根本不該有男人，其實非常有道理。老實說，男人的的確確是一種巨大的成本，而一個能想出辦法讓處女生子的女人則會是了不起的聖母。雖然有些男人試圖舉例證明男性存在的意義，比如像是分攤養育責任或是提供資源等等，但是也有一樣多的例子可以證明從低等生物到人類社會中，男性往往是打完炮就走人。儘管如此，懷孕的女性還是很公平的生下兒子跟女兒。她所有的努力將有一半要浪費在把忘恩負義的男性帶到這個世界，然後他們只會讓問題變得更糟。在任何一個物種中的任何一隻雌性動物，假如可以不受限於需要雙親，可以永遠不需要雄性而自行解決繁殖問題的話，她將可以提高一倍的生育成功率。一個靠複製雌性來繁殖的族群，每一代都可以將族群數目增為兩倍，然後在幾代之內就可以完全消滅依賴有性生殖的親戚。從純粹計算的觀點來看，一隻自我複製的雌性個體，可以在五十代之後就超過一百萬個透過有性生殖繁殖的個體。

如果從細胞的角度來看這件事，那透過複製，或者說透過處女生子繁殖，是細胞一分為二。而有性生殖則恰恰反其道而行。它需要一個細胞（精子）與另一個細胞（卵子）結合形成一個細胞（受精卵）。兩個細胞合而為一，對複製來說這是退步。反應在雙倍成本上的就是細胞裡面的基因數。每一顆生殖細胞，不論精或卵，都只會傳百分之五十親代的基因給下一代。只有當細胞結合的時候基因數目才會恢復。從這個角度來看，任何一個個體，如果有辦法可以透過複製，把自己的基因百分之百傳給下一代，那就可以算是內建了雙倍優點。因為這樣一來每一株細胞傳給下一代的基因數，都會是有性生殖細胞的兩倍，這株細胞的基因應該可以很順利地傳遍全族群，最終取代有性生殖者的基因。

有性生殖還有更糟的事。只傳一半基因給下一代，等於開了一扇大門給各式各樣可能來搗蛋的自私基因＊。從理論上來講，性行為讓所有的基因都有百分之五十的機率被傳給下一代，但是從現實的角度來講，這只會讓某些基因更有機會作弊：為了自己的利益而傳給超過百分之五十的下一代。這可不只是理論上會發生，而是確確實實正在發生。有許多例子顯示了衝突存在基因之間，存在於破壞規則的寄生性基因，與其他大多數遵循規則而聯合起來對抗它們的基因之間。有些基因會殺死不含它們的精子，甚至殺死不繼承它們的子代；有些基因會讓雄性不孕，也有基因會讓來自其他親代的對手基因失去活性；還有跳躍基因會不斷在整個基因體中自我複製。許多生物包含我們人類的基因體裡面，

＊附帶一提，這是道金斯在《自私的基因》一書中所預測的行為，而自從這理論誕生以來，它的發展已經遠超過道金斯當初的洞見了。

都塞滿了跳躍基因的殘骸，我們在第四章看過，它們以前曾在整個基因體中到處自我複製。人類的基因體現在是死去跳躍基因的墳墓，至少有一半的基因體都是退化後的跳躍基因殘骸。其他的基因體還有更糟的，好比說麥子的基因體裡有百分之九十八都是死掉的跳躍基因，這可真是令人難以置信呀。相反的，大部分依靠自我複製來繁殖的物種，它們的基因體都十分苗條，顯然不容易受到跳躍基因或類似東西的侵擾。

總結來說，用有性生殖作為繁殖方式看起來幾乎沒有贏面。一些有想像力的生物學家或許會認為有性生殖中某些獨特的現象可以證明它們是有利的，但我們其他大部分人在親眼目睹性的各種古怪現象後，卻不得不用一種面對奇特異國風俗的好奇心來看待它。跟處女生子相比，它要妳付出兩倍的成本；它助長自私的寄生基因擴展到甚至癱瘓整個基因體的程度；它在你身上加上尋找伴侶的重擔；它會傳染最可怕的性病；它還會持續不斷地摧毀所有最成功的基因組合。

然而儘管如此，性卻惡作劇似的分布在幾乎所有複雜的生物之間。幾乎所有的真核生物（就是那些由有核的細胞所組成的生物，請見第四章），至少在生命中某些階段裡，都會沉迷於性行為。而絕大多數的動物跟植物更是**非性不可**，也就是說像我們一樣，一定要靠性來繁殖。這絕不能只用怪癖來看待。誠然無性生殖的物種（也就是僅靠複製的物種）十分稀少，但是其中有一些倒是相當常見，像蒲公英。不過最讓人驚訝的是，這些複製株都屬於比較新的物種，一般說來它們只出現了數千年而非數百萬年。它們從生命樹上的末梢發展出來，接著毀滅。其中許多物種會重新開始複製，但卻絕少發展成為成熟的物種：它們常常就這樣無緣無故地消逝。只有很少數已知的物種是數千萬年前就演化出來，然後漸漸發展成一支龐大的親戚家族。這些罕見的物種像是蛭形輪蟲，可算是生物學家眼中的知名人物，堅貞而特立於這個沉溺於性的濁世中，一路走來宛如一群穿越紅燈區的和尚。

這樣看來，如果性真的是件非幹不可的蠢事，是一種荒謬的存在，那麼無性的生活結果似乎更糟，因為在大多數的例子裡它只會招致滅亡，更像是荒謬的不存在。因此，性一定有一個極大的好處，好到讓我們不顧危險義無反顧地去做它。然而這個好處卻是出乎意料地難以評量，以至於性的演化成為二十世紀演化論問題中的**皇后**。看起來似乎是，沒有性的話，大型而複雜的生命幾乎不可能產生：我們很可能會在數代之後就開始衰變，一如Y染色體般毀滅性的退化。無論如何，性是區隔寂靜行星與自我變革行星之關鍵，它聚集了一群倔強而會自我複製的玩意兒（這讓我想起《老水手之歌》裡面說到成千上萬條滑膩的蠕蟲），同時也開展了充滿歡樂與光輝的世界。沒有性的世界將沒有男人、女人、蟲、魚、鳥獸發出愉悅的旋律，沒有艷麗顏色的花朵，沒有競技場般的競爭，沒有詩歌，沒有愛也沒有喜悅。這將會是一個無趣的世界。性絕對是生命中最偉大的發明之一，但它為什麼又是如何在地球上演化出來的呢？

達爾文是第一個開始去探討性的優點的人之一，而且一如以往，他是從實用性的角度來看。他認為性的好處基本上就是雜種優勢，由兩個沒有關係的父母所生下的後代將更強壯、更健康也更能適應，比起由有血緣關係的父母所生下的小孩，他們比較不容易發生先天性的疾病，像是血友病或是戴—薩克斯二氏症。這種例子很多，只消去看看早期歐洲王朝像是哈布斯堡家族，就可以觀察到過度近親繁殖所產生的病態結果，會產生大量的疾病與瘋子。對達爾文來說，性的目的是遠親繁殖，不過儘管如此，他還是跟自己的表親結婚，也就是那位完美無瑕的威治伍德夫人，之後還生了十個小孩。

達爾文的答案認為性有兩個優點，可惜卻局限於他當時對於基因一無所知。這些優點就是雜種優勢會立即產生效果，並且受惠於個體：也就是說遠親繁殖的後代比較健康，不容易早夭，所以你的基因比較有機會生存下來然後傳給下一代。這是一個很好的達爾文式回答，從廣義的角度來看有其重要性，不過我們晚一點再回來談（天擇在這裡作用在個體而非群體身上）。然而問題是，這個答案其實是在回答遠親繁殖的好處而非性本身的好處，所以其實連邊都搆不到。

還要再等好幾十年，直到二十世紀初，科學家重新發現了奧地利傳教士孟德爾當年對豌豆遺傳特徵所做的著名觀察，我們對性的作用機制才有比較正確的了解。我必須承認以前在學校的時候，我老覺得孟德爾的遺傳定律十分愚蠢，到了一個難以理解的地步，現在想起來還有一絲絲愧疚。但儘管如此，我還是覺得如果完全忽略孟德爾遺傳定律，會比較容易了解遺傳學的基本原理，因為孟德爾遺傳定律其實完全無視於基因跟染色體的真正構造。現在就讓我們把染色體想成是許多基因串在一條線上，這樣比較容易看清性到底是怎麼一回事，以及為什麼達爾文的解釋有缺陷。

如同剛才介紹過，性的第一步就是融合兩個生殖細胞，精子與卵子。每一個細胞都只帶有單套染色體，然後兩個細胞結合在一起重新形成完整的兩套染色體。這兩套染色體絕少一模一樣，而且通常染色體上「好的」基因功能可以蓋過「壞的」基因，這是雜種優勢的理論基礎。近親繁殖容易顯現出不良基因效果的原因是，如果父母親的血緣非常接近的話，你比較容易同時遺傳到兩個壞掉的基因。不過這是近親繁殖的缺點，而不是性的優點。雜種優勢說的基礎在於兩套染色體之間要略有差異而且彼此可以「互相掩護」，但是這原則一樣適用於每一對染色體都略有差異的複製生物，而不只局限在有性生殖的生物。因此，雜種優勢的好處源自於兩套略有差異的染色體，而非性本身。

性的第二步，也就是重新產生生殖細胞，而每個生殖細胞都只有單套染色體，這才是性的關鍵，卻也是最難解釋的部分。這個過程叫做**減數分裂**，若細細觀察的話，你會發現這個分裂過程實在既精巧又難懂。精巧的部分在於那些跳舞般的染色體，會各自找到它們的舞伴，緊緊擁抱在一起好一陣子，然後往細胞兩極退場，整個演出充滿了和諧與精確，如此地優美以至於早期用顯微鏡觀察的研究先驅們，幾乎不敢將視線移開，他們一次又一次調整染劑，來捕捉移動中染色體的身影，好像用老式木質照相機，來留下那些曾經輝煌的雜技團表演紀錄。難懂是因為這支舞中的每個步驟是如此複雜，很難想像會是那位最實用主義的編舞者，也就是我們的大自然母親的作品。

減數分裂這個詞源於希臘文，原文就是減少的意思。它始於每個細胞原來都有兩套染色體，結束於每個生殖細胞只帶一套染色體。這再合理不過了，如果有性生殖需要結合兩個細胞，來形成一個帶有兩套染色體的新細胞，那讓生殖細胞各帶一套染色體是最簡單的方法。但讓人吃驚的地方在於，減數分裂一開始竟然要先**複製**所有的染色體，讓每個細胞裡面先有四套染色體。這些染色體接下來會配對並混合，用術語來說這過程叫作「重組」，這會形成四套全新的染色體，其中每一條染色體都是東一點西一點拼湊出來的。重組才是性真正的核心，它造成的結果就是，一個原本來自父親的基因，在混合後雖仍位於相同的染色體位置上，但是旁邊卻坐了來自母親的基因。這個過程會在每一條染色體上重複很多次，而到最後染色體上基因的順序變成像是：父親—父親—母親—母親—母親—父親—父親。新形成的染色體是獨一無二的，不但彼此不同，更幾乎可以確定跟有史以來任何一條染色體都不同（因為交換的地方是隨機的，而且每次都不同）。最後，細胞分裂一次產生子細胞，然後子細胞再分裂一次，產生了四個**單倍體**子細胞，其中每一個都只有單套獨一無二的染色體，這就是性的本質。

所以現在很清楚，有性生殖所做的事，就是玩弄基因產生新的排列組合，而且是前所未有的組合。它會在整個基因體上不斷系統性地做這件事，這就像是洗一副撲克牌，打破之前的排列組合，以確保所有的玩家手上都有公平的牌。但是問題是，為什麼？

關於這個問題，最早在一九〇四年就由德國的天才生物學家魏斯曼，提出了一個即使在今日都讓大部分生物學家覺得十分合理的答案。魏斯曼可以算是達爾文的繼承者，他主張有性生殖可以產生較大的變異，讓天擇有更多機會作用。他的答案跟達爾文十分不同，因為他的答案暗示了性的好處並不針對個體，而是針對群體。魏斯曼說，性就好像亂丟各種「好的」跟「壞的」基因組合。雖然「好的」基因組合會讓個體直接受益，但是「壞的」基因組合一樣直接傷害個體。這也就是說，對於任一世代中的個體而言，性並沒有好處或壞處，但是魏斯曼認為，整個族群卻會因此進步，因為壞的組合會被天擇消滅，最終（經過好幾個世代後）會留下各種最好的排列組合。

當然，性本身並不會為族群引進任何新的變異。沒有突變的話，性就只是把現存的基因傳來傳去然後移走壞的基因，這樣最終會減少基因變異性。但如果在這個平衡中加入一些些小突變的話，如同在一九三〇年偉大的統計遺傳學家費雪爵士所示範過的，性的好處就變得非常明顯。費雪認為，因為突變的機率很低，所以不同的突變比較容易發生在不同人身上，而不會發生在同一個人身上兩次。這道理就像是閃電往往會打在兩個不同人身上各一次，而不會打在同一人身上兩次（但是不管是突變或是閃電，其實都會打在同一人身上兩次）。

為了闡明費雪爵士的理論，讓我們假設一個靠複製的族群裡，產生兩個有益的突變，這些突變會如何傳播？答案是它們只能各自擴張，或者向沒有突變的那些個體擴張（見圖5.1）。如果這兩個突變都同等有益，那兩者在整個族群中的分布最後可能會成為五五波。很重要的是，沒有任何一個個體，可以同時享有兩個突變帶來的好處，除非第二種突變再次發生在已經有了第一種有益突變的個體身上，也就是像閃電打中一個人兩次。這情況發生的頻率，端視突變的機率與族群的大小，來決定會常常發生，或是根本不可能發生；但是一般來說，在一個完全只靠複製繁殖的族群裡，有益的突變幾乎很少有機會集中到同一個個體身上*。相對來說，有性生殖卻可以在很短的時間之內將兩個突變結合在一起。費雪說，性的好處就是新產生的突變幾乎可以馬上就傳到同一個個體身上，讓天擇有機會去測試突變組合的最適性。如果這些突變確實有好處，那性就可以幫助它們快速地傳播到整個族群之中，讓這些生物更適合生存，同時加快演化的速率（見圖5.1）。

後來，美國的遺傳學家穆勒更在理論中導入有害突變的影響。穆勒因為發現X射線可以引起基因突變，而獲得一九四六年的諾貝爾生理與醫學獎。他曾在果蠅身上引起數千次的突變，因此比任何人都清楚，事實上大部分的突變都是有害的。對穆勒而言，有一個更深層的哲學問題徘徊於此：一個靠複製繁殖的族群，要如何逃離這種有害突變的影響呢？穆勒說，假設大部分的果蠅都有一到兩個基因突變，讓整個族群中只有少數基因「乾淨的」個體，那會發生什麼事？在一個小規模的單株複製族群

*從這個角度來講，細菌其實也不是全然單株複製的生物，因為它們會靠水平基因轉移的方式來從其他地方獲得基因。就這點而言，細菌的彈性其實遠大於無性生殖的真核生物。這種差異讓細菌可以很快地發展出抵抗抗生素的抗藥性，而這往往是水平基因轉移的結果。

裡，牠們將沒有機會逃離最適性衰退的命運，就像棘輪一樣永遠只能往一個方向旋轉。因為是否有機會繁殖，所依賴的不只是基因的最適性，還要靠運氣，也就是說，要在對的時間出現在對的地方。假設現在有兩隻果蠅，一隻有兩個基因突變，另一隻則沒有。如果突變的果蠅碰巧身處於食物豐富的地方，但是乾淨的果蠅卻不幸餓死，那麼就算突變的果蠅適應性較差，卻也只有牠的基因有機會傳給下一代。又或者假設這隻餓死的果蠅，是同類中唯一一隻沒有突變的，而族群中所有其他的果蠅都有至少一個突變。那在這種情況下，除非有一隻突變的果蠅又產生另一個突變

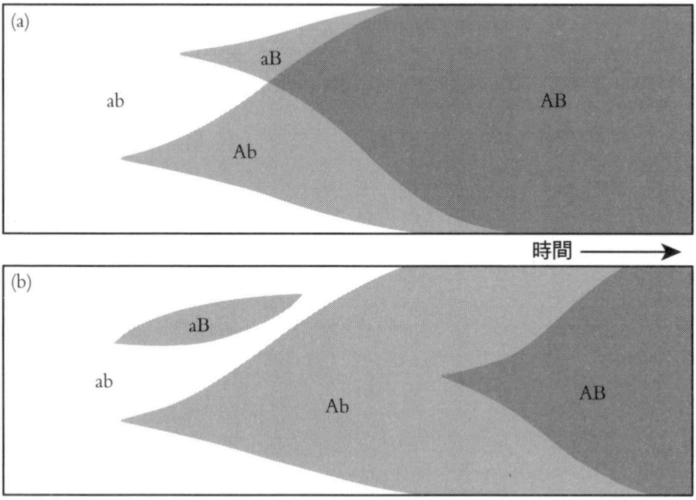

圖 5.1　在有性生殖（上圖）或無性生殖（下圖）的生物群中，新發生的有益突變傳播示意圖。在有性生殖的族群中，一個有益的突變把基因 a 變成 A，另一個突變把基因 b 變成 B，兩者很快地就會重組在一起產生最佳化的 AB 組合。如果沒有性的話，A 只能不顧 B 獨自擴張，反之亦然，所以只有 Ab 族群再發生一次突變產生 B 才可能產生最佳化的基因組合 AB。

把基因校正回來（而這可能性微乎其微），否則整個族群的最適性將會比之前整整降一級。這過程有可能一再發生，每一次都像棘輪旋轉一格一樣，最終整個族群將會衰退到無以復加直到滅亡，這個過程現在稱為穆勒氏棘輪。

穆勒氏棘輪依賴的是運氣。如果一個物種族群極大的話，那運氣的影響就變得很小，根據統計上的機率，最適者應該會生存。在規模龐大的族群裡，所謂暴虐命運的矢石（語出莎士比亞的戲劇哈姆雷特）將會被抵消。如果繁殖的速度快過新突變累積的速度，那麼整個族群可以安然被保存而不會受到棘輪旋轉的威脅。但反過來說如果族群規模較小，或者突變發生速度很快，那麼棘輪就會開始作用。在這種情況之下，單株複製的族群將開始不斷累積突變，然後衰退到無可救藥的地步。

而性可以解救這一切，因為有性生殖可以把所有未經突變的基因集中到同一個個體身上，重新創造出一個完美無瑕的個體。這道理就好像有兩輛壞掉的車子，假設一輛是變速箱壞了，另一輛是引擎壞了，那麼套用英國演化學家梅納德史密斯的譬喻法，性就好像修車技工一樣，可以把兩輛車子好的地方拼在一起把車子修好。但是性當然不像有知覺的修車技師，它也有可能把壞掉的部分拼在一起，結果修理出一輛完全不能動的拼裝車。這是很公平的，一如以往，因性的運作而受惠的個體永遠會抵消受害的個體。

在這個大公無私的有性生殖裡，唯一一個可能的例外條款，是由機靈的俄國演化遺傳學家康卓拉秀夫在一九八三年所提出的。康卓拉秀夫現在任教於美國密西根大學，他原本在莫斯科主修動物學，然後成為俄國莫斯科普辛諾研究中心的理論學者。藉由電腦的演算能力，他提出了關於有性生殖的驚人理論。這個理論有兩個大膽的前提，不過這兩個前提至今仍引起演化學者激烈的爭辯。第一個前提就是基因突變的速度要比一般人想像的快一些。根據康卓拉秀夫的假設，每一代中的每一個個體，都會產生至少一個以上的有害突變。第二個前提則是，大部分的生物都或多或少可以承受得了一個基因突變。只有當我們同時遺傳到許多突變的時候，才會開始衰退。舉例來說，如果個體的基因內建有一定程度的冗餘性，那這情況就有可能發生，就像我們少了一顆腎，一個肺，甚至一顆眼珠，都還可以活下去（因為備份器官還持續在運作），從基因的角度來看，那就是基因的功能也有一定程度的冗餘性，超過一個以上的基因可以做同一件事情，用來緩衝整個系統免受嚴重傷害。如果基因真的可以如此「互相掩護」，那麼單一基因突變就不會造成什麼傷害，而康卓拉秀夫的理論也就可行。

那這兩個假設如何幫我們解釋有性生殖呢？根據第一個假設，也就是高突變機率，代表了即使規模龐大的族群，也不能完全免於穆勒氏棘輪的運作，它們無可避免地還是會慢慢衰退，最後發生「突變引起的滅絕」。第二個假設則很聰明，因為它代表了如此一來，性可以一次剔除兩個以上的突變。英國生物學家瑞德利曾用一個很好的比喻來解釋，單株複製跟有性生殖就像聖經裡面的舊約與新約一般。瑞德利說，突變就像原罪。如果突變速率快到每一代都有一個突變（就好像每個人都是罪人），那麼要除去一個靠複製繁殖的族群裡的原罪，唯一的辦法就是毀滅掉整個族群，不管是用洪水淹沒他們，用硫磺烈火燒死他們，或者用瘟疫毀滅他們。但是反過來說，如果有性生殖的生物可以忍受數個突變而不受傷害（直到它們可以忍受的極限為止），那麼性就有辦法從表面健康的父親與母親那裡蒐集突變，然後全部集中到一個小孩身上。這就是新約聖經的辦法，耶穌為了所有人類的原罪而死，性也可以把全族群的突變累積到一個代罪羔羊身上，將他釘上十字架犧牲掉。

因此，康卓拉秀夫的結論就是，只有性才有辦法避免大型複雜生物因突變引起的滅絕。而無可避免的結論也就是，沒有性就不可能有複雜的生物。這雖然是很有啟發性的結論，不過卻不是每個人都同意。許多科學家還在爭辯康卓拉秀夫所提出的兩個假設，同時，不管是突變速率還是這些突變彼此之間的交互作用，都難以直接量測。若要說有什麼是大家都同意的，那大概就是康卓拉秀夫的理論或許可以解釋少數例子，但卻無法解釋舉世隨處可見大量的性行為。他的理論也無法解釋，性如何從單細胞生物中發展出來，因為這種簡單的生物還不需要擔心體型變大身體變複雜，也不必擔心那些原罪的問題。

現在，性對整個族群有好處，因為它可以把有利的基因組合集中在一起，也可以把不利的基因組合剔除。在二十世紀上半葉，一般普遍認為這個問題算是解決了，雖然費雪爵士對於他自己的理論還是持了一些保留意見。簡單來說，費雪跟達爾文一樣，相信天擇應該是作用在個體身上，而不會為了整個族群的利益著想。不過他卻覺得不得不為基因重組這現象做一些例外解釋，「可能是為了某些特定的利益而非為個體的利益而演化出來。」儘管康卓拉秀夫的理論確實主張性對大部分個體有利，只需偶爾犧牲一兩個代罪羔羊，但就算如此要看出性的好處也要等好幾代以後。它並不是真的在個體上累積紅利，至少從一般人的觀點來看不是。

費雪的疑慮持續暗中悶燒著，最後在一九六〇年代中期爆發出來。那時候演化學家們正努力想解開利他主義與自私基因之間的矛盾。許多演化學界的名人都投身其中，包括了威廉斯、梅納德史密斯、漢米爾頓、崔佛斯、貝爾跟道金斯等人，全都開始動手解答這個問題。現在情勢變得很清楚，在生物界很少有什麼東西是真正利他，如同道金斯所言，我們全都只是被自私基因所操縱的盲目傀儡，這些自私的基因只為自己的利益工作。可是問題就是，那從自私的觀點來看，為什麼那些作弊的行為沒有立刻勝出？為什麼會有個體願意犧牲對自己而言最佳的利益（靠複製繁殖），去換取那些只有在遙遠的未來，才看得出對物種有好處的累積紅利（基因的健康）？我們算是有遠見的了吧？但是連人類都很難為了自己子孫將來的利益而奮鬥，想想那些過度砍伐的雨林、全球暖化與人口爆炸等問題。那自私的演化又怎麼可能會把性所帶來的長遠族群利益，置於它的雙倍成本之前？更何況性還有那麼多顯而易見的缺點。

關於我們為何陷在性裡面，一個可能的答案是：性「很難不演化出來」。果如此，那麼性的短期成本就不是可以討價還價的了。這個論點確實有點道理。之前我提過，所有靠複製繁殖的物種都是最近才演化出來的，大約數千年前而非數百萬年前。這些無性生殖的物種很罕見，興盛一段時間之後就慢慢衰退，最終在數千年內滅絕，這正是我們所預期的模式。儘管偶爾有些無性生殖的物種可以發展到「繁榮」的地步，但是無性生殖物種卻從來沒有辦法取代有性生殖的物種，因為一直以來環境中無性生殖物種的數量都太少了。此外還有一些「意外性」但卻很充足的理由，來解釋為何有性生殖的生物很難回去過無性生殖的生活。舉例來說，哺乳類動物有一種現象稱為基因銘印（某些來自母系或是父系的基因被關掉），意思就是說子代一定要從父母雙方各繼承一份基因，否則就會無法存活。當然理論上可以藉由玩弄一些機制上的小把戲，來解除這種對性的依賴性，但是到目前為止還沒有哺乳動物放棄有性生殖。同樣的道理，針葉樹也很難放棄性生活，因為它們的粒線體由胚珠遺傳而來，但是葉綠體卻由花粉而來。想要存活的話子代一定要兩者都繼承，因此也就需要一對父母，所有今日已知的針葉樹都必須行有性生殖。

但是這論點就只解釋這麼多了。應該還有很多原因可以解釋性不只讓族群受惠，也對個體有直接的利益。首先，很多物種，如果我們把大量的單細胞生物也考慮進來的話，那可說是絕大部分的物種，都有**兼行**性生活，也就是偶爾沉迷在性行為中，即使頻率可以少到每三十代才來一次。事實上有些生物像是梨形鞭毛蟲，從來沒有被直擊過有性行為，但是它們卻保有全套減數分裂所需要的基因，所以或許當研究人員沒有在觀察時，它們會偷偷摸摸地尋找伴侶配對也不一定。這原則並不只適用於難以觀察的單細胞生物，在大型生物中也可以看到，像是蝸牛、蜥蜴或是禾本科的草，牠們也會隨著環境主宰而在複製與性生活之間轉換。很明顯地，牠們可以在想要的時候隨時回頭去複製繁殖，因此「因為意外而不得不」不是有性生殖的好理由。

還有一個類似理論用來解釋性的起源。當第一個真核細胞「發明」性生活時（見後節），在成群複製繁殖的族群裡應該只有很少數的細胞會行有性生殖。為了要傳播性行為到整個族群（從結果來看這是必然的，因為今日所有的真核細胞後代都會行有性生殖），經由有性生殖產生的後代一定要有某些優勢才行。換句話說，當初性可以傳播出去必定是因為它對個體有益，而不是只對整個族群有益。

美國生物學家威廉斯在一九六六年首先指出這件事實，那就是儘管要花雙倍的成本，性**一定**要對個體有益才行。過去一度被認為解決的問題現在又回來了，而且變得更複雜。要在一群無性生殖的族群裡面傳播性行為，有性生殖的個體，必須在每一代都產生比對手多一倍以上可以生存的後代才行。但同時我們也很清楚有性生殖機制的公平性：每產生一個贏家就有一個輸家，每產生一個好的基因組合就有一個壞的基因組合。能夠解釋這些現象的理論，一定要既大又小，既耀眼可見卻又捉摸不定，也難怪它吸引了生物學界最聰明的人。

威廉斯把重心從基因轉到環境，或者準確地來說，是生態學。他問：跟自己父母不同有什麼好處？答案是，當環境變遷的時候這點可能很重要，或者，當生物拓展領土、發展根據地、散播跟遷移的時候可能很重要。威廉斯的結論是，複製有如買一百張號碼一樣的樂透彩券，但是這不如買五十張彩券，每張號碼都不一樣，而這正是有性生殖所提供的解決之道。

這理論聽起來很合理，而且無疑地在某些情況中必定是對的。但不幸的在跟現實環境中蒐集的資料比較之後，這卻是眾多聰明理論中第一個被判定出局的。如果有性生殖是因應環境變動，那在環境變動無常的地方，像是高緯度或是高海拔，或是河水流動會不斷氾濫然後乾涸的地方，應該會發現較多的性行為才對，但是沒有。事實上在穩定與生物族群龐大的環境中，反而可見到較多有性生殖，像是湖海之中或是熱帶地區。一般來說當環境變遷的時候，動物或植物會追隨牠們喜好的環境，比如說當氣候變暖時往北遷，緊跟著消退冰層的腳步。要環境變異大到**每一代**子孫都要做些改變是非常罕見的。偶然的性行為似乎比較恰當，就像那些每三十代才有一次性行為的生物，既可以克服性的雙倍成本壓力，又不失去變異的能力。但是這卻不是我們隨處可見的情況，至少在大型生物像是動植物之間不是。

其他生態上面的理由，像是為了競爭生存空間，也都不符合觀察資料。但在這齣劇尚未落幕時，紅皇后登場了。如果你不知道她是誰，那容我介紹一下。紅皇后是英國作家卡羅在他的奇幻作品《愛麗絲鏡中奇緣》裡面中設定的一位超現實角色。當愛麗絲遇到她的時候，紅皇后正發足快速奔跑著，但是卻始終維持在原地哪裡也沒去。紅皇后告訴愛麗絲：「現在妳看到了吧？全力奔跑的目的是為了讓『自己』保持在原地。」一生物學家利用這句話來闡述不同物種之間永無止境的競爭，它們彼此不斷彼此對抗競爭著，但是誰也沒有真正領先過。這句話跟性的演化特別吻合*。

英國演化生物學家漢米爾頓在一九八〇年代初期，特別大力鼓吹紅皇后理論。漢米爾頓是位極度聰明的遺傳數學家，也是位自然學者，很多人認為他是自達爾文以降最傑出的達爾文主義者。在對達爾文的理論貢獻良多之後（比如說像提出親緣選擇理論來解釋生物的利他行為），漢米爾頓開始對寄生蟲著迷。然而很不幸的，他自己最後卻成為寄生蟲的獵物。一九九九年他勇敢地前往剛果冒險尋找帶有愛滋病毒的黑猩猩時，不幸感染瘧疾，最後在二〇〇〇年過世，得年六十三歲。他的同儕崔佛斯在科學期刊《自然》上面寫了一篇感人的訃聞，稱漢米爾頓有「我所見過最細緻而多層次的心靈。他的言論常常有雙重甚至三重意義，而我們一般人只用一層意義在說話或思考。他的思考方式有如和弦一般。」

在引起漢米爾頓極度的興趣之前，寄生蟲一直是聲名狼藉的。這都是受到維多利亞時期頗負盛名的英國動物學家藍開斯特的影響（他同時還認為，西方文明降臨普及這世界是人類命中注定），寄生蟲一直被公認為是演化中卑劣的退化產物。不幸的是藍開斯特的陰魂，在他死後一個世紀仍徘徊在動物學界。在寄生蟲學領域之外，甚少有其他科學家甘願相信寄生蟲具有精巧複雜的適應力，因此完全無視於寄生蟲學家數十年的研究所揭露的各種證據。寄生蟲可以改變它們的形狀跟特性以適應不同的宿主，它們在尋找感染目標方面更有奇蹟般的精準度。寄生蟲不但不是退化的產物，甚至還是已知生

---

*紅皇后這個故事是瑞德里講的，他在一九九三年出版的書《紅色皇后》中，用他慣有的天才講述這理論。

物中適應力最機靈的物種了，尤有甚者，它們的策略之成功讓人刮目相看，有些人估計它們的數目甚至是獨立生活物種的四倍左右。漢米爾頓很快地理解到寄生蟲與其宿主之間永無止境的競爭，恰好提供了那種讓有性生殖可以嶄露優勢的無止境變動舞台。

為什麼要跟自己的父母不同，因為你的父母或許正是因受到寄生蟲的感染而苟延殘喘，有時候情況甚至命在旦夕，儘管他們仍可以把你生下來。住在北美與歐洲乾淨環境中的幸運兒，或許早就忘記寄生蟲侵擾的可怕性，但是世界上其他地方的居民可沒這麼幸運。像瘧疾、睡眠病或是河盲症等可怕疾病，再再訴說著寄生蟲感染的慘劇。全世界大概有二十億人口正被各種不同的寄生蟲所感染。大致上來說，我們受寄生蟲病的危害遠大於掠食者、極端氣候或是饑荒的危害。尤有甚者，對熱帶地區的動物或植物來說，同時帶有超過二十種以上的寄生蟲可不是新鮮事。

性可以解決問題，因為寄生蟲的改變速度很快。寄生蟲的生命周期短暫，數量又龐大，所以花不了多少時間它們就可以適應宿主，而且是從最基本的細節上適應，蛋白質對蛋白質，基因對基因。辦不到的話它們就會死亡，成功的話就有生長與繁殖的自由。如果宿主族群的基因完全相同的話，那成功的寄生蟲可以輕易感染全族群，並有可能消滅牠們。但是如果宿主會改變的話，那就會有機會，會有一點點可能性，其中某些個體產生某個罕見的基因，恰巧可以抵抗寄生蟲感染。宿主可以因此成長茁壯，直到寄生蟲開始被迫去注意這個新的基因並去適應它，要不然就是等著滅絕。這情況會一直重複，一代又一代，一個基因型換過一個基因型，兩者持續賽跑，但其實都停留在原地，如同那位紅皇后一樣。所以性的存在是為了把寄生蟲擋在外面*。

不論如何，這理論的主張就是如此。性確實在族群密集而寄生蟲也很頻繁的地方普遍存在，在這種環境之中，性也確實可以讓個體的後代直接受惠。然而，我們不是很確定，關於寄生蟲所帶來的威脅，是否真的大到足以解釋性的演化，以及有性生殖廣泛而持續的存在？紅皇后理論所預測的那種無盡的基因型變化循環，很難在野外直接觀察；而用電腦模型去測試能夠促進有性生殖發展的環境，所得到的結果與漢米爾頓當初鮮明的構想又差之甚遠。

比如說，提倡紅皇后理論中的先驅與佼佼者，美國生物學家萊弗力，就曾在一九九四年說過，根據電腦模擬的結果，寄生蟲傳染率要非常高（高於百分之七十以上）以及它們對宿主適應性的影響要大得嚇人（讓百分之八十的宿主失去適應性），性才有決定性的優勢。雖然某些例子確實符合這種環境需求，但是大部分的寄生蟲感染，卻沒有劇烈到足以讓有性生殖占上風。突變也可以讓族群隨時間慢慢變異，而電腦模擬的結果顯示，由突變分歧後的各純系生物，似乎比有性生殖的生物適應得要好。雖然後來又有許多聰明的理論讓紅皇后變得更有力量，但是都不免帶有些詭辯的意味。在一九九〇年中，演化界確實瀰漫著一股消沉的氣氛，似乎沒有任何單一理論可以解釋性的演化與存在。

＊或許你會反對說：這是免疫系統的工作才對吧？確實如此，但是免疫系統其實是有弱點的，而只有性才有辦法修正這個弱點。免疫系統運作的前提是要能定義並區分「自我」與「非我」。如果「自我」的蛋白質是代代相傳永不改變的，那麼寄生蟲只需要利用長得像「自我」的蛋白質來偽裝自己，就可以躲避免疫系統的攻擊，它們會輕易躲過各種障礙，直接攻擊最根本脆弱的目標。任何複製繁殖的生物如果有免疫系統的話，下場必定如此。只有性（再不然就是重要的目標蛋白質就要有很高的突變率）才能夠每一代都改變免疫系統對「自我」的定義。

當然，從來也沒有規定說只能用一個理論來解釋性的存在。事實上這些理論彼此也並不互斥。或許從數學的角度來看，混種理論是個一團混亂的解決之道，但是大自然可是愛怎麼混亂就怎麼混亂。從一九九〇年代中期以來，科學家開始試著結合不同理論，看看能不能在某些地方彼此強化，而結果還真行得通。比如說，當紅皇后跟不同人共枕時，結果也不一樣，而確實當她跟某些人配對時，自己的重要性會相形式微。萊弗力指出，當紅皇后理論跟穆勒氏棘輪理論一起考慮時，性的價值就增高，讓這兩個理論都較接近應用面。然而當科學家再回到他們的繪圖桌前去檢視不同參數時，他們發現其中有一項參數很明顯有問題。對於現實世界來說，這項參數未免太過數學理論化了，那就是假設物種的族群規模可以無限大。別說大部分的族群都遠非無限大，就算規模大的族群往往也受地理分布影響，被切割成規模有限又局部獨立的單位。這一點差異造成出人意料的結果。

最讓人驚訝的或許是這改變了一切。舊時費雪與穆勒等人在一九三〇年代關於族群遺傳學的看法，似乎又從教科書中塵封已久的角落如幽靈般回來了，而且變成了我認為最有希望詮釋有性生殖獨特性的理論。許多科學家早在一九六〇年代就已經不斷發展費雪的概念，其中最重要的當屬威廉希爾、羅伯森與費爾森史坦等人。不過真正用具有啟發性的數學計算來改變思想浪潮的，還是要歸功於英國愛丁堡大學的巴頓與加拿大不列顛哥倫比亞大學的奧托兩人的功勞。他們所建立的模型，在過去十年內成功地解釋了為何性可以既有益於個人，也有益於群體。這個新的架構也十分讓人滿意地融合了各家理論，從威廉斯的樂透假說直到紅皇后理論。

這個新的概念所看的是有限族群裡面，運氣與天擇之間的相互作用。在一個無限大的族群裡，任何可能會發生的事情都會發生。好的基因組合一定會無可避免地會出現，而且搞不好還不需要太長的時間。但是在一個有限的族群裡，情況就大不相同。這主要是因為在沒有重組的情況下，一條染色體上的基因就像串在一條繩子上的珠珠一樣。它們彼此命運相繫，染色體的命運將由全體決定，所有基因休戚與共，與單一基因品質好壞無關。雖然大部分的基因突變都是有害的，但是卻又還沒有壞到會毀掉整條尚算完好的染色體的地步。這也就是說，缺點將會慢慢累積，漸漸侵蝕適應性，最後形成一條品質極差的染色體。這些一點一點慢慢發生的突變，雖然很少會一下子就讓個體殘障或是死亡，但是卻會破壞遺傳優勢，同時用難以察覺的速度降低族群的平均水準。

而諷刺的是，當處於這種極為平庸的環境下，有益的突變反而會造成大混亂。為了容易解釋這理論，就讓我們先假設一條染色體上有五百個基因好了。這會造成兩種結果。一種是這個有益突變的傳播，會因為受限於同染色體上其他次等基因而延緩，另一種則是這有益的突變會傳播出去。在第一個例子裡，對一個有益基因的強烈正向選擇，會因為對其他四百九十九個基因的弱選擇而被分散掉。整體而言效果會彼此抵消，因此這個有益的基因極有可能會就這樣無聲無息地消失，因為天擇根本沒機會看到它。換句話說，同一條染色體上面所有基因會彼此干擾，這又稱為**選擇干擾**，它會遮蔽有益突變的價值，進而干擾天擇的作用。

然而第二種結果才會造成更毀滅性的下場。假設整個族群裡，有一條染色體散布著五十種略有差異的版本好了。現在如果有一個新的有益突變產生，而這個突變好到足以讓它自己遍布全族群，那麼根據定義，這個基因就會取代族群中其他略有變異的相同基因。不過問題在於，它不只會取代所有略有變異的相同基因，它還會帶著整條染色體，一起去取代其他較弱競爭者同一條染色體上**所有**的基因。用前述的例子，如果這個突變碰巧出現在那五十個版本其中之一好了，那麼其他四十九個不同版本的染色體都將從族群裡面消失。這還不是最糟的，會被取代的，除了連在同一條染色體上面的所有基因以外，還有這個複製族群裡，所有隨著個體被消滅而一同被消滅的基因，也就是說被取代個體的**全部基因**都將消失。實際上來說，是整個族群的基因歧異性將消失。

結論就是，「壞的」突變會破壞「好的」染色體，而「好的」突變會困在「壞的」染色體上，不管哪一種情況都只會侵蝕族群適應性。如果偶爾有一個突變具有較大的影響力，那麼強力的選擇將會摧毀族群的多樣性。這個下場可以在男性的Y染色體上看得很清楚，因為這條染色體從來沒有重組過＊。這條染色體有如女性X染色體的影子（X染色體會重組，因為女性有兩條X染色體），它幾乎跟殘骸沒有什麼兩樣，除了帶有少許有意義的基因以外，剩下的全是語意不清的無意義基因。如果每一條染色體都遭遇相同的退化命運，那麼大型複雜生命將不可能形成。

這毀滅性的結果還沒就此打住。當選擇的作用愈強，就愈有可能摒除一個或多個基因。任何選擇機制都會有影響，不管是寄生蟲或是氣候、饑荒，或是拓展新殖民地等因素，因此也適用紅皇后以及其他的選擇理論。結果就是不管哪一種情況都會讓族群失去遺傳多樣性，而降低有效族群大小。（有效族群為族群遺傳學專有名詞，簡單來說就是一個族群裡，能有效把基因傳給下一代的個體數量。因為一群生物裡不是人人都有機會把基因傳給子代，所以有效族群大小往往小於族群個體總數。）一般來說，愈大的族群可以包含愈大的遺傳變異性，反之亦然。但是靠複製繁殖的族群在每次天擇淘汰浪潮後，就會失去一些遺傳變異性。從族群遺傳學的觀點來看，這樣子在大規模族群（數以百萬計）中會發生的變化其實跟小規模族群（數以千計）無異，而這，正好讓隨機運氣這個因子有機會介入。任何一個重要的選擇作用，都會讓原本大規模的族群變成小規模的「有效族群」，而讓它們更容易退化甚或滅絕。有一系列的研究清楚地顯示了，遺傳變異貧乏的現象確實廣泛存在於靠複製繁殖的物種間，同時那些只有偶爾才有性生活的物種也深受其害。性最大的好處就在於它讓好的基因有機會藉由重組，脫離那些共存在遺傳背景中的垃圾，同時保存了族群裡大量被隱藏起來的遺傳變異性。

巴頓跟奧托的數學模型顯示了，基因之間的「選擇干擾」效應不只會影響族群層面，也會作用在個體身上。在那些可以同時進行有性生殖跟複製繁殖的物種裡，一個基因就可以控制有性生殖的頻率。這個性基因的普及程度變化，正好可以說明隨著時間推演，有性生殖的成功。如果這種基因的普及率增高，代表有性生殖成功，如果普及率降低，則代表複製繁殖成功。特別是，如果這個基因的普及率隨著每一代每一代而增加，代表了性對族群有好處。而事實上我們發現它的普及率是愈來愈高的。在這一章所有我們討論過的論點中，選擇干擾的影響最為廣泛。而性不管在任何情況下都優於複製繁殖（儘管它要付出雙倍的成本）。在以下三種情況共存時兩者的差異達到最大：當族群具有高變異性、當突變機率大以及當選擇壓力大的時候。這有如宗教般但卻毫不神聖的三位一體，非常明顯地指出性的起源。

＊這其實不盡然全對。Y染色體沒有全部消失的一個原因，是因為它上面的基因有許多拷貝。這條染色體顯然會對摺，讓基因在相同的染色體上彼此重組。這麼有限的重組似乎已經足以挽救大部分哺乳動物的Y染色體，讓它們不至於消失。但是有一些動物的Y染色體則完完全全消失了，像是亞洲鼴形田鼠。牠們如何產生雄性動物至今仍是一個謎，不過至少我們可以安心，人類不會因為退化的Y染色體而變成一片混亂。

雖然有許多頂尖的生物學家投入解決跟性有關的各種問題，但是其中卻只有極少一部分真正算是在研究性的起源。這是因為關於促成有性生殖誕生的整體條件或是環境，實在還有太多的不確定性，因此所有的假設往往也就只能停留在假設階段。儘管如此，就算目前各種理論仍彼此針鋒相對，但我想至少有兩個論點是圈內大部分人都可同意的。

第一點就是所有真核細胞生物的共祖是有性生活的。如果我們試著去建立所有植物、動物、藻類、真菌與原蟲的共通特性，將會發現大家所共有的最重要特質之一，就是性生活。性對於真核細胞來說是如此重要，這件事實再明顯不過了。如果我們全部都是來自同一個能行有性生殖的真核細胞，而這個真核細胞祖先又是從無性生殖的細菌而來，那麼在遠古時代一定有一個瓶頸，是只有這個會行有性生殖的真核細胞祖先可以擠過去。根據假設，第一個真核細胞應該是像它的細菌祖先一般只會行無性生殖（所有現存的細菌都沒有真正的性生活），但這一支系已經全部滅絕了。

我認為所有人都同意的第二點，跟粒線體這個真核細胞的「發電廠」有關。關於粒線體曾經是獨立生活的細菌這件事，現在已經塵埃落定；而我們幾乎也可以確定真核細胞生物的共祖應該已經有粒線體了。另外，科學家現在也確定了，就算沒有好幾千恐怕也有好幾百個基因，曾經從粒線體傳入宿主細胞；而那些鑲嵌在幾乎所有真核細胞染色體裡的「跳躍基因」，也來自粒線體。這些觀察結果彼此並不互相牴觸，但是兜在一起之後，它們卻為那些極可能是引發有性生殖演化出來的選擇壓力，描繪出了一幅非常清晰的景象＊。

想想看，第一個真核細胞是一個嵌合體，有一隻小小的細菌住在一個較大的宿主細胞中。每一次這隻細菌死亡，它的基因就會被釋放出來：它們會跑到宿主細胞的染色體裡。這些基因的片段，會用細菌合併基因的方式，隨機地合併入宿主的染色體中。有一些新來的基因是有利用價值的，但是也有很多根本一無是處，因為跟已經存在的宿主基因重複。還有一些基因片段會正好插入宿主基因中間，因而把宿主基因區分成好幾小段。這些跳躍基因會帶來大災難。因為宿主細胞完全無法阻止這些基因自我複製，所以它們會毫無阻礙的在宿主基因體裡跳來跳去，讓自己漸漸滲入染色體中，最後將宿主的環狀染色體切成好幾段直鏈狀染色體，而這就是今日所有真核細胞所共有的染色體形式（詳情請見第四章）。

這個族群的變異性很高，演化非常快速。或許一些簡單的小突變讓細胞失去了細胞壁。另一些突變則幫助細胞改良細菌的細胞骨骼，把它升級成機動性更高的真核細胞版骨骼。宿主細胞或許隨意地利用寄生細菌的脂質合成基因，來形成細胞核以及其他內膜系統。細胞不是在一無所知的情況下一步登天就促成這些改變，而是經由簡單的基因交換加上一些小突變慢慢達成。不過幾乎所有的改變都是有害的，在一個成功有益的改變背後，是上千個錯誤的歧路。唯有性，才有辦法融合出一個不會害死人的染色體，也只有性，才能把所有最佳的發明跟基因組合帶到同一個細胞中。這需要真正的性生活才能達成，而不是半吊子的基因交換。只有性，才有辦法從一個細胞帶來細胞核，再從另一個細胞拿

---

*這兩個論點與原始宿主細胞的確切身分無關，同時也不涉及原始細胞過著何種共生結構；而這些，目前都還是眾說紛紜。此外，關於原始細胞有沒有核？有沒有細胞壁？或者是不是過著吞噬細胞的生活型態？這些問題也都無關於這兩個論點。所以，儘管目前關於真核細胞的起源，從許多方面來看，還有太多充滿矛盾的理論，但是卻不會影響到我們在這裡討論的任何一個假設。

出細胞骨骼，或者從第三個細胞帶來蛋白質定向傳輸系統，與此同時把所有失敗的成品篩掉。減數分裂的隨機力量，或許在每產生一個贏家（倖存者會是比較恰當的稱呼）都要犧牲掉上千個輸家，但是這還是比複製繁殖要好太多太多了。在一個變異性高、突變機率大以及選擇壓力大的族群中（一部分原因是那些寄生性的跳躍基因的攻擊造成的），複製繁殖會非常慘。無怪乎我們會有性生活。沒有性生活的話，我們真核細胞生物根本不可能存在。

不過問題是，如果複製繁殖很慘的話，那麼性有足夠時間演化出來拯救世界嗎？答案或許很讓人驚訝，那就是「是的」。技術上來說，性可以演化得非常簡單迅速。基本上只有三個基本步驟：細胞融合、區隔染色體以及基因重組。讓我們快快瀏覽一下這些步驟。

細菌基本上是無法進行細胞融合的，因為它們的細胞壁會阻礙這個步驟。但是失去細胞壁的話會讓問題好轉。許多簡單的真核細胞，像是黏菌或是真菌，會融合成為一個帶有多個細胞核的巨大細胞。這些細胞之間形成連結鬆散的聚合體，又稱為多核原生質體，經常是構成這些原始真核細胞生命史的一部分。許多寄生蟲像是跳躍基因甚或是粒線體，就是藉著這種細胞融合機制進入新的宿主，其中有一些還會主動引發細胞融合。從這個觀點來看，如何避免細胞融合或許才是更大的難題。因此，性生活的第一個要件，細胞融合，應該不成問題。

乍看之下，區隔染色體似乎比較有挑戰性。還記得減數分裂過程中，染色體的謎之舞蹈嗎？它會先複製染色體，之後才把每一套染色體平均分給四個子細胞。這過程為什麼要這麼麻煩呢？事實上，這一點也不麻煩，它只不過是將現存的細胞分裂過程，也就是所謂的有絲分裂，做了一個小小的改變而已，而有絲分裂的第一步也是染色體複製。生物學家卡瓦里爾史密斯認為，有絲分裂很可能只是細胞從細菌那裡繼承了分裂步驟後，做了一些簡單的更動就演化出來了。他接著指出，其實只要一個關鍵點的改變，就可以讓有絲分裂變成減數分裂的原型，這個關鍵點，就是當細胞無法完全吃掉那些把染色體黏在一起的「膠」（專有名詞叫做**黏著素蛋白**，cohesin）。如此，細胞無法進入下一輪染色體複製與細胞分裂，它會先停頓一下，然後再繼續把染色體拉開來。事實上，這些殘存的黏膠會讓細胞搞不清楚，讓它在完成第一次分裂之前，誤以為又有刺激，讓它進行第二次染色體分離。

這樣的結果就是染色體數目減半，而卡瓦里爾史密斯說，這其實正是減數分裂帶來的第一個優點。如果原始的真核細胞無法阻止大家結合在一起，形成一個帶有多套相同染色體的巨大網絡組織（如同今日黏菌所形成的結構），那麼要重新產生一個帶有單套染色體的單細胞，就需要某種還原式的細胞分裂。減數分裂正好可以藉著稍微擾亂正常細胞分裂，來重新產生單細胞。而這個過程其實對細胞分裂機制的騷擾，可以降低到最小。

如此，我們就進入性生活的最後一個關鍵點：基因重組。這個過程跟以前一樣，其實也不會構成問題，因為所有需要用到的機器其實都已經存在細菌體內，細胞只需繼承它們即可。不只是那些機器，其實真核細胞連進行基因重組的方法都跟細菌一模一樣。細菌經常從環境中獲取基因（透過水平基因轉移），然後藉著基因重組把它們嵌入自己的染色體中。在第一個真核細胞裡，一定是利用相同的方法，來嵌入從粒線體中跑出來的基因，如此持續的擴充宿主細胞本身的基因體容量。根據布達佩斯艾特渥斯羅蘭大學的維賴的看法，對於最早的真核細胞來說，重組的好處應該就是為了擴充基因庫，跟細菌的目的一樣。而要讓基因重組變成減數分裂中的慣常程序，應該相當簡單。

如此，性的演化或許根本不是問題。從機制上來說，它們幾乎是早已萬事俱備。對於生物學家來說比較矛盾的事情反而是，性為何會持續下去？天擇的目的並非讓「最適者生存」，因為這個最適者如果無法繁衍的話，那就什麼都不是。有性生殖在一開始就遠勝於複製繁殖，然後幾乎普及到所有的真核生物群中。有性生殖在一開始所帶來的好處或許與今日無異，那就是讓最好的基因組合出現在同一個個體身上，淨化有害的突變，同時也可以融入任何有益的新發明。在遠古時代有性生殖或許只從每一千個犧牲者中產生了一個贏家，甚至或許只是個悲慘的倖存者，但這仍然遠比複製要好太多了，因為複製幾乎注定會毀滅。即使在今日，有性生殖雖然只能產生一半的後代，但是它的最適性卻是別人的兩倍。

有趣的是，這些觀念其實就是二十世紀初期那些已經不再被支持的理論，如今用一種比較複雜的包裝重新呈現出來，而其他一度很新潮的理論，反而紛紛倒在路旁。這些觀念主張性有益於個體，但同時也適切地融入其他理論，將性的價值恰如其分地呈現出來。我們摒除了錯誤的理論，把其他具有豐富內涵的假設統整在一起成為一個理論，這過程就像眾多基因藉著重組結合在同一條染色體上一樣。同樣的，多虧了有性生殖才有這麼多聰明的理論問世，而我們每人都貢獻了一份力。

第六章 運動

力量與榮耀

「自然的獠牙與利爪，沾滿了紅色的鮮血」這句話，恐怕是英文裡面引述達爾文次數最多的一句了。儘管天擇本身或許未必認同這句話，但是它卻非常精準地描繪了一般人對天擇的看法。原句語出英國詩人丁尼生一首憂鬱的詩〈追悼文〉，該詩寫成於一八五〇年，九年之後達爾文出版了他的《物種起源》。丁尼生的詩人朋友哈蘭之死，引發了他寫此詩的動機，在該句的上下文中，丁尼生表達了上帝的愛與大自然的無情兩者之間冷酷而強烈的對比。他藉著大自然的口說，不只是個人會腐朽，物種也一樣。「上千物種業已消失，我毫不介意，萬物都終將消失。」對我們來說，這裡的萬物，包含了我們所珍惜的全部，如意志、愛、信賴、正義，還有上帝。雖然自始至終丁尼生並沒有失去他的信仰，但是在那時候詩人顯然正深受信仰懷疑的折磨。

這種對大自然（後來也延伸到認為「天擇好似個磨輪」）的成見，已經招致多方批評。老實說，這種論調完全忽略了草食動物、植物、藻類、真菌、細菌等多樣生命彼此之間掠食者與獵物活生生的競爭關係。從更深一層的意義來說，這論調更貶低了合作的重要性。依照達爾文所主張的為生存而奮鬥，更廣義的奮鬥還可以包含個體之間以及物種之間的合作，甚或是個體裡面基因的合作等行為，也就是自然界最重要的共生關係。不過我倒不擬在這裡詳述合作關係，只是想討論一下從詩文中引申出來掠食行為的重要性，或者講得更精確一點，是想討論運動的威力，也就是所謂的機動性，是如何從很久以前開始徹底改變了我們的世界。

「沾滿鮮血的獠牙與利爪」本身已經隱含了運動。首先抓到你的獵物，本身就不太像是個被動的行為。接下來咬緊上下顎需要用力打開跟閉上嘴巴，這要藉由肌肉才能達成。我想，如果要假設一種被動性的捕食行為，那大概就會像真菌一樣，但是即便是用菌絲緩慢絞住物體，也需要某種程度的運動。總之我的論點就是，沒有機動性的話，很難想像如何藉由掠食行為來生存。因此，機動性是非常基本而非常深刻的發明。要想抓住你的獵物然後吃掉牠，首先要學會運動，不管是像變形蟲一般爬行然後吞噬，或者是像獵豹一般用充滿力量與速度的優美方式。

若是從生態系統的複雜程度，與植物演化的步調與方向來看的話，機動性這個特徵如何改變世界，並沒有特別明顯到可以馬上察覺。化石紀錄雖然透露了一些端倪，可以讓我們稍微洞悉，但卻無法完整呈現物種之間的互動，以及這些互動如何隨時間而改變。很有趣的是，化石紀錄顯示了大約在我們地球歷史上最大規模的滅絕事件之後，也就是距今兩億五千萬年前的二疊紀結束之際，生物的複雜度有劇烈的改變，在此之前百分之九十五的物種都被消滅了。這一次大滅絕把歷史紀錄整個刷新，一切都不一樣了。

當然，二疊紀以前的世界已經很複雜了，陸地上充滿巨大的樹木與蕨類植物、蠍子、蜻蜓、兩棲類、爬蟲類等等。海中則充滿了三葉蟲、魚類、鯊魚、鸚鵡螺、腕足類、海百合（有柄的海百合綱動物在二疊紀大滅絕時幾乎全部消失了）以及珊瑚。不仔細看的話會以為這些生物的「種類」改變了，但是整個生態系統卻沒有太大的不同，然而詳細的分析卻指出這種觀點是不對的。

生態系統的複雜性可以用物種的相對數目來估計。一個系統裡如果只有少數物種主宰，而把其他物種排除在邊緣地帶，那我們會說這個生態系統很簡單。但是如果是大量的物種彼此共存勢力均等，那麼這樣的生態系統就非常複雜，因為這樣物種之間可以形成的鏈狀關係就廣泛多了。把各時代化石紀錄中物種的數量慢慢加總起來，我們可以有一個物種複雜性的「指標」，而這個結果頗讓人驚訝。物種的複雜性並非慢慢累積由簡而繁，相反的，看起來似乎是在二疊紀大滅絕之後忽然急速升高。在大滅絕之前，大約有三億年的時間，海洋裡複雜的與簡單的生態系統比率，約莫是一半一半，但是在大滅絕之後，複雜生態系統超過簡單生態系統達三倍之多，之後的兩億五千萬年直到今日又是另一個持續而穩定的改變時期。為什麼這種改變並非穩定進行，而是劇變呢？

根據美國芝加哥菲爾德博物館的古生物學家華格納的看法，答案在於機動性生物的擴張。其轉變是，讓一個本來都是大量生物固著於定點的海底世界（腕足類、海百合等動物都是過著一種過濾食物的低耗能生活型態），變成一個全新而充滿活力的世界，由四處移動的動物所主宰，儘管只是一些寸長大小的有殼動物、海膽或是螃蟹之流。當然很多動物在大滅絕之前就已經存在了，但是只有等到大滅絕之後牠們才真正變成主宰。為什麼在大滅絕之後會有這種急速的轉變，目前沒有答案，或許是因為過著機動式的生活型態對於世界的適應力比較強。如果你一天到晚跑來跑去的話，那就比較容易遇到各種環境變化，而你身體的恢復力就會比較強。所以，或許是機動性較高的動物，在世界末日之後的環境劇變中比較容易生存（第八章會詳細討論）。那些只靠過濾食物過活的生物在巨變潮流中則完全沒有緩衝墊。

不過不管原因是什麼，機動性動物的興起，改變了生活的樣貌。四處遊走的意義，代表動物不管從哪個角度來看，都更容易彼此狹路相逢，因此不同物種之間有更多種互動的可能。這意義不只是說有更多種掠食的可能，同時也有更多牧食、更多腐食清除、更多穴居躲藏等行為。動物總有各種理由移動，但是由機動性所帶來的新生活型態，讓動物現在可以根據特定的理由，在特定的時間出現在特定的地方，然後在另一個時間出現在另一個地方。換句話說，這種生活給了動物目的，讓牠們根據思考，從事有目標的行為。

然而機動性所帶來的，還遠超過改變生活型態，因為它還主宰了演化的步調、控制基因與物種隨著時間而改變的速度。所有東西裡面改變最快的當屬寄生蟲與病原菌了，因為它們要不斷地創新發明來應付殘酷免疫系統的迫害，動物對它們可是欺壓甚烈。相反的，濾食動物，或者更廣泛地來說如植物這些根著於定點的生物，演化就沒那麼快。對於固定不動的濾食動物而言，紅皇后理論，也就是說要不停地奔跑才能保持在原地（至少相對於競爭者來說）的理論，幾乎是天方夜譚。濾食生物基本上是萬年不動的，直到在某一瞬間被掃除一空。不過在這些經驗法則中有一個例外，那就是開花植物，而這例外正好再次強調了機動性的重要。

在二疊紀大滅絕以前，世界上並沒有任何開花植物。當時植物世界是一片單調的綠色，如同今日的針葉林一般。多采多姿的花朵與水果的出現，完全是植物對動物世界的回應。顯而易見的，花朵是為了吸引傳粉者，也就是動物，來幫它們把花粉從一朵花傳給另一朵花，如此可以幫這些固定的植物把有性生殖的好處遠遠傳播出去。水果也一樣，應動物的召喚而生，藉著動物的腸子幫它們把種子散播出去。因此，開花植物開始跟動物一起「共演化」，兩者環環相扣。植物滿足了傳粉者與食果實者內心深處的渴望，而動物則在毫不知情的狀況下完成了植物交付的任務，至少直到我們人類開始生產無籽水果為止。這種糾纏不清的宿命加速了開花植物的演化步調，以便能跟上它們的動物夥伴。

因此，機動性帶來了種種需求：要能適應這快速改變的世界，植物與動物之間要有更多的互動，要適應掠食這種生活型態，還要有更複雜的生態系統。這些因素都促使更好的感官系統發展（也就是說更適於探索周遭的世界），以及更快的演化速度，這樣才能跟上其他生物的速度，不只是其他動物，還有其他植物。然而在這一切的創新發明中，只有一個創新有辦法讓一切變可能，那就是肌肉。或許肌肉乍看之下並不會讓人像讚嘆其他感覺器官（如眼睛）一樣感受它的完美，但是放在顯微鏡下觀察，卻可以發現肌肉的了不起，它有清晰的纖維排列起來，協同作用產生力量。它是把化學能轉化成機械力的機器，跟那些達文西所發明的東西一樣不可思議。但是這樣一部目的性極強的機器是如何出現的？在這一章中我們將要討論那些造成肌肉收縮的分子機制，它們的來源與演化。有了肌肉，動物才能如此影響深遠的改變整個世界。

很少特徵能像肌肉如此引人注意了，充滿肌肉的男性總是激起人類的欲望或忌妒，從古希臘英雄阿基里斯到某位加州州長都是如此。與肌肉有關的歷史，除了它的外表之外，也有許多偉大的思想家與實驗者，嘗試努力去了解肌肉到底是如何運作。從亞里斯多德以降到笛卡兒，他們對肌肉的看法都是，肌肉運作並非收縮，比較應該是膨脹，內含被肌肉所綁住的「自我」。他們認為從腦室中會釋放出看不見也無重量的動物靈魂，通過中空的神經通往肌肉，使其因膨脹而縮短。笛卡兒本人對身體的看法極度機械論，因此他假設肌肉裡面應該會有瓣膜，就像血管中的瓣膜阻止血液回流一樣，這些瓣膜也可以阻止動物靈魂回流。

但是在笛卡兒之後不久，大約在一六六〇年代左右，這個曾經備受寵愛的理論就被一個簡單的發現推翻了。荷蘭的實驗生物學家施旺麥丹用實驗示範了當肌肉收縮時，其實體積並沒有增加，反而還稍微減少了一些。這樣一來，肌肉就不太可能像個袋子一樣被動物靈魂撐開。然後到了一六七〇年代，另外一位荷蘭人，也就是顯微鏡先驅雷文霍克，首次在他發明的放大透鏡下檢視肌肉的顯微構造。根據他的描述，肌肉由許多非常細長的纖維所組成，而這些纖維的組成又是「由許多細小的珠子彼此相連串成一條鍊子，上千條這種鍊子組成整個肌肉的構造。」英國醫師庫榮則認為這些小珠子其實就像許多小袋子一樣，可以擴張而改變肌肉的形狀，卻不會影響到它的體積*。這些結構如何運作已經遠超出當時科學能驗證的範圍，但科學想像卻沒有界限。當時有許多頂尖的科學家，認為這些小袋子裡面裝的就是爆炸物。比如說英國科學家馬約就認為，動物的靈魂其實是含硝的氣體分子。他認為這種氣體由神經所供應，會跟由血液供應的含硫分子混合在一起，形成類似火藥的爆炸物。

不過這理論也沒盛行多久，大約在雷文霍克第一次觀察肌肉的八年之後，他又用另外一架改良的顯微鏡重新檢視他當年發現的「小珠子」，然後為自己之前的說法道歉：他說肌肉纖維完全不是一連串小袋子，而是一圈圈的環或是皺褶，規律地綁著纖維，因此造成看起來像是一顆顆小珠子的印象。尤有甚者，當他把這些纖維壓碎，在顯微鏡下細細檢視其結構後發現，這些纖維其實也是由更小的纖維所組成，每根大概都有一百多條小纖維。現在，這些東西的命名都不一樣了。雷文霍克當年看到的片段現在稱為「肌小節」，內含許多稱為「肌原纖維」的細絲。很顯然的，肌肉的收縮跟小袋子膨脹一點關係也沒有，而是一束又一束的纖維有關。

不過儘管如此，結構暗示了肌肉可能是藉著某種機械性纖維之間的滑動在運作，但是科學家對於什麼力量可以驅動肌肉則是毫無頭緒。這要再等一百年之後，科學家發現一種新的力量，有可能讓這些肌肉纖維生氣蓬勃，那就是電力。

在西元一七八〇年代左右，義大利波隆那大學的解剖學教授賈法尼，用一把解剖刀接觸死青蛙的腿，與此同時房間另一頭有一部機器，發出一陣火花放電傳到解剖刀上，他很驚訝地發現縱然青蛙已死，牠的腿居然會瘋狂的收縮。若是在用解剖刀切割蛙腿時，用一根黃銅做的鉤子摩擦解剖刀，也會有一樣的反應。此外還有很多其他的情況，好比說窗外雷雨交加時，都可以觀察到類似的現象。後來利用電力賦予生命力這樣的理論，很快的就被命名為電療派（galvanism，或稱賈法尼學派），並且給英國作家雪萊靈感。雪萊在一八二三年寫她的著名哥德式小說《科學怪人》之前，曾經詳細研究過賈法尼的實驗報告。事實上，賈法尼的外甥阿迪尼比較接近《科學怪人》小說裡，科學家弗朗肯斯坦的原型。他曾在十九世紀初期巡迴歐洲示範所謂的「賈法尼式死體復活術」。最有名的一次，他在英國倫敦的皇家外科醫學院，當著眾多內外科醫師、公爵甚至威爾斯王子等觀眾面前，電擊一顆被砍下的罪犯頭顱。阿迪尼注記道：當他電擊耳朵跟嘴巴時，「下巴開始顫動，周圍的肌肉劇烈的收縮，而左眼甚至張開來。」

當時另外一位義大利物理學家，帕維亞大學的教授伏打也對賈法尼的實驗很感興趣，但是卻不贊成賈法尼的解釋。伏打堅持身體裡面不可能有任何帶電的東西，而電療派的現象純粹只是身體對外界

＊庫榮是英國皇家學院的創始會員之一，後來以他為名的庫榮講座（年度榮譽講座），是生物科學最重要的講座。

由金屬產生的電流，所發生的被動反應。他認為，青蛙腿可以導電，這跟濃鹽水可以導電一模一樣，純粹只是一種被動的性質。賈法尼跟伏打從此展開了一場為期十年的爭論，而兩派都各有熱情的擁護者，恰好也反映了當時義大利的學術潮流：動物主義者對上機械主義者，生理學家對上物理學家，波隆那對上帕維亞。

賈法尼認為他的「動物電流」確實來自體內，因此非常努力想要證實此事，或至少要說服伏打。這場爭論展現了懷疑主義用在賈法尼的實驗式思考上面，能產生多大的威力。在設計實驗證明自己理論的過程中，賈法尼確認了肌肉在本質上就是**容易被刺激的**，它能夠產生與刺激來源不成比例的反應。他還主張肌肉可以藉著在內部表面的兩側累積正負電來產生電力。賈法尼說，電流會通過這些橫跨表面兩側的小孔。

這些主張真是非常有遠見，但是不幸地，賈法尼的例子也清楚地說明了，歷史是由勝利者來詮釋，即使在科學界也是如此*。賈法尼因為拒絕擁戴拿破崙，因此在拿破崙攻占義大利之後，就被逐出波隆那大學，最後窮困潦倒而死。他的主張在隨後數十年內漸漸沒落，而有很長一段時間，他本人只留給後人「神祕的動物電流宣傳者」或是「伏打的對手」等印象。相反的，伏打則在一八一〇年被拿破崙封為倫巴底伯爵，不久之後電力單位也根據他的名字而命名為**伏特**。但是，儘管伏打因為第一個發明了實用的電池，也就是伏打電堆，在歷史上占了一席之地，但是關於動物電流這件事他卻錯得離譜。

一直到了十九世紀後葉，賈法尼的理論才再度被世人認真對待，這要歸功於德國學派對於生物物理的鑽研，而其中最著名的人物當屬物理大師亥姆霍茲。這個學派不只證明了動物的肌肉與神經確實由「動物電流」產生力量，亥姆霍茲甚至計算出神經傳遞電脈衝時的速度。他所使用的技術是當時軍方用來測量砲彈飛行速度的技術，而結果頗讓人驚訝。神經傳導的速度相對偏慢，大約是每秒數十公尺而已，遠不及一般電流每秒可達數百公里的高速。這結果顯示動物電流跟一般電流確有不同。很快地，科學家發現兩者最大的不同就是，動物電流由笨重緩慢的帶電離子，如鉀離子、鈉離子或是鈣離子傳遞，而不是迅速又難以捕捉的電子。當離子穿過肌肉膜的時候會造成一波波的去極化現象，也就是說細胞膜外面會暫時帶比較多負電。這個去極化現象僅發生在非常靠近細胞膜表面，會形成所謂的「動作電位」，它會沿著神經表面或在肌肉裡面傳遞下去。

但是這種動作電位到底如何驅動肌肉收縮？要能回答這個問題，還要先能回答另外一個更大更難的問題，那就是肌肉到底如何收縮？這次科學家一樣是利用先進的顯微鏡技術來找答案：顯微鏡下的肌肉呈現出規律的紋路，當時咸認為它們很可能是由密度不同的物質所組成。從一八三〇年代晚期開始，英國的外科醫師兼解剖學家鮑曼，就對超過四十種動物肌肉的顯微結構，做了非常詳細的研究。這些動物除了人之外，還有其他哺乳類、鳥類、爬蟲類、兩棲類、魚類、甲殼類以及昆蟲等等。他發現所有這些動物的肌肉都有分節橫紋（或稱為肌小節），一如一百六十年前雷文霍克所描述的。不過鮑曼接著注意到，在每一節肌小節中間還可以根據色澤再分為明帶與暗帶。當肌肉收縮的時候肌小節縮短，只有明帶會消失，形成鮑曼所稱的「收縮時的黑色浪潮」。根據這個現象，鮑曼認為，肌肉整

＊邱吉爾有句名言是這麼說的：「創造歷史最好的方法就是改寫歷史。」他權威性的文字確實為他贏得了一九五三年諾貝爾文學獎。上一次歷史文學拿到文學獎又是什麼時候呢？

體的收縮來自於每一段肌小節的收縮，這是正確的（見**圖 6.1**）。

但是除此之外，鮑曼就悖離了原本正確的結論。他發現肌肉裡面的神經並不直接跟肌小節作用，所以他認為任何電流應該都是間接引起收縮的。另外，括約肌跟動脈裡的平滑肌也讓他頗為困擾。這些地方的肌肉，並沒有像骨骼肌一般具有明顯的斑紋，但是它們仍然可以順利收縮。因此鮑曼最後認為這些條紋跟肌肉收縮並沒有太大的關係，肌肉收縮的祕密，應該在那些看不見的分子結構中，而這些東西，

圖 6.1 骨骼肌的構造，圖中顯示骨骼肌最具特色的分節橫紋。在每兩條深黑線（又稱 Z 線）之間就是一節肌小節，在每一節肌小節中，顏色最深的區域（暗帶，或稱 A 帶）有肌凝蛋白跟肌動蛋白結合在一起；顏色最淺的區域（明帶，或稱 I 帶）則只有肌動蛋白；顏色介於兩者之間的灰色區域，則只有肌凝蛋白連接在中間的 M 線上。當肌肉收縮的時候，肌動與肌凝蛋白連結形成的橫橋會把在明帶的肌動蛋白拉往 M 線，因而讓肌小節縮短，看起來就像「黑色浪潮」（明帶會併入暗帶裡面）。

鮑曼認為「恐怕永遠非人類感官探知所能了解。」關於分子的重要性，鮑曼是對的，不過他對肌肉條紋的看法是錯的，對感官探知的看法則更錯。但是他這種看法，卻被同時代大部分人所認同。

就某種意義上來講，維多利亞時代的科學家可說是既無所不知卻又一無所知。他們知道肌肉是由數千條纖維組成，每一條纖維都有分節，也就是肌小節；這些肌小節就是收縮的基本單位。他們也知道肌小節裡面之所以會有不同顏色的斑紋，是因為成分密度不同。有些科學家已經猜到，這些條紋是由可以彼此滑動的纖維所形成。他們也知道肌肉收縮是由電力所驅動，而電力形成的原因，來自於橫跨肌肉內部膜內外的電位差，他們甚至很正確地假設鈣離子是最可能造成電位差的主因。他們也分離出了肌肉裡面最主要的蛋白質成分，並且把它命名為肌凝蛋白，這個字來自於希臘文，意思就是肌肉。但是深藏在這些下面的分子祕密，也就是鮑曼認為超越感官所能探知的範圍，卻絕對是超越維多利亞時期科學家的探知範圍。他們知道很多肌肉組成的知識，但完全不知道這些成分如何兜在一起，更不知道它們如何運作。這些東西還有待二十世紀了不起的還原主義者來揭露。為了要能真正了解肌肉的偉大之處，以及這些成分如何演化出來，我們必須把維多利亞時期的科學家拋在腦後，直搗肌肉分子本身。

一九五〇年的劍橋大學，物理系的卡文迪西實驗室剛成立了結構生物學組，同時也造就了科學史上多產的一刻。那時這裡有兩位物理學家跟兩位化學家，利用一種技術，完全改變了二十世紀下半葉生物學的樣貌，這個技術就是X射線結晶學。要專心從不斷重複的結晶幾何結構中找出些什麼東西來是很困難的；即便是今日，當應用在大部分的生物分子上時，它也是個純然難解的數學計算。

貝魯茲那時候是實驗室主持人，他跟助手肯德魯兩人是第一個解開大型蛋白質（像是血紅素跟肌紅素）結構之謎的人。解謎的方法別無其他，就是研究當X射線打到分子長鏈中的原子而散射產生的圖案＊。之後有克里克，以及隨後加入年輕的美國人華生，兩人利用相同的技術解開DNA結構之謎而聲名大噪。但是在一九五〇年的第四個人並非華生，而是另一個比較無名（至少對圈外人來說），同時也是這個團隊中唯一沒有拿到諾貝爾獎的科學家。他就是休·赫胥黎（Hugh E. Huxley），但是他其實應該拿諾貝爾獎的，因為是他清楚地向世人展示肌肉運作的分子機制，而這成就足足持續了半世紀之久。至少，英國皇家學院為表彰他，在一九九七年頒給他最高榮譽獎章：科普利勳章。當我在寫本書之時，赫胥黎是美國麻州布蘭迪斯大學的榮譽教授，即使在高齡八十三歲仍持續發表論文。

造成赫胥黎沒沒無名的原因之一，是大家常常把他跟另外一位名氣較大，同時也是諾貝爾獎得主的安德魯·赫胥黎（Andrew F. Huxley）搞混。後者的祖父即是那位以雄辯著名，人稱「達爾文的鬥牛犬」的生物學家湯瑪斯·赫胥黎（Thamas H. Huxley）。安德魯·赫胥黎因為在戰後對神經傳導所做的傑出研究而聲名大噪，之後在一九五〇年代早期，他的興趣開始轉向肌肉，而在隨後數十年間他確實也成為研究肌肉的代表性人物之一。這兩位互相毫無關聯的赫胥黎，分別獨立研究，最後得到相同的結論，一九五四年兩人同時在《自然》期刊上發表了兩篇連在一起的論文，提出現在被大家熟知的**肌絲滑動理論**。特別是休·赫胥黎本人，更是充分發揮了X射線結晶學與電子顯微鏡兩種技術的威力（他當時年僅二十歲），巧妙地結合兩者，在隨後的幾十年之內抽絲剝繭地揭開肌肉功能的奧祕。

休·赫胥黎在二次世界大戰時負責研究雷達，戰後回到劍橋大學繼續完成學位。正如許多同時代的物理學家一樣，他也因為震懾於原子彈的殺傷力因而放棄物理學，轉而投向情感與道德壓力都比較小的生物學。或許可說物理學的損失就是生物學的收穫，赫胥黎在一九四八年加入貝魯茲的小團隊，當時他很驚訝地發現，人類對於肌肉的構造與功能，了解竟是如此之少。這讓他立志要補強這一點，最後成為一生的志業。一開始他學賈法尼一樣利用蛙腿來研究，但是初期的結果卻頗令人失望，因為實驗室青蛙的肌肉條紋非常淡，無法得到清楚的模式。不過後來他發現野生青蛙的肌肉就好多了，所以每天一大早還沒吃早飯前，他就在料峭的清晨中騎車前往沼澤區捕捉青蛙回來做實驗。然而這些野生青蛙腿雖然可以產生很清楚的X射線繞射模式，但是結果卻難以解讀。有趣的是，赫胥黎在一九五二年的博士論文考試上遇到了霍奇金，她可是結晶學這領域裡的佼佼者。在看過赫胥黎的論文之後，霍奇金閃過一個念頭，認為實驗結果或許可以用肌絲滑動來解釋，並且在樓梯間遇到克里克時，非常興奮地與他討論這個主意。但是當時的赫胥黎還是血氣方剛的好鬥年紀，因此他理直氣壯地與霍奇金爭辯，指出她並沒有仔細閱讀論文中實驗方法那一章，而論文的數據並不支持她的結論。兩年之後，在電子顯微鏡的輔助之下，赫胥黎自己也得到相同的結果，不過現在他有非常充足的實驗結果支持。

當時赫胥黎拒絕接受還不成熟的結論，寧願把關於肌絲滑動理論的發現拖延兩年，那是因為他有

---

*貝魯茲跟肯德魯兩人首先解開的是抹香鯨的肌紅素蛋白構造。選這個蛋白質做研究似乎很怪。真正的原因其實是，他們在捕鯨船甲板上的血塊與血跡發現這個蛋白質的結晶（在深海潛水的哺乳類動物如鯨魚的肌肉裡，肌紅素的濃度非常之高）。蛋白質會結晶這種特性非常重要，因為結晶學要能成功，樣品一定要形成某種形式的結晶，或至少有重複的構造。

準確的洞察力，相信若能結合X射線結晶學與電子顯微鏡兩者的威力，必定能夠揭開肌肉收縮的分子機制。赫胥黎指出，這兩個技術都各有缺點，「電子顯微鏡可以給我們清晰又明確的影像，但是同時又太過人工化。X射線結晶可以給我們真實的資料，但卻難以解讀。」而他的洞見來自於相信其中一項技術的缺點可以被另外一項的長處補足，反之亦然。

赫胥黎也很幸運，因為當時沒有人有遠見，可以看出科技在未來半世紀中會有長足的進展，特別是X射線結晶學的技術。X射線結晶學最大的問題就在於射線的強度。要讓X射線通過物體產生可被觀察的繞射（或散射）圖案，需要非常大量的射線。這需要花非常多的時間（在一九五〇年代這要花上數小時至數天，赫胥黎跟其他科學家常常需要花上一整晚，等脆弱的X射線來源冷卻），不然就需要極強的放射源，能在瞬間產生強力X射線。生物學家這次又再度仰賴物理學的進展，特別是在粒子同步加速器技術上的進展。這些環狀的機器，是利用同步處理的磁場與電場，加速質子與電子這類次原子粒子，到達宇宙射線的速度，再讓它們撞擊在一起。對於生物學家來說，同步加速器的好處，其實恰好來自對物理學家來說惱人的副作用。當帶電的粒子在環狀軌道中加速時，會釋放出電磁波，或稱為「同步加速器光源」，而這些電磁波大部分恰好就落在X射線的範圍中。這些非常好用的強力射線，可以在不到一秒的時間內照出好幾種不同的模式，而這在一九五〇年代，用傳統技術原本可能要花上數小時至數天的功夫。這對肌肉研究來說格外重要，因為肌肉收縮不過就在好幾百分之一秒內發生。要想在肌肉收縮的時候同步研究分子的結構改變，利用同步加速器光源是不二法門。

當赫胥黎最早提出肌絲滑動理論的時候，這理論不可避免地還只是一個充滿不完整資料的假說。但是從那時候開始，理論中預測的許多詳細機制已經漸漸被赫胥黎以及其他科學家，利用相同的技術一點一滴釐清，解析到了原子等級以及數分之一秒的細微程度。維多利亞時期的科學家只能看到稍微放大的顯微結構，赫胥黎卻可以看出詳細的分子結構模式，並且預測作用機制。如今，除了一小部分機制尚未確定以外，我們幾乎知道肌肉是如何一個原子一個原子地收縮。

肌肉收縮所依賴的是兩種蛋白質，那就是肌凝蛋白與肌動蛋白。這兩個蛋白質的構造，都是由不斷重複的單元所結成的長條纖維（也就是聚合物）。較粗的肌絲由肌凝蛋白所構成，這是維多利亞時期的科學家所給的名稱，而較細的肌絲則是由肌動蛋白所構成。這兩種纖維，粗肌絲與細肌絲，各自被綑成一束，彼此平行並排在一起，在兩種纖維束之間則由一個個與纖維呈直角的小小橫橋構造連在一起（赫胥黎在一九五〇年代首次用電子顯微鏡看到這個構造）。這橫橋並非僵硬不動，而是可以前後搖擺的構造。每搖擺一次，它們就把肌動蛋白往前推一點點，看起來就好像一艘長船上的水手，在水面上划船。但是跟維京船不一樣的地方是，這裡的槳擺動頗不規則，這些水手似乎並不想聽從單一命令。在電子顯微鏡下面檢視的結果可發現，在數千個這種橫橋結構中，擺動和諧一致的還不到一半，剩下大部分的槳看起來排列都前後不一。不過數學計算的結果顯示，這種輕微的擺動，就算並不和諧一致，但是加總起來，力量卻大到足夠讓肌肉收縮。

所有這些橫橋結構都是從粗肌絲伸出來的，它們其實是肌凝蛋白的一個次單元。從分子的角度來看，肌凝蛋白非常巨大，它比一般蛋白質的平均尺寸（比如說血紅素）大了八倍。整體來講，肌凝蛋白的形狀有點像精子，或者其實應該說比較像兩個精子，頭部並排而尾巴緊密的纏繞在一起。每個肌凝蛋白分子的尾巴又與其他肌凝蛋白的尾巴間隔交錯排列在一起，這讓粗肌絲看起來像條繩索一樣。

它們的頭部不斷地從繩索中冒出來，而正是這些頭部組成橫橋結構，與肌動蛋白形成的細肌絲互相作用（見**圖6.2**）。

這些擺動的橫橋如何運作呢？首先橫橋會黏到肌動蛋白纖維上，一旦接上去它就可以跟一個ATP分子結合，這個ATP分子足以提供整個過程所需的能量。當ATP接上去後，橫橋會馬上被釋放開來，往前擺動七十度（透過橫橋那有彈性的「頸部」），之後再次接到肌動蛋白上。接上去之後，能量耗盡的ATP就會被釋放出來，而橫橋也彎曲回原來的樣子，因此把整個肌動蛋白纖維往後拉。這整個循環：釋放、搖擺、結合、拖曳，跟划船幾乎一模一樣，每一次都拉動細肌絲數百萬分之一公釐。ATP分子在此扮演最重要的角色，沒有它的話橫橋無法從肌動蛋白釋放，也無法擺動，其後果就是肌肉僵直，像動物死後肌肉就是因為缺少ATP，因而造成死後僵直（僵直會在幾天之後消失，因為肌肉組織

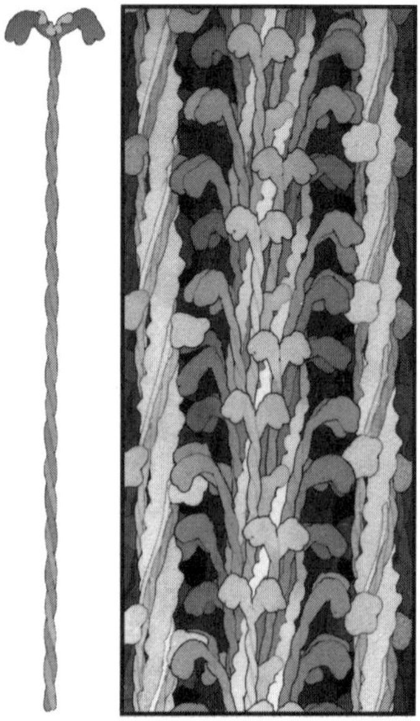

圖6.2　由美國分生學家顧賽爾所繪製肌凝蛋白精緻水彩畫。左邊是一個肌凝蛋白分子，圖中可以看到蛋白質的兩個頭從上面凸出，尾巴纏繞在一起。右邊是肌凝蛋白形成的粗肌絲，可以看到每個蛋白質的頭部都凸出來與兩邊的肌動蛋白連在一起，而尾部則纏繞如粗繩索。

開始分解）。

肌肉橫橋的種類有許多種，結構都大致相同，但是速度有差異。總計起來這是一個超級大家族，有上千個成員，光是人體裡面就有大約四十種不同的橫橋。肌肉收縮的速度，其實是受到肌凝蛋白種類的影響。快速肌凝蛋白可以快速地利用ATP，同時讓收縮循環快速運行。在每種動物體內都有好幾種不同種類的肌肉，它們各自有不同的肌凝蛋白，收縮速度也不同＊。不同物種之間也有類似的差異。目前已知最快的肌凝蛋白是昆蟲（像果蠅）翅膀肌肉的蛋白，每一秒鐘可以做數百次收縮循環，這整整比大部分哺乳動物的肌肉，速度快上一個級數。一般來說，愈小的動物肌凝蛋白的速度也愈快，因此一隻小鼠的肌肉收縮速度，跟人類相同部位的肌肉來比，速度要快上三倍，而大鼠則比人快兩倍。已知最慢的肌凝蛋白，則屬於樹懶與陸龜等極其緩慢的動物所有。這些肌凝蛋白分解ATP的速度，比人類的要慢上二十倍。

雖然肌凝蛋白消耗ATP的速度，決定了肌肉收縮的速度，但是消耗掉ATP後並不等於肌肉停止收縮，否則的話我們每次上完健身房，肌肉大概都會變得跟死屍一樣僵直，然後需要被抬回家伸展

＊不同的肌肉其實含有不同纖維的混合物。快縮肌纖維依賴無氧呼吸來提供能量，雖然快速但是很沒效率。這種肌纖維收縮很快（含有快速肌凝蛋白），但是也很快疲勞。它們也不怎麼需要微血管網絡、粒線體或是肌紅素，而這些都是有氧呼吸所需要的裝備。缺少這些構造讓肌肉看起來呈現白色，這是白肉形成的原因。慢縮肌纖維主要分布在紅肉中，依賴有氧呼吸（依賴慢速肌凝蛋白）。它們收縮較慢，但是也比較慢才疲勞。

開來。事實上我們的肌肉是會疲勞的，這似乎是為了避免僵直所產生出來的適應性。決定肌肉開始跟結束收縮的，是細胞裡面的鈣離子濃度，而正是這些離子，把肌肉收縮跟賈法尼的動物電流串連在一起。當一道神經脈衝傳下來時，鈣離子會很迅速地透過一系列網狀的小管，傳播到細胞裡面。接下來有一連串的步驟，不過我們無須傷腦筋，總之最後鈣離子會讓肌動蛋白纖維上面與橫橋連接的位置暴露出來，這樣一來，肌肉就可以開始收縮。不久之後，細胞裡面已經充滿鈣離子了，鈣離子通道就會被關閉，然後離子幫浦開始運作，把所有的鈣離子打出細胞外面，以便讓細胞回到原本的待命狀態，準備迎接下一次任務。如此，細胞裡面鈣離子濃度降低，肌動蛋白纖維上的結合點就會被遮蔽起來，搖擺橫橋就無法再與之結合，肌肉收縮因此而中止。具有彈性的肌小節就會很快地回復到原本的放鬆狀態。

當然這個描述其實極度簡化了肌肉運作的機制，簡化到了近乎荒謬的地步。隨便翻開任何一本教科書，你都可以找到一頁又一頁詳細的描述，一個蛋白質接著一個蛋白質，每一個都有精細的結構或是調節功能。肌肉生化學的複雜程度其實相當嚇人，但是潛藏在背後卻是極度的簡單性。這個簡單性並不只是幫助我們了解肌肉的工具，事實上它是演化出複雜生物的中心原則。在每一個不同物種身上的不同組織中，調控肌動蛋白與肌凝蛋白結合的方式都各不相同。這些生化上細節的差異，宛如巴洛克教堂上面的洛可可風裝飾，每一座教堂單獨來看，其裝飾之華麗，都讓教堂顯得是座極品，但是它們全部都還是巴洛克教堂。同樣的，即使各種肌肉的功能在細節上差異有如洛可可風裝飾，但是肌凝蛋白還是接在肌動蛋白上面，永遠都接在同一個位置，而ＡＴＰ則一直扮演推動纖維滑動的角色。

比如說拿平滑肌當作例子來看，它收縮括約肌與動脈的能力，曾經讓鮑曼跟他維多利亞時代的同行感到非常困惑。平滑肌完全沒有骨骼肌的橫紋，但是仍是靠肌動蛋白與肌凝蛋白來收縮；平滑肌的纖維排列極為鬆散，非要有顯微鏡的威力才可以觀察到。肌肉裡肌動蛋白與肌凝蛋白的作用機制也相對簡單，鈣離子流會直接刺激肌凝蛋白的橫橋，而不必透過那些圍繞骨骼肌的小管來散布。但是在其他方面，平滑肌跟骨骼肌收縮的方式則非常類似，兩者都是靠肌凝蛋白與肌動蛋白結合來收縮，透過一樣的循環，同時都依賴ATP提供能量。

平滑肌這種簡化的收縮版本，暗示了它或有可能是骨骼肌演化之路上的前身。平滑肌就算缺少複雜的顯微結構，仍是收縮功能十分良好的組織。然而根據研究不同物種肌肉蛋白質的結果顯示，肌肉的演化，沒我們想的那麼簡單。日本國立遺傳學研究所的兩位遺傳學家，齋藤成也與太田聰史，做過一篇嚴謹的研究，結果顯示哺乳動物骨骼肌裡面的蛋白質，跟昆蟲用來飛行的橫紋肌蛋白質極為相似，這代表兩者必定是從脊椎動物跟無脊椎動物共祖身上演化而來，也就是說大概出現在六億年前。這個共祖就算還沒有骨骼，但必定已經演化出橫紋肌了。而平滑肌情況也差不多，也可以追溯到相同的共祖身上。所以平滑肌並不是複雜橫紋肌的演化前身，它們兩者走的是不同的演化路線。

這是一個值得注意的事實。我們身上骨骼肌裡的肌凝蛋白，跟在家裡面四處飛舞惱人的蒼蠅飛行肌肉裡的肌凝蛋白，關係十分親近，比跟那些控制你消化道的括約肌裡的肌凝蛋白還要親。更驚人的是，橫紋肌與平滑肌分家的歷史還可以再追溯到更久以前，可以早到對稱動物出現之前（脊椎動物跟昆蟲都是對稱動物）。水母似乎也有可跟人類相比擬的橫紋肌。所以儘管橫紋肌跟平滑肌都利用類似的肌凝蛋白與肌動蛋白系統來收縮，但是這兩個系統，卻似乎是從同一個有平滑肌跟橫紋肌兩種細胞的共祖身上，各自獨立演化出來的，這個共祖已經同時有平滑肌跟橫紋肌兩種細胞了。這個共祖屬於最早出現的動物之一，在那個時候水母大概就算是演化創作的極品了。

儘管橫紋肌與平滑肌的演化歷史超出我們預期，但是可以確定的是，眾多變化萬千的肌凝蛋白都來自同一個共祖。它們的基本結構都一樣，都會跟肌動蛋白以及ATP結合，而且結合在相同的位置上。它們也都執行一模一樣的機械循環。如果說橫紋肌跟平滑肌的肌凝蛋白來自於相同的共祖，那麼這個共祖應該要比水母還原始，它可能既沒有平滑肌也沒有橫紋肌，但是已經有肌動蛋白跟肌凝蛋白，只不過拿來做別的事。它們的用處會是什麼呢？這問題的答案其實一點也不新，早在一九六〇年代就已經被發現，而且是源自某一個意外的發現。儘管這個發現算是老古董，然而在生物學裡很少有發現，可以像這個一樣具有透視力，一下子就為肌肉的演化歷史打開一扇大窗。是赫胥黎透過電子顯微鏡發現，肌凝蛋白的頭，可以「裝飾」到肌動蛋白纖維上。讓我解釋得詳細一點。

所有各樣的肌肉纖維都可以被萃取出來，然後分解成為次單元。以肌凝蛋白為例，它的頭可以跟尾巴分開，然後在試管裡跟肌動蛋白結合。而肌動蛋白呢，只要放在適當的環境中，它會很快地自己結合成長條纖維，聚合是肌動蛋白的天性。肌凝蛋白的頭會接到肌動蛋白纖維上，就如同肌肉裡面的情況一樣。這些頭排列在肌動蛋白纖維上宛如一個個小箭頭，而且所有箭頭都朝同一個方向，這表示肌動蛋白具有極性：肌動蛋白只會用一種方式組合，而肌凝蛋白永遠只會接在同一個方向上，這樣才能產生力量。（在肌小節裡，肌動蛋白聚合方向會在中點Z線處反過來，如此才能從兩邊往中間拉，因此一整段肌小節成為一個收縮單位。每一個相鄰的肌小節收縮，結果就是肌肉整體收縮。）

這些小箭頭只會接在肌動蛋白纖維上，完全不會與其他蛋白質作用，因此我們可以在其他細胞裡加入肌凝蛋白的頭，用來檢驗是否有肌動蛋白。在一九六〇年代以前，所有人都假設肌動蛋白是肌肉所特有的蛋白質，理應存在不同物種的肌肉細胞裡，但是不可能出現在其他細胞中。然而生化學的研究結果大大挑戰了這個常識，因為研究發現，一個最不可能有肌肉的生物，也就是我們用來烘焙的酵母菌，也可能有肌動蛋白。這個用肌凝蛋白的頭，接上肌動蛋白纖維的簡單實驗，卻像是打開了潘朵拉的盒子，揭露了許多真相。赫胥黎是第一個打開它的人，他從黏菌中萃取出肌動蛋白，然後加入兔子的肌凝蛋白，結果發現兩者可以完美結合（見**圖6.3**）。

肌動蛋白是無所不在的。所有複雜的細胞裡面都帶有由肌動蛋白所形成的骨骼，稱為細胞骨骼（見**圖6.4**）。我們體內所有的細胞，乃至於其他動物、植物、真

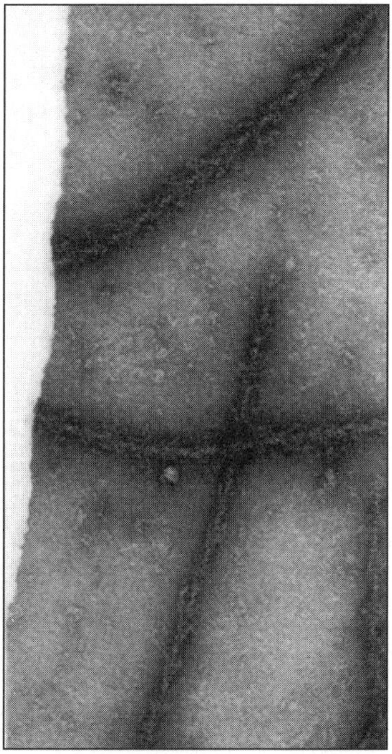

圖6.3 由多頭絨泡黏菌（*Physarum polycephalum*）裡萃取的肌動蛋白纖維，接上由兔子肌肉萃取的肌凝蛋白「小箭頭」。

菌、藻類、原蟲等，全部都有肌動蛋白構成的細胞骨骼。由兔子肌凝蛋白可以跟黏菌肌動蛋白結合這件事實可以看出，不同物種差異極大的細胞中，肌動蛋白纖維的構造應該非常相似。這個看法非常正確，卻也很令人訝異。如今我們知道，酵母菌跟人類肌動蛋白的基因相似度高達百分之九十五*。由這個觀點來看，肌肉的演化就變得非常不一樣。用來推動我們肌肉的纖維，其實也可以用來推動微小世界裡所有複雜的細胞。它們真正的差異在於組織方法不同。

關於音樂，變奏曲有些地方讓我特別喜歡。據說年輕的貝多芬有一次在莫札特面前表演，而莫札特聽完之後，並沒有對貝多芬的演奏特別印象深刻，除了他的即興創作能力之外——也就是說他可以將一個簡單的主題，變幻出毫無止境旋律與節奏各異的版本。隨後，這個技巧讓他創造出偉大的《迪亞貝里變奏曲》。貝多芬變奏曲的形式其實非常嚴謹，就如同在他之前巴哈的《郭德堡變奏曲》一樣。他會維持基本的旋律主題不變，而讓整個作品有著可

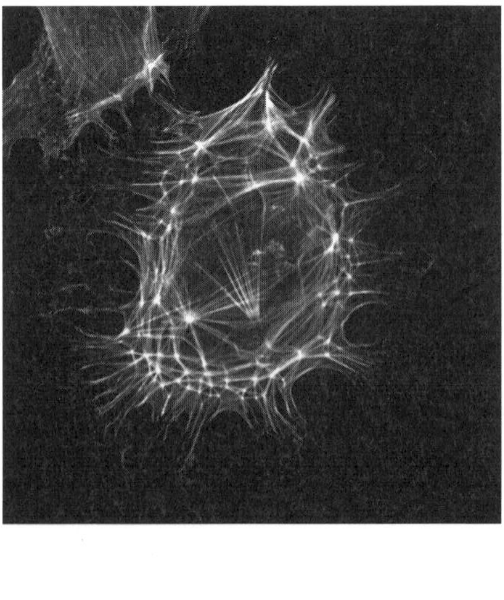

圖6.4　牛軟骨細胞裡的細胞骨骼。細胞骨骼被螢光染劑phalloidin-FITC所染色。

以立即辨認出來的統一性。在貝多芬之後，這個嚴謹度往往被作曲家放棄，以便能夠詳細表達作曲家的情緒與想法，但是卻讓作品缺乏數學的宏偉度。在聽那些作品的時候，感覺起來許多隱藏的細緻差別無法顯露，空間感無法被表達完整，作品的潛力也沒有發揮到極致。

音樂上這種針對一個主題演出各種可能的變異，同時又嚴格保有各結構組成成分的一致性，其實跟生物學很像。比如說，肌凝蛋白與肌動蛋白組成機器這個主題，透過天擇毫無止境的想像力，也產生無限的變化，在結構跟功能上都發揮得淋漓盡致。任何一個複雜細胞的內在小世界，都可以見證這些不平凡機構中具有嚴謹的變異性。

運動蛋白質跟細胞骨骼纖維之間的交互作用，負擔了讓整個複雜細胞世界動起來的重責大任，不管是細胞裡面或是細胞外面都是。許多細胞都可以在堅硬的表面上輕輕鬆鬆的滑行，完全不需要費力拍打四肢或是扭動身軀。還有一些細胞會形成所謂的偽足構造，可以延伸出去拖曳細胞本體，或者用來捕捉獵物，然後吞入原生質皺褶裡。此外還有細胞擁有纖毛或鞭毛，它們規律地扭動可以驅動細胞四處遊走。在細胞內部，細胞質則是令人炫目的紛亂，不斷地有內含物四處傳送永不止息。在這個小

---

*這裡的描述其實有點過度簡化了：兩者基因序列相似性只有百分之八十，但是胺基酸序列的相似度卻高達百分之九十五。造成這種現象的原因，是因為許多不同的密碼都可以轉譯出相同的胺基酸（詳見第二章）。這種差異所反映出的，正是慣常發生在基因上面的突變，搭配上強力維持原始蛋白質序列的天擇作用，所產生的結果。看起來唯一被天擇所允許的突變，就是那些不會改變蛋白質裡胺基酸的突變。這只是另外一個小例子告訴我們，天擇確實在作用。

小世界中，像粒線體這樣的巨大物體會橫衝直撞，而染色體們則跳著它們的嘉禾舞曲，然後慢慢往各自的角落退場。一旦細胞分裂完成，一分為二之後，染色體又會幫自己在中間位置套上自我束縛的枷鎖。所有這一切運動都仰賴細胞裡面的小工具箱，而肌動蛋白與肌凝蛋白正是其中最重要的元素。而這一切其實只不過是圍繞著相同主題的各種變奏曲而已。

想像一下把自己縮小到一個ATP分子的尺寸，這樣細胞看起來就變得巨大如一座未來的城市。用力伸長脖子朝上朝下朝四周看一下，儘量能看多遠就看多遠，你會發現這裡到處都是讓人頭暈目眩的一排排纜線，這些纜線還又接在更多的纜線上。有些纜線看起來脆弱又纖細，有些看起來卻十分粗壯。在這座細胞城市中，重力一點意義也沒有，黏度才是一切的主宰，而這是由四處隨意碰撞的原子所造成的。你可以在這裡試試看移動身軀，你將會發現自己宛如陷在一團濃稠的蜂蜜裡一般動彈不得。忽然間，從這個紛亂的城市裡冒出一台很特別的機器，像一對機器彼此手牽手連在一起一樣，用很快的速度沿著一根纜線如同在軌道上行走。跟在後面的則是一個巨大笨重的東西連在這對機器手臂上，被它們拖著飛馳而來。如果你碰巧站在路中間的話，可能會以為自己要被一座飛行發電廠撞上了。不過事實上也沒錯，這個疾馳而來的東西就是粒線體，它正要趕往城市的另一端去執行發電的任務。現在再往四處看看，其實還有好多東西也都朝同一個方向移動，有些快有些慢，但是所有東西的共通處就是都被相同的機器拖著，沿著橫跨天際四處的纜線移動。接著，在粒線體通過之後的一瞬間，你會覺得自己被一陣渦流刮走，跟著它如漩渦般打轉。這陣渦流是慣常攪拌細胞裡面所有東西的循環，稱為胞質循流。

這是由奈米科技的角度，去看一個我們平常從來沒有想過的複雜世界。當然在這個怪誕的未來城市中，仍然應該有些東西是我們熟知的。我剛剛所描述的景象很可能其實就是你身體裡面的某個細胞，當然也可能是一顆植物細胞、一個真菌，或者是一個在你家附近池塘裡游泳的單細胞原蟲。在細胞的世界裡面有一種驚人的共通性，它讓細胞與我們周圍世界產生非常有意義的相關連結。從細胞的觀點來看，你只是整個身體建造計畫中的眾多變異之一而已，只不過是用許多相似的積木，去搭出某個偉大作品的眾多拼法之一。但這積木多了不起呀！每個喧鬧的真核細胞迷你城市（真核細胞是帶有核的複雜細胞，請見第四章），都跟簡單的細菌內部世界有極大的差異。這差異絕大部分都要歸功於大量的細胞骨骼以及毫不間斷的交通系統，持續不斷地把細胞內的物質送往迎來。沒有這些夜以繼日運作的交通系統的話，所有的細胞城市將會癱瘓，就好像我們的大城市缺少主要幹道一樣。

所有細胞裡面的交通都源自於各式大同小異的運動蛋白質。首先該提的就是那個在肌動蛋白纖維上跳上跳下的肌凝蛋白，它就是這樣在肌肉裡面運作。不過差異也就在這裡。在肌肉裡面，肌凝蛋白有百分之九十的時間是與肌動蛋白纖維脫節，如果它們不這樣做，而持續不斷地黏在纖維上的話，就會嚴重阻礙其他搖擺中的肌凝蛋白橫橋，這情形就像在一艘長划艇上其中一位槳手故意不把槳抬離水面一樣。在肌肉裡面這種安排可以運作，因為肌凝蛋白的尾巴會纏繞在粗肌絲上，而把肌凝蛋白的頭部拴在非常靠近肌動蛋白的地方。但是對於那些橫跨細胞天際的各種纜線來說，這種布置可行不通，因為一旦運動蛋白質脫離纜線之後，它就會開始橫衝直撞地企圖馬上抓住另一條纜線（不過在某些例子中，電力的交互作用卻可以把這些運動蛋白質拴在離纜線不遠處）。

比較好的解決辦法是發展出一種「前進式」馬達，一邊接在纜線上一邊還可以在纜線上移動（前進）。而蛋白質真的也就是這樣，稍微改變一下肌凝蛋白的結構，就把自己變成一顆前進馬達，可以稍微離開肌動蛋白纖維卻又不至於完全脫鉤。有哪些結構改變了呢？首先是肌凝蛋白的頭頸部要稍微延長一點。還記得在肌肉裡面，兩個肌凝蛋白頭部會緊緊靠在一起？因為從頸部到尾部都被纏繞住，但是除此之外這兩個頭部其實沒有什麼合作關係。現在我們稍微把頸部延長一些，讓兩個蛋白質頭部不再靠那麼緊，而多一點自由空間。這樣一來當一個頭部黏在纖維上時，另一個還可以搖擺，因而造就了一種「手牽手」一步一步在纖維上移動的前進馬達*。還有其他的變異版本包含有三個甚至四個頭部連在一起的。當然不論是任何一種變異版本，都不會有纏繞成粗肌絲纖維的那條尾巴，這些肌凝蛋白頭部都可以四處移動。最後，許多物件都可以藉著「連接蛋白質」接在這些馬達上，一個馬達接一個。如此就成了一群前進馬達，可以把細胞裡的東西沿著肌動蛋白軌道運往四處。

這一群了不起的蛋白質是怎麼出現的？在細菌世界裡並沒有可以相比擬的東西。不過，肌凝蛋白配肌動蛋白也不是真核細胞裡面唯一的雙人配對載具。另一組運動蛋白質叫做驅動蛋白，它作用的方法跟肌凝蛋白差不多，也是用手牽手的方式在那些橫跨天際的細胞骨骼上移動。不過在驅動蛋白的例子裡，讓人困惑的纜線並非肌動蛋白纖維，而是一條充滿孔洞的管子，稱作微管，聚合成它們的蛋白質小單元則稱為微管蛋白。微管的工作很多，其中一項就是在細胞分裂的時候形成紡錘體，把染色體拉開。當然還有其他幾種運動蛋白質，不過我們無須繼續花時間討論。

所有這些運動蛋白質與它們的高架軌道，其實在細菌裡面都有雛形，不過不是那麼顯而易見，因為它們負責的工作不同**。在這裡，X射線結晶學又再度幫我們釐清這些蛋白質間的血緣關係，而如果只靠基因序列比對，恐怕永遠也鑑別不出來。

肌凝蛋白與驅動蛋白這兩種最主要的運動蛋白質，從基因序列上面來看，幾乎沒有可辨認的相似之處。其中某些序列或許相同，但是長久以來科學家都認為那只是巧合或是趨同演化的結果。確實驅動蛋白跟肌凝蛋白看起來很像典型的趨同演化產物，也就是說兩個本來毫無關聯的蛋白質因為負責類似的工作，結果慢慢特化發展出類似的結構。就好像蝙蝠跟鳥，也是為了因應類似的飛行挑戰，結果都各自獨立發展出翅膀。

後來，X射線結晶學解開了兩個蛋白質的三維立體結構，到了原子等級的地步。基因序列所告訴我們的，是二維的線性字母序列，如同歌詞一般，但是沒有音樂。結晶學所給我們的，卻是蛋白質的

---

*當然，這種改變實際上也會反過來發生：前進馬達最後變成粗肌絲纖維。這或許解釋了為何肌肉中的每個肌凝蛋白分子仍有兩個頭，儘管它們似乎沒有充分地協調運作。

**細菌也會四處移動，不過是用鞭毛，這跟真核細胞是大異其趣。基本上鞭毛就像個螺旋鑽，由蛋白質馬達驅動，繞著軸心不停旋轉。細菌的鞭毛也常被用來舉例說明「無法化約的複雜」這個概念，但是關於這個問題已經在別的地方被清楚地解答了，所以我就不在此贅述。（譯注：「無法化約的複雜」是基督教對演化論的批評，他們主張生物某些複雜的器官完全沒有簡化的可能，所以不可能是演化的產物。）如果你想對鞭毛了解更多一點，請參閱肯．米勒所寫的《脫韁的鞭毛》，他是位卓越的生化學家，也是智慧設計運動的天敵，更是位虔誠的天主教徒。對他而言，相信生命中分子的詳細機制可以用演化解釋，與相信神之間完全沒有衝突。不過對於智慧設計論者，米勒視他們為雙重失敗者，「在科學上失敗因為它們完全不符合科學證據；在信仰上失敗因為他們心中沒有太多上帝。」

三度空間的形貌，就好像完整的歌劇。華格納曾說過：歌劇的音樂必定來自歌詞，歌詞先於一切。但是今日不會有人因為那些激情的日耳曼式文字而記得華格納，反而是他的音樂流傳下來，啟發後代的音樂家。同樣的，基因序列就是大自然的文字，而真正的蛋白質音樂卻是藏在它的形狀之中。是這個形狀通過天擇的考驗，才能存活下來。天擇才不管基因序列呢，天擇在乎的是功能。雖然說基因決定功能，但這功能卻常常必須透過一套我們還不清楚地蛋白質摺疊規則，把蛋白質摺出特定形狀才能執行。因此，很多基因有可能因為分開太久太遠，以至於在序列上完全沒有相似性，這就是肌凝蛋白跟驅動蛋白。但是藏在蛋白質深處的旋律卻還在，有待結晶學來揭露。

根據結晶學，我們現在知道肌凝蛋白與驅動蛋白，儘管基因序列差異甚大，但確實來自共同祖先。從它們的三維立體結構來看，許多蛋白質摺疊法與結構都相同，許多關鍵點的胺基酸也都被保存下來，在空間上面向同一個方向。這是演化不可思議之處，經過好幾十億年，儘管蛋白質的成分甚至是基因序列都被時光所侵蝕，但是相同的模式、相同的形狀、占據了相同的空間——這些細節卻從原子等級上被保留下來。這些形狀上的相似性清楚地指出，肌凝蛋白跟驅動蛋白是來自細菌祖先裡的一個大家族*。這些祖先確實也從事某種跟運動或是施力有關的工作（它們到今天還是做著一樣的工作），比如說從一個構型轉換成另一個構型，但是沒有一個細菌蛋白質有移動能力。X射線結晶學讓我們看清這些蛋白質骨架，如同X射線讓我們看清鳥類的翅膀結構。就像翅膀祖先的骨骼與關節結構清楚地指出它們來自於毫無飛行能力的爬蟲類四肢，運動蛋白質的結構也清楚地顯示它們來自於可以變化形狀，但還沒有移動能力的蛋白質祖先。

結晶學研究也告訴我們細胞骨骼演化有趣的一面。這些由肌動蛋白跟微管蛋白所組成、高懸於四處的纜線十分讓人費解。你一定會想問，為什麼細胞會想要演化出這些高架纜線或是運動蛋白質的快速道路？一開始還沒有這些蛋白質汽車呀？這豈不本末倒置？其實不然，因為細胞骨骼本身自有用處。它們的價值來自於它們的形狀。所有真核細胞的形狀，從細長的神經細胞到扁平的內皮細胞，都靠這些細胞骨骼纖維來維持。而後來我們發現細菌也差不多。長久以來生物學家都認為細菌的各種形狀（桿菌、螺旋菌、弧菌等），是因為它們有堅硬的細胞壁。因此後來在一九九〇年代中發現細菌也有細胞骨骼時，著實讓大家吃了一驚。這些骨骼，是由類似肌動蛋白與微管蛋白的細纖維所構成，可以幫助細菌維持各種精巧的形狀。（如果讓這些細胞骨骼突變的話，原本形狀複雜的細菌就全都會脹成最簡單的球狀。）

就像剛剛提過的運動蛋白質一樣，細菌與真核細胞的骨骼在基因上相似處也甚少。不過在千禧年交替之際，科學家利用結晶學，解出細菌骨骼的三度空間立體形狀，結果非常讓人吃驚，甚至比運動蛋白質的形狀更讓人吃驚。細菌與真核細胞骨骼蛋白質，在結構上可以完全重疊，它們有一樣的形狀，占據相等的空間，在少數關鍵位置上的關鍵胺基酸完全相同。很明顯地真核細胞的骨骼來自於細菌的同類蛋白質，而形狀與功能都被保存下來。兩者今日在維持細胞形狀上都十分重要，而且功能其實都不止於此。這些骨骼與我們堅硬的骨骼不同，它們具有機動性而且隨時在自我重組，如同捉摸不

---

*說的精確點，它們是G蛋白，這是一大家族的蛋白轉換器，負責傳遞訊息到細胞裡面。在細菌體內的親戚則是一個叫做 GTPase 的大家族。這些蛋白質的名稱並不重要，這裡我們只要知道已經找到它們的祖先即可。

定的雲，會在暴風雨天忽然聚集成群。它們可以施展力量，移動染色體，可以在細胞分裂時把細胞一分為二；此外，在真核細胞裡它們還可以幫助細胞延伸出去，完全不用借助任何運動蛋白質。換句話說，細胞骨骼本身就可自我移動，這是如何辦到的？

肌動蛋白纖維跟微管蛋白纖維，都是由重複的蛋白質次單元，自動接成一條長鏈，或稱為聚合物。這種分子聚合能力並不罕見，像塑膠也是由簡單的基本單元不斷重複，組合成一條永無止境的分子長鏈。細胞骨骼稀奇的地方在於，這些結構永遠處於一種動態平衡：新加入的次單元跟分解出來的次單元之間，或者說聚合化與去聚合化之間，是永無休止的動態平衡。其結果就是細胞骨骼永遠在自我重組，堆起來然後再拆開。神奇的地方在這裡，這些次單元永遠只能接到一端上（它們堆起來的方式很像樂高積木，或者更精確一點來說，比較像一落羽毛球），然後只能從另一端分解。這種性質讓細胞骨骼產生力量，下面我來解釋。

如果這條纖維從一端加入跟從另一端分解的速度維持一樣的話，那麼這個聚合纖維的長度整體來說不會變，但在這種情況下，纖維看起來會往加入次單元的那一端移動。如果碰巧有物體擋在路中間的話，那這個物體就會被往前推。不過事實上這個物體並不是被纖維所推動，這個物體其實是被周圍自由運動的分子所碰撞推擠，然後每一次推擠，都會在物體跟纖維頂端之間產生一點點小空隙，如此一來新的纖維次單元就可以擠進來黏上去。藉著這種方法，生長中的纖維可以阻止物體被推回來，因此整體來說這些任意碰撞的力量，會把物體往前推。

或許最明顯的例子，就是當細胞受到細菌感染，然後骨骼系統被搞亂的時候。比如說會造成新生兒腦炎的李斯特菌，會分泌兩到三種蛋白質，合在一起可以劫持細胞的骨骼系統。如此一來，細菌就可以在被感染的細胞裡面四處遊走，在細菌後面則是好幾條不斷合成又分解的肌動蛋白纖維在推動，讓細菌看起來宛如帶著尾巴的彗星。一般認為當細菌在分裂時，染色體跟質體（小小的環狀ＤＮＡ）分開的過程也是如此。還有，類似的過程也不斷在變形蟲體內發生（同時也會在我們的免疫細胞像是巨噬細胞體內發生）。細胞所伸出的延伸結構或是偽足，其實就是被這種不斷合成又分解的肌動蛋白纖維所推出去，完全無需複雜的運動蛋白質參與其中。

機動的細胞骨骼聽起來好像跟魔術一樣，但是根據美國哈佛大學的生化學家米契森的看法，這一點也不稀奇。這一切現象的背後，其實只是非常基本的自發性物理反應，完全無須任何複雜的演化。本來沒有結構功能的蛋白質，有時候也會因為某種原因突然聚合起來形成大型細胞骨骼，也有可能產生力量，然後又快速地分解回復到原始狀態。這種現象聽起來似乎十分危險，而確實在大多數的情況下也都是有害的。以鐮狀血球貧血症為例，當氧氣濃度低的時候，突變的血紅素分子會自動在細胞裡聚合成網狀結構。這種改變會導致紅血球變形，讓它變成鐮刀狀，這是此病的名稱由來。不過換句話說，這種聚合也是一種施力與運動。當氧氣濃度上升時，這些失常的細胞骨架會自動分解消失，讓紅血球回復到原來的圓盤狀。這也算是某種具機動性的細胞骨骼，雖然不是很有用*。

但很久很久以前，相同的事情一定也曾經發生在細胞身上。肌動蛋白纖維與微管蛋白纖維的次單元，原本是來自其他蛋白質，在細胞裡面做著其他工作。偶爾結構上面的小小改變，像是突變的血紅素一般，讓它們有自動聚合成纖維的能力。但是跟鐮狀血球性貧血所不同之處在於，這種變異應該有立即的好處，因為天擇揀選了它。這個立即的好處或許跟運動沒有直接關係，甚至沒有間接關係。

事實上，鐮狀血球的血紅素也是在瘧疾流行的地區被揀選出來，因為只有一個基因變異的話，對瘧疾其實有抵抗力。因此儘管需要忍受長遠而痛苦的後果（鐮狀紅血球因為沒有彈性，所以會堵塞微血管），天擇還是把這個雖自發但卻不受歡迎的細胞骨骼給保留下來，因為它有間接但卻頗有價值的好處，那就是免於被瘧原蟲感染。

所以這了不起的運動性，從最簡單的源頭到骨骼肌所展現各種壯觀的威力，都是依靠一小群蛋白質與它們無數的變形。今天科學家要解決的問題，是要剔除這所有華麗的變奏曲，讓最原始的主題展露出來，要找出最初最簡單的合唱。這問題是今日這個領域裡最令人興奮卻也最多爭議的研究題目之一，因為最原始的曲調是由所有真核細胞之母所吟唱，那是大約二十億年前的事了。想從如此遙遠的時間長河外，光藉由回音去重組原始旋律，充滿了困難。我們不知道這個真核細胞祖先如何演化出運動性。我們也不知道細胞之間的合作關係（共生）是否占有決定性的關鍵，一如馬古利斯長久以來的堅持；或者細胞骨骼是從宿主細胞現存的基因中演變出來。有一些很有趣的謎題如果可以解開的話，應該會為我們指出一條明路。比如說當細菌分裂的時候，細菌用肌動蛋白纖維把染色體拉開，但是卻用微管蛋白的微管把細胞拉緊，一分為二。然而在真核細胞體內卻是恰恰相反。真核細胞分裂時，拉開染色體的紡錘體機器，是由微管所組成，但是收縮階段拉緊細胞的，卻是肌動蛋白纖維。如果我們可以知道這種反轉如何發生，又為什麼發生，那應該會對地球上生命的歷史有更透徹的了解。

對於科學家來說，這些問題極具挑戰性，而我們對於整體圖像已經大致了解，但是細節部分卻還尚待釐清。比如說，我們知道細胞骨骼跟運動蛋白質，是從哪些蛋白質祖先演化而來；但是卻不知道它們來自於共生的細菌，或者來自宿主細胞本身，這兩者都有可能。如果有朝一日我們解答了這些問題，那麼現代生物學的基礎就更加屹立不搖了。目前有一件事情倒是確定不疑，那就是如果缺乏機動性的真核細胞——也就是不會四處移動、沒有機動性細胞骨骼跟運動蛋白質的真核細胞，真的曾經存在的話，那麼它應該早在盤古時代就滅亡了，如同它的祖先一般。所有現存真核細胞的共祖是具有機動性的，這表示機動性應該為細胞帶來極大的好處。由此觀之，機動性的演化不只長遠改變了生態系統的複雜性，還幫助地球改頭換面，讓地球從一個由細菌主宰的簡單世界，變成今日我們眼前豐富多樣的神奇世界。

＊另外一個一樣沒用的例子則是牛隻海綿樣腦病變，或大家比較熟悉的名稱叫做狂牛症。狂牛症是由普里昂蛋白所造成的傳染性疾病，也就是說蛋白質本身就是傳染顆粒。這些蛋白質具有改變周遭其他蛋白質形狀的能力。周圍的蛋白質形狀一旦被改變，就會聚合在一起形成一長條纖維，也可以算是某種細胞骨骼。過去我們都認為普里昂蛋白純然只會致病，但是近來的研究卻顯示，有些「類普里昂蛋白」可能與長期記憶以及大腦裡面突觸的形成有密切的關係。

第七章 視覺

來自盲目之地

視覺是一種罕見的知覺。對於植物界來說，以及對真菌、藻類跟細菌來說，它們沒有眼睛這種東西，至少沒有傳統的定義上的眼睛。而就算對於動物界的生物來說，眼睛也絕非所有生物共通的特徵。一般認為在動物界裡，有至少三十八種不同的基本身體計畫類型，在分類學上稱為「門」，其中只有六種發展出真正的眼睛，剩下的在過去數億年間，都忍受過著一種完全看不到一草一木的日子，然而天擇並沒有因為缺少視覺而鞭笞牠們。

但若從另一種沒這麼刁難的角度來看，則眼睛為演化所帶來的利益就變得十分明顯。分類上並非所有的門都平起平坐，有些門比其他門更占優勢。例如包含人類以及所有脊椎動物在內的脊索動物門，就有超過四萬種以上的物種，而軟體動物門呢，則有蛞蝓、蝸牛跟章魚在內等十萬個物種。至於含有甲殼動物、蜘蛛以及昆蟲在內的節肢動物門，更是有超過一百萬個以上的物種，這些加起來，占了現存所有動物物種的百分之八十左右。相較之下，其他幾個沒沒無名的門，含有怪異的動物像玻璃海綿、輪蟲、曳鰓蟲跟櫛水母，就只有專精的動物學家能叫得出牠們的名字了。這些罕見動物們大多只有幾十個至多幾百個物種，像扁盤動物門，更是只有一個物種。全部加起來，我們會發現有百分之九十五的動物都有眼睛。可以說，少數幾個門類，**過去**發明了眼睛，最終主宰了今日的動物世界。

或許這只是機緣巧合。或許在那少數幾個生物門的身體計畫中，藏有被我們忽略的精巧優點，不過這個可能性實在不大。演化出真正具有空間視覺的眼睛，不論從哪方面來看，都比那些僅能偵測明暗的簡單眼睛，要更徹底地改變了演化的面貌。根據化石紀錄，第一個真正的眼睛，是在五億四千萬年前不知怎麼地突然出現，那時候差不多就是演化「大霹靂」要開始的時候，也就是俗稱的寒武紀大爆發。那時候動物突然留下了大量的化石，紀錄之多樣，令人嘆為觀止。在這些現在已經寂靜了不知多久的岩石中可以發現，幾乎所有現存的動物門都已經毫無預警地出現了。

化石紀錄中動物生命大爆發與眼睛的發明，這兩者發生時間點之接近，幾乎可以確定不是一個單純的巧合事件，因為空間視覺必定改變了掠食者與獵物之間的相對關係。而這一點很可能是（或許根本就是）為什麼寒武紀的動物都身披厚重冑甲的原因，而這更解釋了為何寒武紀動物可以留下大量化石紀錄。倫敦自然史博物館的生物學家派克，曾寫了一本極為精采的書（或許有些地方顯得有點太過激進），很有說服力地舉例說明，眼睛的演化如何引起寒武紀大爆發（詳見《第一隻眼的誕生》，貓頭鷹出版）。至於眼睛能否在這麼短的時間之內突然演化出來（或者說我們是否被化石紀錄所誤導），容我稍後再詳述。現在我們只要記得，視覺帶給動物的資訊遠多於嗅覺、聽覺甚或觸覺，因為這世界上充滿了光線，而我們很難不被看到。生命中許多精采的適應都是應視覺而誕生，不管是像花兒或者是像孔雀一樣炫耀他們的性徵，是像劍龍一樣展示如裝甲般的漂亮背板，甚或是如竹節蟲一樣精巧的偽裝術。我們人類社會更是深受視覺影響，這點實在無須贅述。

除了功能性以外，因為眼睛看起來是如此的完美，視覺的演化在文化上也充滿了象徵意義。自達爾文以降，眼睛就被視為一種圖騰，也是對天擇理論的最大挑戰。像這樣一種既複雜又完美的東西，真的可以透過那種漫無目的的方式演化出來嗎？那些懷疑論者問道：半個眼睛有什麼用處？要知道天擇的作用是透過數不清的小變異累積而來，每一步都必須比上一步要更優秀，否則半吊子成品就會被大自然從這個世界上無情地剔除。而懷疑論者如此主張道：眼睛是如此完美，就跟一個時鐘一樣，是無法再被化約的。這些東西只要移掉一點零件，就毫無功能。一個沒有指針的時鐘有什麼用？同理，沒有水晶體或是沒有視網膜的眼睛也沒有什麼搞頭。那麼如果半個眼睛是沒有用的，眼睛就不可能透過天擇，或是任何現代生物學已知的機制被演化出來，因而必定是天上神的設計無疑。

然而這些挖苦似的論點其實並不能動搖生物學日漸穩固的基礎一毫一分。達爾文的捍衛者主張，眼睛其實一點都不完美，任何有戴眼鏡或是隱形眼鏡，或是失去視覺的人對這點都再清楚也不過。這麼說誠然沒錯，但是這種十足理論性的論點有一個潛在的危險，那就是會掩蓋住許多真正重要的細節。以人類的眼睛為例，一般咸認為，眼睛的構造其實充滿了許多設計缺陷，而這些缺陷恰恰好足以證明演化其實毫無遠見，只是把各種笨拙的東西拼湊在一起，製造出一些跛腳產品。有人說，換做是人類工程師的話，一定可以做出更好的產品，而事實上章魚的眼睛就是優良產品的好例子。但這伶牙俐齒的辯詞其實忽略了一個被稱為歐戈第二定律的玩笑，那就是：演化永遠比你聰明。

讓我們先離題一下來看看這個例子。章魚有一對跟我們人類很相似的眼睛，就是所謂「照相機式」眼睛，在前方有一顆透鏡（水晶體），然後後方有一組感光膜，也就是視網膜（功用等同於相機的底片）。因為我們跟章魚分家之前的最後一個共祖，很可能是某種缺少正常眼睛的蠕蟲，所以章魚的眼睛跟人類的眼睛應該是各自獨自演化出來，只不過是因應環境挑戰，而找到相同的解決辦法。後來詳細比對兩者眼睛構造，所得到的結論也支持這一推論。在發育上，兩者是從胚胎上面不同的組織發展出來，而顯微結構也明顯不同。章魚眼睛組織的排列方式看起來似乎遠比人類的要敏感些。牠們眼睛的感光細胞排列面向光源，然後神經從後面延伸出去直到大腦。相較之下，我們常說人類眼睛的視網膜是裝反了，是一種頗白癡的排列法。我們的感光細胞並非面向光源，反而是被排列在神經纖維後方，這些神經纖維向前凸出，要繞路之後才能往眼球後方傳往大腦。所以當光線射進來時，必須通過這一層神經纖維叢林才能抵達感光細胞，更糟的是，這些神經纖維最後還會集中成一束視神經，從視網膜上的某一點穿出去通往大腦，而網膜上這一點則變成看不見東西的盲點*。

不過也先別太快嫌棄我們的眼睛。通常在生物學裡，事情往往比你想的要複雜。首先這些神經纖維是無色的，所以其實並不會擋到太多光線，甚至在某種程度上，它們還有「波導器」的功用，也就是引導光線垂直照到感光細胞上，以便讓有用的光子效果發揮到最大。另外一個更大的優點或許是，我們的感光細胞直接被包在一群支持細胞中（就是所謂的視網膜色素上皮），這層細胞下面馬上就有非常充足而立即的血液供應。這樣的排列方式，足以讓眼睛的感光色素做持續性的代謝。如果以相同重量（每公克組織）來比的話，人類的視網膜會消耗比大腦更多的氧氣，它可算是人體裡最活躍的器官了，因此這種結構就顯得異常重要。相較之下，章魚的眼睛無論如何也不可能支持如此高的代謝速率。當然或許牠也不稀罕，因為生活在水面以下光線強度減弱許多，也許章魚並不需要如此快速地代謝感光色素。

我想說的只是，在生物學上每一種安排都各有利弊，其結果是在某種選擇力量之下所達到的平衡，而我們未必都能輕易洞察。那些「斬釘截鐵」的論點很危險，因為我們往往只看到事情的一半。在自然界太過想當然耳的論述，往往禁不住反證。我跟大部分的科學家一樣，比較喜歡看一系列完整的資料。像最近幾十年興起的分子遺傳學，為我們提供了非常詳細的資訊，可以針對特定的問題給特定的答案。當我們把所有的資料串在一起之後，眼睛的演化故事就呼之欲出了，它來自一個遙遠而意想不到的綠色祖先。在這一章裡面我們要沿著這條線索，去看看到底半隻眼睛有什麼用處？水晶體又是怎麼演化出來的？視網膜中的感光細胞又從何而來？把這些東西兜成一個故事之後，我們就會看到眼睛的發明，是如何改變了演化的速度。

我們大可輕易用玩笑把「半個眼睛有什麼用？」這種問題打發掉：哪半個？左半邊還是右半邊？我很理解道金斯那快狠準的回答：半隻眼睛比百分之四十九的眼睛要好了百分之一。但是對於像我們這些一直企圖拼湊出半隻眼睛到底長什麼樣子的人來說，百分之四十九的眼睛反而比較令人吃驚。事實上，這個「半隻眼睛」確實是看問題的好方法。眼睛確實可以被適當地分為兩半：前半部跟後半部。有參加過眼科醫生會議的人都會發現，他們往往自動分成兩群：一群專門負責眼球前半部（白內障跟屈光手術外科醫師，專門照顧水晶體與角膜），以及另一群專門負責眼球後半部（視網膜），專門對付黃斑部退化等造成失明的主要原因。這兩群醫師往往很少互動，而當他們偶爾聊起來時，好像根本不是用同一種語言在交談。不過他們這種差異是有根據的，如果我們把眼球所有的光學裝備一一

＊在我以前的學校有幾個頗有名的事件，其中之一是一個男生，他那時候擔任牛津與劍橋兩校划船比賽的舵手。他負責操控的是劍橋大學的長划艇，結果他讓划艇直直撞上一艘平底駁船，然後帶著整船沮喪的隊員一起沉下去。事後他解釋說，那是因為那艘大駁船正好在他的盲點中。

拆掉，眼睛就剩下一層裸露的視網膜：一層感光細胞層，上面空無一物。而這層裸露的視網膜正是演化的中心。

裸露的視網膜聽起來很怪，但是它其實與另外一個也很怪異的環境十分相配，那就是我們在第一章曾經提過的黑煙囪海底熱泉噴發口。這些熱泉噴發口是一系列奇異生物的家園，所有這裡的生物，不論透過哪種方式，都依賴著此地的細菌，而這些細菌又是直接依賴噴發口冒出的硫化氫為生。或許所有生物中最怪異也最有名的，該是那些身高可達兩公尺多的巨大管蟲。雖然這些管蟲可算是蚯蚓的遠親，卻是無腸的怪物。既沒有嘴巴也沒有腸子，而是依賴生活在牠們組織裡面的硫細菌來滋養。熱泉噴發口其他巨大的生物，還包括了大蚌蛤跟大貽貝。

所有這些巨人都只存在於太平洋，而大西洋熱泉噴發口也有它自己的怪異生物，尤其是那些成群結隊的蝦子，又叫大西洋裂谷盲蝦（*Rimicaris exoculata*），一群群聚在黑煙囪下面。蝦子拉丁文原名的意思就是「裂谷中的無眼蝦子」，很不幸這是當初的發現者所給的錯誤命名。當然啦，正如蝦子的名字所描述，以及照牠們居住在伸手不見五指的海底來看，這些蝦子並沒有典型的眼睛——牠們並沒有跟居住在淺海親戚一樣的眼柄。不過在蝦子的背上卻長有兩大片薄片，而這些長條薄片雖然外表看來平凡無奇，不過在深海潛艇強光的照射之下，卻會反射出如貓眼一般的光芒。

首先注意到這些薄片的是美國科學家凡多芙，她的發現標記了現代科學研究最值得注意的一頁。凡多芙就像是法國小說家凡爾納（《環遊世界八十天》跟《海底兩萬里》等科幻小說的作者）筆下的主角，而且也如同她本身所研究的對象一樣，都是瀕臨絕種的稀有動物。凡多芙現在主持美國杜克大學的海洋實驗室，身為深海潛水艇阿爾文號的首位女性駕駛員，她幾乎親臨過所有已知的海底熱泉噴發口，以及許多尚未被深入探索的熱泉噴口。稍後她也在其他冰冷的海底發現跟熱泉噴發口一模一樣的巨大蚌蛤跟管蟲，這些地方都有甲烷從地底汩汩冒出，顯然造成海底世界如此繁茂的背後推手，是化學成分而非地熱。現在回到一九八〇年代，當年我們對許多東西都還一無所知，因此想必當凡多芙把海底盲眼蝦子的薄片組織，送給無脊椎動物的眼睛專家檢視時，必定覺得戒慎恐懼，甚至可能覺得問了個笨問題：這些可能是眼睛嗎？她得到一個很簡潔的答案：一塊撕扯破損的視網膜，看起來可能差不多就是這個樣子。如此看來儘管這些蝦子住在漆黑的深海中，缺少整套正常的眼睛裝備（如水晶體、虹膜等），但是盲眼蝦子看起來似乎有裸露的視網膜，而且往後降到背部的一半（見**圖7.1**）。

隨著研究愈來愈深入，後來發現的結果

圖7.1　大西洋裂谷盲蝦。圖中顯示長在牠們背上的兩片蒼白的裸露視網膜。

遠超過凡多芙原本所期望的。科學家發現蝦子背上裸露的視網膜裡帶有感光色素，而且性質跟人類眼睛中負責感光的色素（視紫質）非常相近。尤有甚者，儘管外觀看起來很不一樣，但是包住這些色素的感光細胞，卻跟正常蝦子眼睛的感光細胞一樣。所以，或許這些盲眼蝦子真的能在海底看見東西。凡多芙想，或許熱泉噴發口會放出微弱的光芒？畢竟，熾熱的鐵絲會發亮光，而熱泉噴發口這裡確實也是又熱又充滿了溶解的金屬。

以前從來沒有人把阿爾文號的大燈關掉過。在漆黑的深海裡，這麼做可能不只是沒有意義，更是危險至極，因為潛水艇很有可能會飄到熱泉上方然後把艇裡的人都煮熟，或者至少把儀器都燒壞。凡多芙本人還沒有下降到熱泉噴發口去嘗試過，但是她成功地說服了地質學家德拉尼，那時候德拉尼正好要下去探險，凡多芙勸他把燈關掉，然後把數位照相機對準熱泉噴發口。他實驗的結果顯示，儘管對肉眼來說，深海熱泉是一片漆黑，但是照相機卻在熱泉噴發口拍到一圈清晰的光環，「懸浮在漆黑的背景中，宛如那隻露齒而笑的柴郡貓。」儘管如此，這第一次嘗試並沒有告訴我們太多關於這道光的資訊：什麼顏色或是強度多少。我們什麼也看不見，那麼這裡的蝦子真的能「看到」熱泉噴發口的光輝嗎？

如同熾熱的鐵絲一般，科學家也預測熱泉噴發口的光輝應該是紅色的，波長接近熱能區（紅外線區）。理論上，光譜上波長比較短的光像是黃光、綠光跟藍光等，應該根本不會從熱泉噴發口射出。一些早期的測量，在鏡頭前面放置顏色濾鏡，雖然略嫌粗糙，卻證實了這項假設。根據假設，如果蝦子的眼睛要能看到噴發口的光芒，那麼這些眼睛應該會被「調整」成為適合看紅光或是紅外線。然而第一次直接對蝦眼所做的一些實驗結果卻恰恰相反，最能刺激這些蝦子視紫質色素的光線是綠光，波長大約是五百奈米左右。這結果當然可能只是實驗誤差，但是後來利用讀取蝦子視網膜電訊號的實驗（非常難做），結果也顯示這些蝦子只看得到綠光。這真是非常奇怪。如果熱泉噴發口發出紅光，但是蝦子卻只看得到綠光，那麼牠們跟瞎了還是沒什麼兩樣。所以或許這些裸露的視網膜其實跟洞穴中盲鰷科魚類的眼睛一樣，只是退化而毫無功用的器官？然而基於這些視網膜是長在背上而不是長在頭上，顯示它們應該不是退化而來的。但是要證實這個猜測可不容易。

後來科學家找到這些蝦子的幼蟲，因而證實眼睛的功能。噴發口世界並不如外表看起來那樣永恆不朽，這些熱泉煙囪其實很容易死亡，它們會被自己的排出物塞死，其壽命跟人類差不多。隨後新的熱泉會從海底其他地方冒出，地點可能在好幾公里之外。熱泉噴發口的生物若想存活，就必須越過這一段無盡虛空，才能從死掉的噴發口來到新生的噴發口。雖然大部分成蟲會因為適應性的問題被困住（想想看那些巨大又無口無腸的管蟲），但是牠們卻可以在海中散布大量的幼蟲。關於幼蟲抵達新生的熱泉噴發口，靠的是運氣（由深海洋流所傳播），或者是靠某些未知的器官（可以偵測海中化學物質濃度梯度），這還尚未可知，但是可以確定的是幼蟲完全不適合生活在熱泉噴發口環境。一般來說幼蟲生活在較淺的海域，雖然整體來說仍算是深海，但是尚能容許一絲陽光滲入。換句話說，幼蟲是生活在一個可以用到眼睛的世界。

第一個被找到的熱泉區生物幼蟲，是一種被稱為 *Bythograea thermydron* 的螃蟹幼蟲。有趣的是，這種螃蟹跟盲蝦一樣，也沒有正常的眼睛，牠也有一對裸露的視網膜。不過跟蝦子不同處在於，螃蟹的視網膜並不長在背上而是長在頭上，就長在平常該有眼睛的地方。而更令人驚訝的是，這些螃蟹的幼蟲**確實**有完全正常的眼睛，至少對於一隻螃蟹來說是如此。換句話說，當用得到的時候，這些螃蟹是可以有眼睛的。

接下來又找到好幾種幼蟲。在裂谷盲蝦的旁邊還有許多其他的熱泉蝦子，因為牠們比較不像裂谷盲蝦會形成那樣的大聚落，所以容易被忽略掉。這些蝦子也有裸露的視網膜，不過是長在頭上而非背上；而跟螃蟹一樣的是，牠們的幼蟲一樣也有完全正常的眼睛。裂谷盲蝦的幼蟲則是最後一個被找出來的幼蟲，一部分原因是因為牠們跟其他蝦子的幼蟲長得很像，另一個原因則是，我們一開始沒想到牠們的頭上一樣也有正常的眼睛。

在幼蟲身上找到正常的眼睛，具有非常大的意義：因為這代表了裸露的視網膜並非只是退化的眼睛，並不是經過世世代代的功能性退化之後，僅存下來為適應漆黑世界的殘留物。這些幼蟲有完全正常的眼睛，如果牠們選擇在發育的過程中失去眼睛，那麼這就無關世代演化過程中不可逆的功能退化，不論失去眼睛的代價為何，這背後一定有更細緻的原因。基於同樣的理由，裸露的視網膜也不會是從動物身上的凹槽中「演化出來」，然後在黑暗世界裡發展為功能極為有限、永遠難跟正常眼睛匹敵的眼睛。事實上，當幼蝦漸漸長成成蝦，牠們的眼睛會慢慢退化到幾乎消失，那些複雜的光學系統會一步一步有秩序地被重新吸收回去，最後只剩下那裸露的視網膜在外。而在裂谷盲蝦的例子裡，成蝦的眼睛會整個消失，而裸露的視網膜似乎會重新由背上的凹槽生成。總結來說，在許多不同動物的身上，裸露的視網膜似乎要比完整的眼睛有用多了，這絕非偶發事件，不是一種巧合，那麼到底是為什麼呢？

裸露視網膜的價值，端視解析度與靈敏度之間的平衡。解析度的意思是能看見影像細節（解析）的能力。解析度可以靠著改進水晶體、角膜等東西，這些組織可以幫助光線聚焦在視網膜上，形成清晰的影像。靈敏度則完全是相反的事情，靈敏度指的是能偵測到光子的能力。如果眼睛的靈敏度很差，那就不可能看見太多周圍的光線。以人眼為例，我們可以利用放大光圈（瞳孔）來增加對光的靈敏度，或者轉換成對光敏感性較高的細胞（視桿細胞）。儘管如此，這些東西還是有其極限的；任何幫助解析影像的機械裝置，最終注定都會限制我們對光的靈敏度。要讓靈敏度達到最高的終極辦法，就是拿掉水晶體以及把光圈放到無限大，讓光線可以從任何一個角度進入眼睛。而所謂最大的光圈，其實就是完全沒有光圈，也就是裸露的視網膜。考量上述所有的因素，做一個簡單的計算便可以知道，熱泉噴發口成蝦的裸露視網膜，對光的敏感度是幼蟲完整眼睛的七百萬倍。

因此，這些蝦子是犧牲解析度，來換取偵測到周圍極弱光線的靈敏度，或者至少知道光從周圍哪個半球而來，是從上面或是下面，前面或是後面。能夠偵測光線，對於這裡的蝦子來說很可能是生死存亡的關鍵，畢竟這裡若不是會熱到可以瞬間煮熟蝦子，就是冷到會凍死。我想不小心漂走的蝦子，情況大概等同於在無垠外太空中的太空人跟母船失去聯絡一樣。這或許可以解釋為何裂谷盲蝦的眼睛長在背上，因為牠們就直接成群生活在黑煙囪下方的岩棚上。毫無疑問對牠們來講，當頭埋在一大堆蝦群中，能從背上偵測到上方濾下來恰到好處的光線，會是最安心的。而牠們那些比較獨立的蝦子親戚則對眼睛有不同的需求，所以裸露的視網膜是長在頭上。

晚一點我們再來討論為什麼在這個紅光世界中蝦子卻只能看到綠色（牠們可不是色盲）。前面所說的結論就是，半隻眼睛，也就是裸露的視網膜，其實在某些情況下遠比一整隻眼睛要好。那更別提半隻眼睛是遠遠勝過沒有眼睛。

這個簡單的、裸露的視網膜，也就是一大片感光點，同時也是許多關於眼睛演化討論的起點。達爾文本人就認為感光點會是一切的起源。關於此點不幸地很多人常常用斷章取義的方式，錯誤引用他的意見；除了那些拒絕相信天擇事實的人以外，甚至偶爾還有一些企圖為達爾文「解套」的科學家。下面就是達爾文曾經寫過的話，一字不差（下文根據葉篤莊、周建人、方宗熙譯本，台灣商務印書館一九九八年版，略增標點符號。文內「天擇」根據中國譯法，譯為「自然選擇」）：

> 眼睛具有不能模仿的裝置，可以對不同距離調節其焦點，容納不同量的光和校正球面的和色彩的像差和色差，如果假定眼睛能由自然選擇而形成，我坦白承認，這種說法好像是極其荒謬的。

然而緊接著的下一段文字卻常常被忽略，而這一段清楚地指出，顯然達爾文並不認為眼睛會是一個問題：

> 理性告訴我，如果能夠示明從簡單而不完全的眼睛，到複雜而完全的眼睛之間，有無數個階級存在，並且像實際情形那樣地，每級對於它的所有者都有用處；進而如果眼睛也像實際情形那樣地曾經發生過變異，並且這些變異是能夠遺傳的；同時如果這些變異，對於外在變化著的外界條件下的任何動物是有用的；那末，相信完善而複雜的眼睛，能夠由自然選擇而形成的觀點，雖然在我們的想像中是難以克服的，卻不能夠被認為能夠顛覆我的學說。

簡單來說，如果某些眼睛比其他眼睛要複雜一些，而如果這些視覺差異是可以遺傳的，又如果視力不良是個不利的條件，那麼達爾文認為，眼睛就會演化。所有上述條件其實都很充足。首先這世上充滿了簡單又不完美的眼睛，從簡單的眼點或是凹穴，到缺少水晶體的眼睛，到具有相當程度的複雜性、一部分或是全部吻合達爾文所謂的「不能模仿的裝置」。而當然大家視力都不一樣，有些人近視戴眼鏡，有人不幸失明。很顯然地如果看不清楚的話，我們會比較容易成為獅虎的盤中飧，或是被公車撞到。同時，所謂「完美」是相對性的。好比老鷹的視力的解析度比我們好了四倍，牠可以把約一兩公里以外的東西看得清清楚楚；而我們的視力解析度又比許多昆蟲好了約八十倍，牠們看到的畫面充滿馬賽克，稱為藝術品還差不多。

儘管我可以假設大部分人都能毫不遲疑地接受達爾文所列的條件，但是一般人恐怕還是難以想像，中間的過渡階段是什麼樣子。套幽默作家沃德豪斯說的一句話：就算不是無法克服，也遠非可以克服*。除非每一個階段都各有用處，否則就如前述，眼睛不可能演化。不過事實上，這整個過程其實可以輕易實現。瑞典的兩位科學家，尼爾森跟佩傑爾利用電腦模型，推估出一系列簡單的步驟（見**圖7.2**）。模型中每一步都略有改進，從最簡單的裸露視網膜開始，直到非常接近魚眼的眼睛（跟我們的也相去不遠）。當然它可以繼續改進下去（事實也確實如此）。我們還可以加上虹膜，讓瞳孔可以擴張或收縮，以控制進入眼睛的光線亮度，從明亮的日光到昏暗的夕陽皆可。我們也可以在水晶體上加肌肉，透過推或拉來改變它的形狀，讓眼睛可以聚焦在近物或是遠物上（調節）。不過這些微調

---

*沃德豪斯的原句是：「我看得出來，他就算不是不高興，也遠非高興。」

機關很多眼睛都沒有，而且唯有在眼睛演化出來之後，才有可能把它們加上去。因此，目前就先滿足於本章的目的：演化出可以成像的眼睛，儘管離要加裝選配裝置來說還有點遠*。

這個演化過程中最關鍵的一點是，即使是最原始的水晶體都比沒有水晶體要好（當然是對黑煙囪海底熱泉以外的環境來說）；模糊的影像還是比沒影像要好。但是跟前面一樣，這裡在解析度與靈敏度之間又要斟酌一番。比如說，就算完全沒有透鏡，光靠針孔也是可以形成非常清楚的影像。而確實也有少數物種就是使用這種針孔式眼睛，特別是鸚鵡螺，牠是古生物菊石類目前存活下來的親戚**。但是對鸚鵡螺來說，靈敏度就是個問題，因為光圈要很小才能形成清晰的影像，因此能進入眼睛的光線就很少。而在暗處又因為光

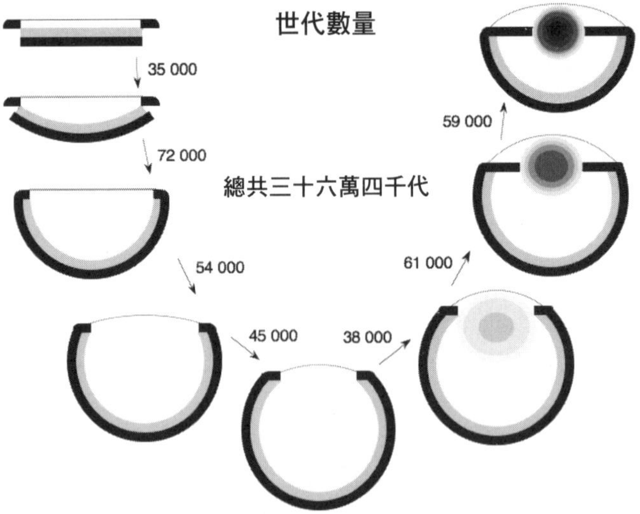

圖7.2　根據尼爾森與佩傑爾所推測的，演化出一顆眼睛所需要的連續步驟，以及每一步需要花大約幾代來產生。假設每一代是一年，那麼整個過程只需要大約不到五十萬年就可以完成。

線太少，影像會因為太暗以至於難以解析，這正是鸚鵡螺的問題，因為牠恰好就住在不見天日的深海中。英國索賽克斯大學的神經學家蘭德，同時也是動物眼睛界的權威，曾經計算過，如果在這樣大小的眼睛上加一顆透鏡，可以讓它的靈敏度增加四百倍，解析度增加一百倍。因此，任何一個能夠演化出任一種透鏡的步驟，都能帶來很大的好處，這個好處就是立刻可以增加存活率。

三葉蟲很可能演化出了第一個真正能成像的眼睛。這些節肢動物身著片狀甲冑，宛如中世紀的歐洲騎士一般，而牠們的眾多親族足足在海底遨遊了三億年之久。最古老的三葉蟲眼睛就屬於目前已知最古老的三葉蟲化石，大約有五億四千萬年的歷史，如同我們在本章之初所提過，那時寒武紀大爆發才剛開始沒多久。雖然跟三千萬年以後全盛時期的眼睛相比，這隻眼睛算是相當樸素的了，但是眼睛就這麼突然地出現在三葉蟲化石中，卻引出了一個問題，那就是：眼睛真的可以如此快速地演化出來嗎？果如此，那很可能就像派克所主張的，視覺形成引起了寒武紀大爆發。但如果不行的話，那麼代表眼睛應該早就形成了，只不過因為某種原因所以無法形成化石，而這樣一來眼睛就不可能是引起任何生物爆炸性發展的原因。

＊舉例來說，你知道嗎？絕大多數的哺乳類動物（除了靈長類以外）的眼睛都沒有調節功能，也就是說不能調整眼睛從遠處聚焦到近處。這功能是額外附加的。

＊＊菊石大約跟恐龍同時滅絕，所以在侏羅紀岩層中留下許多令人驚豔的螺旋狀外殼。我最喜歡的一個菊石，位於英國西南方多賽特郡的斯沃尼奇鎮，嵌在一個令人望之暈眩的海崖邊，那裡即便對於攀岩老手來說也是夢寐以求卻遙不可及之處。

絕大多數的證據都指出寒武紀大爆發之所以會發生，是因為當時環境中發生某些改變，讓生物可以掙脫體型大小的限制。寒武紀動物的祖先們，絕大多數很可能都長得又小又缺少堅硬組織，這是牠們沒留下什麼化石的主因。同樣的原因也會阻礙眼睛的演化，因為立體視覺需要夠大的鏡頭、延伸開來的視網膜，以及可以處理輸入訊號的大腦，只有尺寸夠大的動物才能符合這些需求。生活在寒武紀之前的小型動物，或許已經發展好了大部分的基礎建設，比如裸露的視網膜，或是簡單的神經系統，但是小尺寸的身體注定會阻礙它們更進一步的發展。我們幾乎可以確定，當時大氣與海中氧氣濃度的攀升，是促成大型動物立即發展的推手。只有在高氧氣濃度的環境下，才可能有大型動物跟掠食行為（因為沒有其他的環境可以提供足夠的能量，請參見第三章），而大氣中的氧氣濃度，就在一系列被稱為「雪球地球」的全球大冰期事件之後，也就是在即將進入寒武紀之前，迅速升高到現代的濃度。在這個充滿氧氣、令人振奮的新環境裡，有史以來第一次大型動物可以靠掠食行為生存。

到目前看起來一切似乎都很好，然而如果說，良好的眼睛並不存在於寒武紀之前，原來的問題就再度浮上檯面，而且似乎更矛盾，那就是天擇果真能讓眼睛如此快速地演化出來嗎？在五億四千四百萬年前世上一隻眼睛也沒有，緊接著四百萬年後馬上就有發展完整的眼睛。看起來，化石證據似乎並不利於達爾文理論支持者的條件，也就是眼睛曾有無數各級存在，每級對於它的所有者都有用處。不過事實上，我們大致可以用時間尺度的差異來解釋這個問題。這個差異就是我們所熟知的生命世代時間尺度，比上進展緩慢到難以察覺的地質時間尺度。當我們測量的尺度是單調穩定進展的數億年時，任何發生在百萬年以內的事情都顯得像是疾馳而過一般；但是對於活著的生物來說，這段時間仍然是長到受不了的時光。比如說所有今日我們所飼養的小狗，全都是由狼所演化而來，在人類的幫助之下，這過程只花了百萬年的百分之一。

從地質時間尺度來看，寒武紀大爆發不過就在轉瞬之間，也就是數百萬年而已。但若從演化的角度來看，這卻是很長的時間：五十萬年的時間就足夠讓眼睛演化出來了。尼爾森跟佩傑爾在提出他們的眼睛演化過程模型時，也同時計算了演化所需要的時間（見**圖7.2**）。他們用很保守的計算，假設每一步對特定構造的改變不超過百分之一，像是眼球稍微深一點點，水晶體改變一點點諸如此類。當他們把所有的步驟加起來後，非常驚訝地發現竟然只需要四十萬次（跟我隨便亂猜的一百萬次相去也不太遠）改變就可以從一個裸露的視網膜發展出構造完整的眼睛。接著，他們假設每一代只發生一個改變（這也是為了保守估計，因為其實一代可以同時發生好幾種改變）。最後他們假設「平均來說」一隻海洋生物一年繁殖一次。綜合上述推測，他們得到的結論就是，要演化出一隻眼睛所需的時間不到五十萬年＊。

如果上面所有考慮到的條件都正確，那麼眼睛的出現確實有可能引發寒武紀大爆發。果如此，那麼眼睛的發明絕對是地球生命歷史上最重要、最戲劇性的事件之一。

在尼爾森與佩傑爾所預測的演化過程中有一個比較麻煩的步驟，那就是製造水晶體。一旦原始水晶體做好，天擇就可以輕易變造並改進它；然而，水晶體所需的各種成分一開始是怎麼組合在一起的

＊三葉蟲眼睛演化的最後一步，並沒有顯示在**圖7.2**中。它是一個複製現有結晶刻面來形成複眼的過程。不過這不是什麼難題，因為生命很善於複製現有的零件。

呢？如果構成水晶體的各個成分，本來並沒有各自的用處，天擇難道不會在它們還沒機會組合起來以前就全部隨意丟掉？這會不會正是鸚鵡螺從來不曾發展出水晶體的原因？儘管水晶體對牠來說應該會很有用處？

其實，這一點都不構成問題。儘管目前鸚鵡螺恐怕必須繼續保有那對成因不明的怪異眼睛，其他的物種卻紛紛找到出路（包括現存與鸚鵡螺最接近的親戚：章魚跟烏賊），其中有些找到的辦法甚至非常有創意。雖然水晶體是相當特化的組織，但是它的組成成分卻出人意料地都是就地取材。基本構成材料幾乎都在唾手可及之處，只要一點時間，東偷一點西偷一點，從礦物和結晶到酵素，其中只有一點點細胞成分也無妨*。

三葉蟲算是這種機會主義者的最佳範

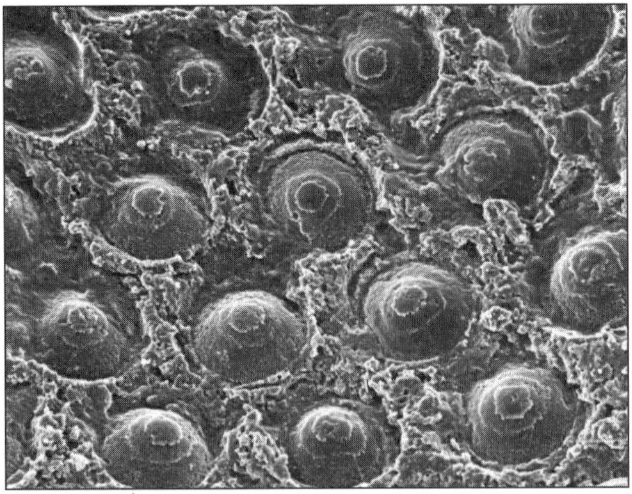

圖7.3　同夥達爾曼蟲（*Dalmanitina socialis*）的結晶式水晶體。這是發現於捷克波西米亞地區奧陶紀岩層中的化石，圖中顯示水晶體的內面，範圍大約是半毫米。

例。你真的會被牠們的石頭眼睛嚇到，因為三葉蟲的眼睛非常特別，是由一種礦物結晶，也就是方解石所組成。方解石其實就是碳酸鈣的另外一個名字。石灰石也是碳酸鈣，不過石灰石是不純的碳酸鈣；白堊則是比較純的碳酸鈣。英國東南沿岸的城市多弗附近的白色峭壁，幾乎都是純白堊，因為它們的結晶排列稍微有點不規則，會使光線往四處散射，因此讓白堊土看起來呈現白色。而如果結晶成長很慢（通常在礦脈處就是如此），方解石就會形成細緻又清晰的結構，它會形成結晶形狀略歪斜的立方體，這就是菱面體。菱面體因為組成原子幾何排列的關係，有著十分有趣的光學性質。除了某個特定角度的光線可以從結晶中間直直穿過以外，其他任何一個角度射進來的光線路徑都會產生偏斜。如果光線剛好就從這個特定軸線射進來（這個軸稱為 c 軸），它會如同被一條紅地毯引導一樣從結晶中直直通過不受阻礙。三葉蟲就將這種光學特性轉為牠眼睛的優點。牠的眾多小眼睛裡，每一個小眼都有自己的方解石透鏡，組成刻面（見圖 7.3），配合上每個結晶獨特的 c 軸，讓每一顆方解石水晶體只能容許特定角度射進來的光線通過，刺激下面的視網膜。

到底三葉蟲如何長出這些結晶水晶體，然後讓整片結晶陣列面向對的方向，一直都是個謎，而且恐怕將永遠是謎，因為最後一隻三葉蟲已經死於兩億五千萬年前的二疊紀大滅絕事件中。但是儘管三

＊我最喜歡舉的例子是一種叫做 *Entobdella soleae* 的扁蟲，牠的水晶體是由好幾個粒線體融合而成的。一般來說粒線體是大型複雜細胞的「發電廠」，可以產生我們生存所需的能源，而絕對毫無任何光學特質。但是甚至還有些扁蟲，只把粒線體聚集起來就當水晶體用，連融合都免了。顯然群聚在一起的細胞成分就已經可以折射光線，而且好到足以帶給生物某些優勢。

葉蟲被如此巨大的時光洪流滅口，並不代表我們沒有其他方法去探索眼睛如何形成。在二〇〇一年時科學家從一個意料之外的地方找到很重要的線索。看起來三葉蟲的眼睛並不如當初所認為的獨特，因為一個現今仍存活的動物，陽隧足，一樣也用方解石做水晶體。

現今大約有兩千種陽隧足，每種都長著五隻腕足，就像牠們的海星親戚一樣。但是跟海星不同的是，陽隧足那五隻細長華麗的腕足往下垂，如果往上拉的話就會應聲斷掉，這是牠們英文名稱的由來（陽隧足的英文名就是易碎的星星，brittlestar）。所有的陽隧足都有互鎖在一起由方解石平板所組成的骨骼，這也形成牠們腕足上的刺，可以用來抓緊獵物。大部分的陽隧足對光都不敏感，但是其中一種名叫 *Ophiocoma wendtii* 的陽隧足卻讓觀察者十分困惑，因為牠在捕食者接近時會先一步迅速躲入漆黑的岩縫中。問題是牠沒有眼睛，至少沒有大家想的那種眼睛。後來一組來自貝爾實驗室的研究人員，注意到在牠的腕足上陳列著方解石瘤，看起來很像三葉蟲的水晶體（見**圖7.4**）。後來他們更證明這些瘤確

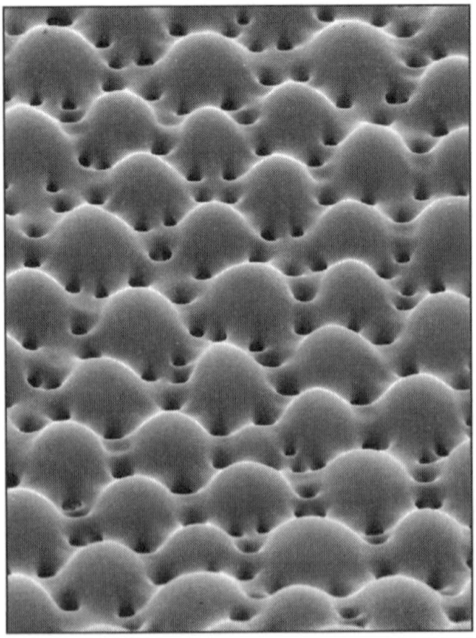

圖 7.4　陽隧足的結晶式水晶體，可以在每隻腕足上方的骨板上找到，也可用來保護關節。

實跟水晶體一樣，可以讓光線聚焦在下面的感光細胞上*。所以就算陽隧足沒有什麼可稱得上是大腦的東西，但是牠們卻有眼睛。就如同《國家地理雜誌》那時候報導所描述的：「源自大自然的古怪，海裡的星星有眼睛。」

雖然我們還不全知陽隧足的眼睛是怎麼長的，不過基本上來說，大致就跟其他礦物化的生物性結構一樣，比如海膽的刺（也是由方解石組成）。整個過程始於細胞裡面，首先高濃度的鈣離子會跟細胞內的蛋白質作用，把它固定住成為「晶種」，結晶就會開始在上面生長，過程有如當年的蘇聯共和國，一個樂觀的人等在空空如也的雜貨店外面，慢慢地就會長出一條人龍。一個人或一個蛋白質，一旦固定不動了，其他的單元就會開始黏在它上面。

用個簡化的實驗來示範，如果把負責結晶的蛋白質純化出來然後塗在一片紙上，再把紙放到高濃度的碳酸鈣溶液中，紙上就會開始長出完美的結晶，形成菱面體，每個結晶的光學 *c* 軸都是朝上，就好像三葉蟲的水晶體一樣（見**圖7.5**）。我們也掌握了一些反應如何開始的線索：哪一種蛋白質其實不是太重要，重要的是蛋白質要有許多凸出的酸性側鏈。在一九九二年，也就是發現陽隧足水晶體的十年前，以色列的生物礦物學家阿妲迪與懷納就曾在紙上，用從軟體動物殼中萃取出來的蛋白質，結出

---

*貝爾實驗室的研究人員真正感興趣的，其實是微透鏡的商業用途，他們想知道如何用在光學與電子儀器上。與其嘗試用普通且有缺陷的雷射技術去製作這種微透鏡陣列，研究人員決定以自然為師，用專業術語來講就是「仿生」，讓大自然幫他們想辦法。他們的研究成果發表在二〇〇三年的《科學》期刊上。

非常漂亮的方解石透鏡，而這些殼當然是沒有任何視覺能力囉。換句話說，儘管結果相當驚人，但是其實只要把平常的蛋白質與平常的礦物質混在一起，這整套過程就會自動發生。反應饒是神奇，卻不會比天然洞穴，像是墨西哥的巨人水晶洞中發現的鐘乳石陣列更稀奇。

不過儘管結晶式眼睛可以產生銳利的視覺，但它終究是死路一條。三葉蟲眼睛的重要性在於它的歷史意義，因為它是第一個真正的眼睛，但卻不是演化中最值得被紀念的眼睛。也有其他生物利用其他的天然結晶做各種用途，特別是鳥糞嘌呤（也是構成DNA的一個元素），一樣可以形成讓光線聚焦的結晶。鳥糞嘌呤結晶可以讓魚鱗產生銀亮的七彩色澤，也因此被廣泛用於各種化妝品裡。它也存在於鳥糞（因而得名），也就是鳥類跟蝙蝠乾掉的排泄物中。類似的有機結晶可以被用作生物性鏡子，其中最廣為人知的就是貓眼中的「反光

圖7.5　長在紙上的方解石菱形結晶。這張紙先塗了由貝殼中萃取出的酸性蛋白質，再放入高濃度的碳酸鈣溶液中生成結晶。結晶中唯一容許光線通過而不會散射的光學 *c* 軸，正好指向上方。

板」了。它可以將光線再反射回後方的視網膜上，讓視網膜有第二次機會多抓住一些微弱的光子，因而可以強化夜間視覺。還有其他的生物性鏡子，也可以讓光線聚焦成像在視網膜上，這包含了扇貝類漂亮而多樣化的眼睛，會從殼邊緣的觸手間伸出偷窺，它們是利用位在視網膜下方的凹面鏡來聚焦。至於許多甲殼類動物，包含明蝦、蝦子跟龍蝦的複眼，也是靠著反光鏡來聚焦，同樣的，這些眼睛用的是鳥糞嘌呤所形成天然結晶。

但是一般來說，演化的中心目標與最了不起的成就，應該是由特化蛋白質所組成的水晶體，就像我們的水晶體。這些水晶體也是投機取巧的組合嗎？也是利用身體現有不同用途的材料，隨便拼湊出來的嗎？雖然我們常說演化是一種帶有歷史學性質的科學，所以無法藉反覆重現來證明，但有時候還是可以檢驗一些非常特定的預測。以水晶體演化為例，理論預測水晶體裡的蛋白質，是來自其他現存於身體裡另有用途的蛋白質。會這樣預測是基於一個理由，那就是特化的水晶體蛋白質，不可能在沒有水晶體以前就開始演化。

人類的水晶體當然是高度特化的組織：它是透明的；它沒有血管；它的細胞幾乎失去了所有正常細胞該有的功能，取而代之的是把蛋白質濃縮成液體結晶陣列，以便可以彎曲光線然後在視網膜上成像。還有，水晶體可以調整形狀，以調整焦距。尤有甚者，它延伸的方式讓光線通過水晶體各處時彎曲的方式不一樣，這樣可以避免產生球面像差之類的誤差（球面像差是指光線在通過透鏡中心和邊緣後，聚焦在不同點上）。綜合上述我們很可能會猜說，要能製造這種精密陣列的蛋白質，應該十分獨特，因為光學特性絕不存在那些世俗可見的蛋白質身上。但如果我們真這樣推測，那可是大錯特錯。

人類水晶體裡的蛋白質就叫做水晶體蛋白，會如此命名正是期望它具有獨一無二特質。這些蛋白質占了水晶體全部蛋白質的百分之九十左右。因為不同物種之間的水晶體非常相似，不管是外觀或是功能上來說都如此，所以假設它們都是由類似的蛋白質所組成，十分合情合理。然而當一九八〇年代初期，比對不同蛋白質組成序列的技術變得成熟而且普及之後，結果卻大大出乎意料。科學家發現水晶體蛋白**並不是**一種構造蛋白質，而且大部分也非水晶體所獨有，它們在身體很多其他部位其實都有各自的工作。更讓人吃驚的是，後來發現很多水晶體蛋白其實是一種酵素（生物催化劑），在身體許多不同地方有著「管家」的功用（housekeeping，指必須持續表現以維持細胞生存）。比如說，在人類水晶體裡面含量最多的水晶體蛋白是 α－水晶體蛋白，一開始發現它跟果蠅體內的一種逆境蛋白（細胞在受到生存壓力時會表現的蛋白質）有關，現在則知道除了果蠅以外，很多動物體內也有它。在人體裡，它還是一種「伴護蛋白」，也就是說可以保護其他蛋白質免於傷害。因此，它不只存在眼中，還存在腦、肝、肺、脾臟、皮膚跟小腸裡面。

直到今日，我們已經分辨出十一種水晶體蛋白了，其中只有三種存在所有脊椎動物的眼睛裡，其他的則依動物不同而不同，這表示它們是各自獨立被「徵召」到眼球裡面來工作，一如我們對天擇獨特運作方式所做的預測。我們無須在此細究這些蛋白質的名稱與功能，但是卻不得不驚訝於這一群代謝用的蛋白質，原本各有各的工作，卻可以被從各地拉來強迫去幹毫不相干的活兒。這就好像一支軍隊，只徵召商人或其他社團成員來組成一支常備部隊。不過不管原因為何，這個現象雖然奇怪，但徵召蛋白質來水晶體倒是沒有什麼特別的困難。

總結來說，水晶體的蛋白質毫無特殊之處。它們就是被從身體其他地方拉出來工作而已。既然所有的蛋白質都透明無色，那顏色就不成問題（只有帶著色素的蛋白質如血紅素，才有自己的顏色）。

至於要改變水晶體的光學性質，像是讓通過的光線彎曲成特定角度（折射），可以藉著改變蛋白質濃度來達成；這部分功能當然需要演化來微調，不過在概念上卻不是什麼大問題。至於為何這麼多水晶體蛋白都是酵素，背後有沒有特別目的？目前還不知道；但是很顯然的，老天一開始並沒有什麼靈感去設計完美的蛋白質給水晶體。

有一種海中的低等無脊椎動物，倒是在解答關於水晶體如何出現的問題上，給了我們一些線索。牠有個頗不起眼的名字：海鞘（精確一點來說是指玻璃海鞘，學名是 *Ciona intestinalis*，意思是一堆腸柱，林奈當初恐怕也是想不到更好的名字了）。玻璃海鞘的成蟲把遺傳來的特徵藏的很好，牠只剩下一個半透明袋子黏在岩石上，上面伸出兩根淺黃色的虹吸管隨波搖曳，水可以從這兩根管子進出。牠們在英國沿岸極為常見，數量多到宛如害蟲肆虐。不過牠的幼蟲卻透露出許多祖先的祕密，讓我們知道牠比害蟲要有價值多了。玻璃海鞘幼蟲長得有點像蝌蚪，會到處游來游去，牠們有簡單的神經系統，還有一對原始而缺少水晶體的眼睛。一旦幼蟲找到合適的場所，就會緊緊黏上去，接下來既然已經用不上腦子，牠會慢慢把它吸收掉（英國演化學家瓊斯曾打趣地說道，這項特技必定會激怒許多大學教授）。

儘管成熟的海鞘看起來跟我們一點關係也沒有，但是牠的幼蟲卻洩漏了些許端倪：海鞘是原始的脊索動物，也就是說牠有脊索，而脊索是脊椎的前身。這個特徵讓海鞘一下子排到脊索動物分支的最前面，因此也早於所有的脊椎動物。事實上，脊椎動物在還沒有演化出水晶體以前就跟牠分家了。這也就是說，或許海鞘那些簡單的眼睛，可以告訴我們脊椎動物的水晶體一開始是怎麼演化出來的。

事實確實也是如此。二〇〇五年時，英國牛津大學的動物學家施梅爾德跟他的同事就發現，玻璃海鞘就算沒有水晶體，卻仍有水晶體蛋白。牠的水晶體蛋白不在眼中，而是藏在大腦裡面。我們不知道它在海鞘腦中的功能，不過這不重要。真正重要的是，控制脊椎動物水晶體發育的基因組，同時也會調控這個蛋白質的活性，而在海鞘體內，這組基因同時在腦中也在眼睛中作用。所以，建造水晶體的整套設備，早在海鞘與脊椎動物分道揚鑣之前，就已經出現在牠們的共祖身上了。在脊椎動物身上，只要一個小小的改變，就可以讓這個蛋白質從腦中轉移到眼睛裡。我們可以假設，其他的水晶體蛋白，大概也是透過類似占便宜的偷襲手段，從身體各處被徵召到眼睛中；有一些是在共祖身上就被召喚來，其他的則是比較晚近才發生在各個動物身上。為什麼海鞘並沒有發展出這種轉變來好好利用資源？我們並不清楚。或許是因為就算沒有水晶體，岩石也不難找到。儘管如此，海鞘還是個怪胎。大部分的脊椎動物都成功地轉移了蛋白質：這發生了至少十一次。所以總結來說，在眼睛發生的一連串步驟裡，並沒有哪一步特別地困難。

相較於這許多組成各種動物眼睛水晶體的蛋白質、結晶與礦物質，視網膜裡的蛋白質就顯得十分特別。其中有一個蛋白質特別值得一提，那就是負責感光的蛋白質，也就是視紫質。還記得住在熱泉噴發口的裂谷盲蝦嗎？牠有裸露在外的視網膜。儘管牠生活在奇異的深海熱泉噴發口世界，儘管牠的視網膜詭異地長在背上，儘管牠可以看到我們看不到的微光，儘管牠依靠硫細菌而生存，然後流著藍色的血液又沒有骨骼，又儘管我們的共祖遠在六億年前，甚至遠早於寒武紀大爆發，儘管有這一切的不相稱，這種蝦子還是用跟我們一樣的蛋白質來看東西。這超越時間與空間的密切關聯，究竟只是偶爾的巧合，或者有更深一層的意義呢？

盲蝦的蛋白質跟我們的其實並不完全一樣，但是它們長得如此相像，以至於如果有個法庭，而你想在法庭上說服法官，說你的蛋白質並不是個露出馬腳的贓物，那你很可能會敗訴。事實上你更有可能成為大家的笑柄，因為視紫質也非裂谷盲蝦跟人類所獨有，它普遍存在於整個動物界。舉例來說，儘管我們對於三葉蟲眼睛的內部作用機制知之甚少，因為牠們除了結晶水晶體以外，幾乎沒有留下什麼東西來；不過基於對牠們親戚了解得夠多，我們大致可確定，三葉蟲的眼睛裡面應該有視紫質。除了極少數例外之外，絕大多數的動物都依賴視紫質。想說服前面那位法官，說你的視紫質不是從別人身上偷來的，就有如宣稱你的電視機跟別人的本質上完全不同，而其實只不過是因為你的電視尺寸比較大，同時又是平面螢幕一樣好笑。

這個驚人的一致性，有幾個可能的解釋。它可能代表了所有人都從同一個共祖身上繼承了同一個蛋白質。當然在過去六億年間，這個蛋白質上面有許多小小的改變，但是很明顯仍然是同一個蛋白質。另一個解釋則是，要能偵測光線的蛋白質，其設計條件是如此嚴格，以至於大家最終都演化成同一個樣子。這有點像是在電視或者電腦螢幕上看電視節目，一樣是個箱子但是內部技術完全不同，不過最後大家都走向相同的解決方案。又或者最後一個解釋則是，這個分子曾被許多物種傳來傳去，像是強盜掠奪一樣而不是來自繼承。

第三個解釋很容易就可以淘汰出局。基因剽竊的行為確實存在不同物種間（比如說病毒感染就會把基因帶來帶去），不過這在細菌以外十分罕見，而且一旦發生會十分明顯。跨物種相似蛋白質之間的細微差異，跟這些物種親緣關係的親疏，有一定程度的關聯性。如果人類的蛋白質曾經被偷走然後放到裂谷盲蝦體內的話，那它看起來應該會像個非法移民，也就是說它應該會跟人類的蛋白質比較接近，而跟其他蝦子的蛋白質不太像。相反的，如果蛋白質是隨著時間，在盲蝦的祖先體內慢慢累積變異的話，那麼蝦子體內的蛋白質，應該會與牠的親戚們比較相似，像是跟明蝦或是龍蝦一樣；而會跟較遠的親戚差很多，好比說像我們人類。而情況確如後者一般。

如果視紫質不是偷來的，那麼它有可能是為了因應機能上的需求，重新被發明出來的嗎？這很難講，因為如果只重新發明一次的話，那確實有可能。以兩個非常相似的蛋白質來說，裂谷盲蝦的視紫質，跟我們的算是相差最多的了。在這兩個視紫質中間可以放入一堆中間型蛋白質，但是這些中間型蛋白質卻並非呈現連續演變。它們大致上可以分成兩組，碰巧就相對應於脊椎動物與無脊椎動物（包括蝦子）。除此之外，整組感光元件也有許多不同處，更強化了這個差異。不管在脊椎動物或是無脊椎動物裡，感光細胞都是一種變形的神經細胞，但兩者相似之處也就僅止於此了。在蝦子跟其他的無脊椎動物體內，視紫質是插在細胞膜上，而位在細胞上方的細胞膜會往外凸出，看起來就像一堆直立的毛髮（微絨毛）般。在脊椎動物體內，細胞膜則是從細胞上面往外像無線電天線般伸出（纖毛）。這根天線還會連續水平盤旋，然後在垂直方向堆疊，讓整體結構看起來就像是一疊放在細胞表面的盤子一樣。

而在細胞內部呢，它們引起的生化反應也不一樣。在脊椎動物裡，視紫質在吸收光線之後會引起一系列的反應，讓橫跨細胞膜內外的電位差提高。在無脊椎動物裡面這反應則完全相反：一旦吸收光線後，它會讓細胞膜失去電位差，這才會激發神經開始傳遞「有光！」的訊號到大腦。總結來說，兩種大致相似的視紫質卻存在兩種完全不同的細胞裡，這是否意味著，感光細胞曾經演化過兩次，一次在脊椎動物體內，一次在無脊椎動物體內呢？

上述假設非常有可能，而且直到一九九〇年代中期都被學界深信不疑。但是霎時間，一切都改觀了。前面找到的證據當然都沒有錯，但是後來科學家發現，這故事只講了一半。現在看起來大家之所以都使用視紫質，那純粹只是因為大家都是從同一個共祖身上繼承下來而已。最早的眼睛原型，其實似乎只演化了一次。

瑞士巴賽爾大學一位勇於突破傳統的生物學家吉寧，是鼓吹這種修正觀點最力的人。吉寧是眾多 *hox* 基因（負責執行身體形態藍圖的重要基因）的發現者之一，這是生物學上最重要的發現之一，在此之後，於一九九五年，他又做了另一個生物學上最令人吃驚的實驗，樹立了第二個重要的里程碑。這實驗是這樣的：吉寧的團隊把老鼠身上的一個基因轉移到果蠅體內。這個基因可不是尋常基因，它是可以調控一整個小團隊的基因。在它的誤導之下，果蠅竟然開始在全身各處長出眼睛，而且是整隻眼睛，它們長在腳上，長在翅膀上，甚至長在觸角上（見**圖7.6**）。當然這些從特定地方慢慢發芽長出的眼睛，並非我們所熟知人類或是老鼠的照相機式眼睛，而是典型昆蟲或甲殼動物的複眼，帶有完整的小眼面陣列。這個有點噁心的實驗從本質上證明了，在老鼠或是在果蠅體內，指揮眼睛發育的基因是一模一樣的；這個基因，從無脊椎動物與脊椎動物的最後一位共祖開始到現在，經過了六億年的演化時間，以驚人的一致性被完整保存下來，其一致的程度，讓牠們到現在還可以在物種間交換。把老鼠的基因放到果蠅身體裡，不管放在什麼地方，它都會開始指揮果蠅的系統，啟動下游一整套基因程式，讓眼睛就地長出來。

哲學大師尼采曾一度任教於巴賽爾大學。或許是出於崇敬，吉寧把這個老鼠的基因稱為「大師基因」。但我認為如果叫做「大指揮家基因」或許更為恰當，當然這樣一來名字就沒那麼響亮，不過

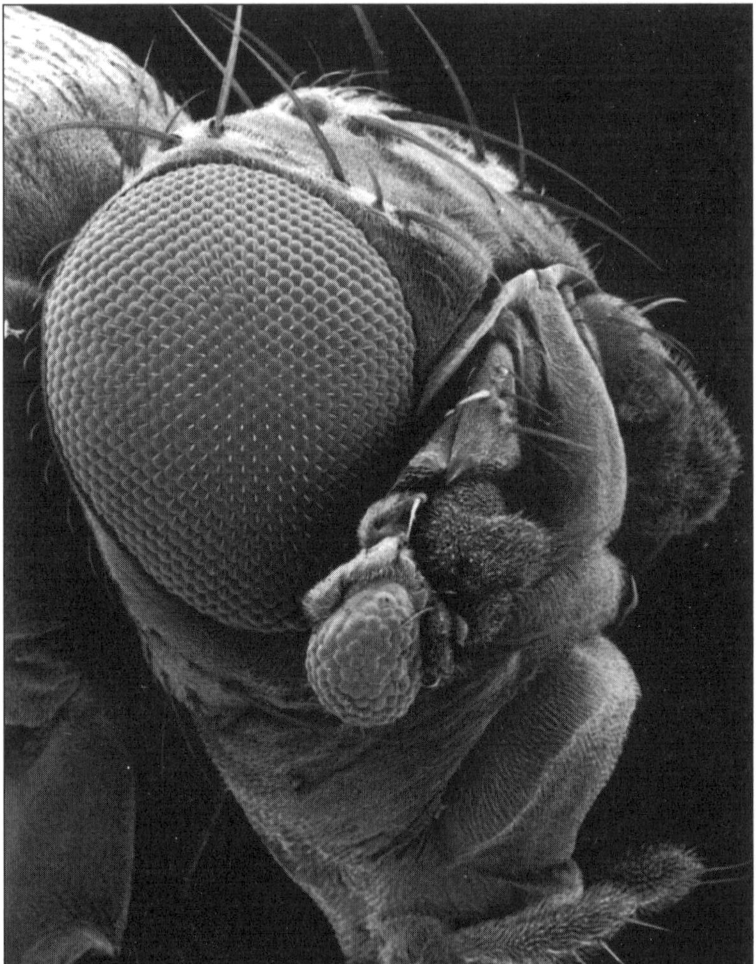

圖7.6　果蠅頭部的掃描式電子顯微鏡照片。圖中顯示在觸角上所長出多餘的小複眼，這是用基因工程技術把老鼠的 *Pax6* 基因送到果蠅身體裡，所誘導發育的眼睛。在脊椎動物與無脊椎動物體內，控制眼睛發育的基因竟然一模一樣，想必在大約六億年前的共祖身上也是同一個基因在調控。

或許含意比較豐富。如同管弦樂團指揮，自己從來不曾演奏過半個音符，卻可以幻化出優美的音樂一樣；這個基因也是藉著引領眾多獨立基因，每一個都負責一部分工作，一起蓋出完整的眼睛。藉著觀察基因突變後的影響，科學家已經在果蠅、小鼠跟人類身上找到這個基因的不同版本。在小鼠跟在果蠅身上，這個基因分別叫做**小眼**或是**無眼**基因；名稱源自於少了這個基因時會產生的缺陷，這種相反的命名法是遺傳學家偏愛的方式。至於在人身上呢，這個基因的突變會導致無虹膜畸形症，也就是虹膜會無法發育；雖然這樣已經很慘了而且往往會導致失明，但是奇怪的是，它的嚴重程度竟然如此有限，因為理論上「大師基因」應該是負責整個眼睛的發育才對。不過這只是一個基因缺陷的情況，如果一對基因都一起壞掉或缺失的話，整個頭部都會無法發育。

自從吉寧做了那個極具啟發性的實驗之後，事情又變得更複雜了。他當初所稱的「大師基因」現在叫做 *Pax6*，不但功能比以前已知的更強，也不如過去想像的那樣孤獨。幾乎在所有的脊椎動物與無脊椎動物（包含蝦子）體內都有 *Pax6*；甚至在水母體內也找到一個十分相近的基因。現在更證明了 *Pax6* 不只是形成眼睛的幕後功臣，更控制了絕大部分腦部的發育，這是為何當一對基因同時缺失時，頭部就無法發育。除此之外，*Pax6* 並非獨一無二。還有其他基因一樣可以誘發果蠅眼睛的發育，如今這個實驗看起來還真是簡單得很。這些基因彼此都關聯極深，而且也都非常古老。它們大部分都可以同時在脊椎動物與無脊椎動物體內找到，不過任務跟場合略有差異。唯一讓人感到遺憾的是，這首優美的生命樂章，原來其實不是由一位指揮家負責，而是由一個小行政委員會負責。

這裡最重要的結論就是，同一個委員會竟然能同時控制脊椎動物與無脊椎動物體內眼睛的發育。這情況跟視紫質不一樣，因為這裡並沒有什麼**機能**上的理由，需要同一組基因來控制整套眼睛發育過程，它們不過就是一堆無名的行政官僚罷了，理應可以被置換成任何一組無名官僚才對。同一組基因同時存在不同動物體內的這件事，透露了這組基因形成背後的久遠歷史（反例就是前述構成水晶體各式各樣不同的蛋白質），這是偶發事件而非必要性的力量所驅使。這段歷史說明了，感光細胞只在脊椎動物與無脊椎動物的共祖身上演化過一次，然後是由一小群委員會所控制。

還有另一個理由讓我們相信感光細胞只演化過一次，這次是直接由活化石所做的見證。這個古老的倖存者就是一群屬於 *Platynereis* 屬的海生沙蠶，是一種身長只有數毫米而且長滿剛毛的蟲子。牠是淤泥河口的常見居民，也是釣鮟鱇魚最好用的釣餌，有多少人知道牠的外表跟形態，從寒武紀至今幾乎沒有改變過呢？這種蟲子正是脊椎動物與無脊椎動物的共祖，跟所有的脊椎動物，以及大部分的無脊椎動物一樣，外表都是兩側對稱；也就是說這種動物左邊長的跟右邊一樣，而不像海星。所有所謂的**兩側對稱動物**都有這種對稱性，如同昆蟲，如同你和我。嚴格來講海生沙蠶其實出現得比兩側動物要早，可以說牠蘊藏著發展成今日多采多姿世界的潛力。牠是太古時代兩側動物的活化石，也稱為「原兩側動物」，這是為什麼位於德國海德堡歐洲分子生物學實驗室的科學家鄂蘭，對牠的感光細胞特別感興趣。

鄂蘭跟他同事知道海生沙蠶的眼睛，從設計上到使用的視紫質，都比較接近無脊椎動物，而跟脊椎動物不同。不過在二〇〇四年時，這支海德堡的團隊在海生沙蠶的大腦裡，找到了另一種感光細胞。這群感光細胞完全不是用在視覺上面，而是用作生理時鐘，也就是那個主宰生物睡眠與清醒、區分白晝與黑夜的時鐘，甚至連細菌也使用這種生理時鐘。這群生理時鐘細胞不只使用視紫質，它們本身看起來甚至非常像**脊椎動物**的感光細胞（至少對像鄂蘭這樣的專家來說如此），稍後的生化與遺傳學實驗也證實了兩者的相似性。鄂蘭因此結論道，這些原兩側動物體內同時帶有兩種感光細胞。這也就是說，這兩種感光細胞並非源自兩條完全獨立的演化之路，它們比較像是在同一個生物身上一起演化出來的**姊妹細胞**，而這個生物，就是原兩側對稱動物的祖先。

當然，如果說這個脊椎與無脊椎動物共祖，同時帶有兩種感光細胞的話，那人類或許也繼承了它們，但是卻不知道長在哪裡。後來科學家發現，我們確實也有兩種細胞。就在海生沙蠶祕密被揭露的隔年，美國聖地牙哥沙克研究所的生物學家潘達與他的同事，根據直覺開始研究人類眼中的某些細胞，也就是所謂的視網膜神經節細胞，它們會影響人的生理時鐘。這些細胞並非特化用來看東西，但一樣有視紫質。這種視紫質十分特殊，其實叫做視黑質。後來科學家更發現這些視網膜神經節細胞，很像典型的**無脊椎動物感光細胞**。最值得注意的事情莫過於，我們的生理時鐘視紫質，在結構上跟裂谷盲蝦那些裸露視網膜裡的視紫質，十分相似，比跟人類視網膜視紫質要相似多了。

所有這些證據都指出，脊椎動物與無脊椎動物的感光細胞，來自同一個源頭。它們不是獨立的發明，而是有相同母親的姊妹細胞。這個母親，這個太古感光細胞，同時也是所有動物眼睛細胞的祖先，她，只演化過一次。

現在眼前浮現出來的景象更大更完整了，整個故事就是：一開始，有個帶有視覺色素視紫質的感光細胞，從脊椎動物與無脊椎動物的共祖身上演化出來，而操縱它的是一小群基因委員會。不久之後這個感光細胞一分為二，兩個姊妹細胞開始分家並各自專精於不同的工作，一個在眼中，另一個在生理時鐘裡。很可能只是因為巧合的關係，脊椎動物與無脊椎動物各自選擇了相反的細胞來執行這兩項工作。其結果就是，在這兩種動物體內，眼睛會從不同的組織中發育出來；以人跟章魚的眼睛為例，這就是為什麼兩個極為相似的眼睛，胚胎發育過程卻完全不同。在通往發育完整眼睛的第一站是裸露的視網膜：也就是要先有一片由感光細胞所構成的薄片；隨演化分支不同，動物會選擇不同的感光細胞。某些物種至今仍保有這種簡單而扁平的裸露視網膜；其他物種則演化成把視網膜內縮到一個凹洞中，並可以根據陰影來計算光的方向。隨著這個凹陷愈來愈深，最後動物會陷入在靈敏度跟解析度之間作抉擇的窘境，並且達到一種「任何形式的透鏡都比沒有透鏡要好」的情況；於是各種意想不到的原料像是礦物或是酵素，都會被抓來利用。同樣的過程會發生在不同物種身上，因此到最後出現了各種雜七雜八的水晶體形式。但是要建造一顆有用的眼睛有其光學技術限制，所以在大尺度的結構上會讓分子變異性局限在較小的範圍內，從人類的照相機式眼睛到昆蟲的複眼都一樣。

當然這整個過程裡還有太多細節沒有交代，不過眼睛大致上就是這樣演化出來的。既然我們跟熱泉噴發口蝦子都從同一個共祖身上繼承眼睛，那麼我們都使用一樣的視紫質就一點都不稀奇了。不過在本章最後，還有一個大問題尚未解決，那就是：誰是這個祖先？一如往常，基因可以告訴我們這個答案。

讓我們回到深海熱泉噴發口。凡多芙一直對光線的問題感到困惑不已。她研究的裂谷盲蝦明明對綠光極度敏感，而牠使用跟我們相似的視紫質。但是之前的研究指出，熱泉並不會發出綠光，這到底是怎麼一回事呢？

曾經有一位傑出的研究人員，在他的退休演講上，給年輕研究人員這樣一個詼諧的忠告：無論如何都不要去重複一個成功的實驗，因為結果注定會讓人極度失望*。相反的，去重複一個失敗的實驗結果則可能沒那麼讓人沮喪，而凡多芙很有理由去重複過去的實驗。因為她認為，就像法醫常說屍體不會騙人一樣，視紫質也不會說謊。如果它會吸收綠光，那麼在海底深處就一定有綠光可以被吸收。或許，早期實驗所使用的儀器，真的就是比不上盲蝦的視網膜敏感。

後來，美國太空總署投入了一台更先進而且更複雜的光度計來支援。他們對於如何偵測深不見影的暗黑外太空中的各種光線，相當有心得。這台機器名為「環境光線成像與光譜系統」（Ambient Light Imaging and Spectral System，簡稱為 ALISS）。ALISS 的確在海底看見了其他波長的光線。在海底熱泉噴發口仙境裡，ALISS 在它的光譜儀綠色波段處畫出了一個小波，其強度高於理論預測。隨後這個新的測量結果也很快地在其他的熱泉噴發口被證實。雖然目前還不知道這個詭異的綠光來源為何，但是各家天馬行空的理論倒是紛紛出爐。比如說，有人主張從熱泉冒出的瓦斯氣泡，被海底高水壓壓碎的瞬間會放出可見光，或者在高溫高壓的環境下形成的結晶被壓碎時亦然。

若說凡多芙對視紫質充滿信心，但她其實只是賭運氣而已。視紫質適應環境的能力十分驚人。我們常形容大海是深藍色的，那其實是因為在水裡，藍光可以穿透得比其他波長的光更深。紅光很快就會被水吸收掉，所以走不了太遠；黃光可以穿透得深一點；橘光又更多。但是到了二十公尺深時，剩下的光線多半就是綠光跟藍光，而且愈深愈模糊。藍光會四處散射，因此讓深海中每件東西看起來

---

*英國普利茅斯海洋生物協會實驗室的領導人丹頓爵士，在晚年的時候也講過類似的忠告：「當你做實驗得到很好的結果時，趕快在重複它之前先去好好吃一頓晚餐。這樣到頭來至少你還享受了一頓大餐。」

藍影幢幢。魚眼中的視紫質就變得很適合追蹤這種藍光，這把戲稱為光譜微調。因此我們會發現，在水深八十公尺左右的地方，魚眼中的視紫質特別適合吸收綠光（波長約五百二十奈米），但是到了兩百公尺的深處，在殘餘不多的微光裡，魚眼中的視紫質變成適合吸收藍光（波長約四百五十奈米）。很有趣的一件事情是，前面我們提過的熱泉噴發口螃蟹 *Bythograea thermydron*，在下降到熱泉區時，卻反轉這種位移趨勢。這種螃蟹的幼蟲生活在深藍大海中，牠的視紫質特別適合吸收藍光，波長在四百五十奈米。但是成年螃蟹裸露視網膜裡面的視紫質，卻專門吸收波長四百九十奈米的光線，很接近綠光。這個位移雖然很少，卻十分耐人尋味。既然裂谷盲蝦的視紫質一樣適合吸收波長五百奈米左右的綠光，凡多芙有十足的理由特別注意這個現象。

我們人類的彩色視覺一樣是依賴視紫質位移波長的能力。在我們的視網膜裡有兩種感光細胞，那就是視桿細胞跟視錐細胞。嚴格來說只有視桿細胞才有視紫質，而視錐細胞所含的則是三種「視錐視蛋白」中的一種。不過這種區分對我們來說並沒什麼用處，因為其實上述所有這些視覺色素的基本構造都一樣，原則上都是一個很特別的蛋白質叫做「視蛋白」，它嵌在細胞膜上來回摺疊數次，然後接到一個叫做視黃醛的分子上。視黃醛是維生素A的代謝產物，它是一種色素，同時也是唯一真正負責吸收光線的分子。當視黃醛吸收了一個光子時，分子會像是被拉直一般改變形狀，這種變形足以啟動一系列的生化反應，最終會把「有光！」的訊號送進大腦。

雖然光線由視黃醛吸收，但是真正影響「光譜微調」能力的重要因素，其實是視蛋白的結構。視蛋白的結構只要稍微改變一下，就可以讓它吸收的光波從紫外線（波長約三百五十奈米，昆蟲跟鳥類可見）位移到變色龍可見的紅光（波長約六百二十五奈米）。所以，只要集結許多視蛋白，每種結構略有差異，吸收的光線也不同，那就可以組成彩色視覺。我們人類的視錐視蛋白可以吸收的光線絕大多數都是光譜上面介於藍光（四百三十三奈米）綠光（五百三十五奈米）跟紅光（五百六十四奈米）之間的光線，這些顏色綜合起來就形成了我們的可見光範圍＊。

雖然所有視蛋白的結構都大同小異，但是它們彼此之間的小差異卻已經洩漏了生命迷人的過往。所有視蛋白都是先經過複製然後再分歧，根據這點可以追蹤回去直到祖先基因。我們發現有些視蛋白很明顯是最近才被複製出來的。比如說我們的「紅色」跟「綠色」視蛋白就十分接近，這兩個基因應該是在靈長類共祖體內才被複製出來的。這個基因複製，讓靈長類動物有了三種視錐視蛋白而非兩種（或者該說在它們複製完彼此又產生了差異了之後才有三種），因而讓我們大多數人有所謂的三色視覺。有些人很不幸的會再次丟掉這兩個基因其中之一，結果變成紅綠色盲，如同絕大多數非靈長類的哺乳類動物一樣，只有兩色視覺。哺乳類祖先這種視覺缺陷所反映的，或許是那還不算太久以前的夜行生活歷史，牠們需要花很多時間藏匿以躲避恐龍。為何靈長類會「重新獲得」三色視覺？原因眾說

＊眼尖的人或許已經注意到，所謂的紅色視錐細胞最大值吸光值為五百六十四奈米，但這其實一點都不紅，反而在光譜上是介於黃綠之間。事實上儘管紅色看起來如此鮮明，但它其實完全是一個出於大腦想像的顏色。當我們「看見」紅色時，那是因為大腦完全沒有接到來自綠色視錐細胞的訊號，同時又接到來自黃綠視錐細胞微弱的訊號，綜合在一起做出紅色的判斷。這例子只是單純告訴你想像力的力量。下一次當你女友跟你爭執關於兩個濃淡不同的紅色是否相配時，提醒她沒有所謂「對的」答案，所以她一定是錯的。

紛紜。主流的理論認為可以幫助動物區分紅色果實跟綠色樹葉；而比較另類、同時也比較社會行為取向的理論則認為，三色視覺有助於區分情緒反應，像是憤怒或性交訊號，從激動得滿臉通紅到精巧的偽裝術等（很有趣的事情是，所有具三色視覺的靈長類動物臉上都沒有長毛）。

雖然我說靈長類「重新獲得」三色視覺，不過相較於其他的脊椎動物親戚，我們的視力仍然很差。爬蟲類、鳥類、兩棲類到鯊魚，牠們全都有四色視覺，而根據推測，脊椎動物的共祖似乎也有四色視覺，牠們應該可以看到紫外線＊。美國紐約敘拉古大學的橫山竦三跟施永生，曾經做過一個很精巧的實驗來證實這件事，他們比對了所有現存脊椎動物的基因序列，然後藉此預測出脊椎動物祖先的基因序列。不過就算知道基因，我們還是完全無法經由直接觀察去推測，這個最古老的視紫質所能吸收的確切波長是多少。但這難不倒橫山竦三跟施永生，他們利用基因工程技術先做出了這個蛋白，然後去測量它的吸光值，結果不偏不倚的就是紫外線，波長為三百六十奈米。

比較有趣的事情是，昆蟲可以看到紫外線，因此很多我們看起來白色的花，看在昆蟲眼裡其實充滿了不同顏色與模式。這也就是為何世上有這麼多白色的花朵，因為對於傳粉者來說，它們其實充滿了各種條紋。

前面我們已經講過，視蛋白演化最古老的一個分歧點，就是在脊椎動物跟無脊椎動物之間。但是即使是現存最古老的活化石——海生沙蠶，都還有兩種視蛋白，剛好就分別是脊椎動物跟無脊椎動物所有。那所有動物視蛋白的偉大祖先，到底該長什麼樣子，然後它又從何而來呢？關於這問題目前確切的答案尚未可知，而許多科學家已爭相提出各種不同的假設來解釋。不過我們知道，最終大家仍要依賴基因的指引，而目前我們已經利用它追蹤回到六億年前，我們還可以再走多遠呢？根據德國雷根斯堡大學的生物物理學家黑吉曼與他同事的看法，基因確實可以告訴我們答案，而且還是個出其不意的答案。他們認為眼睛最古老的祖先應該是來自**藻類**。

藻類跟植物一樣，都是行光合作用的大師，也很擅長組成各種複雜的感光色素。很多藻類都會把這些色素放在眼點裡面用來偵測光線強度，或者，有必要的話用來做些其他的事情。比如說一種在光線下看起來極為漂亮的團藻，它們會形成一種直徑可達一毫米的中空球體，裡面帶有數百個綠藻細胞。每一個細胞都有兩條鞭毛，像槳一樣從旁邊伸出；這些鞭毛在黑暗中會不斷拍打，有光的時候就停下來，如此可以駕駛整個球體往有光的地方移動，以尋找最適合行光合作用的環境，而控制鞭毛停止的中心是眼點。令人驚訝的是團藻眼點中的感光色素正是視紫質。

更意想不到的則是，團藻的視紫質看起來似乎就是所有動物視蛋白的祖先。在團藻的視紫質上面，視黃醛與蛋白質連接的地方，有許多部分跟脊椎動物與無脊椎動物的蛋白質片段一模一樣，或者說得詳細一點，是兩者的混合體。而團藻視紫質的整體基因結構，同時混雜了編碼與非編碼序列（科

＊所有的狗仔都知道，鏡頭愈大，拍得愈清楚，這原理也適用於眼睛。反之鏡頭愈小愈不清楚，所以水晶體的尺寸會有最低限度，這最小的底線差不多就是昆蟲複眼的一個小眼面。不過這問題不只單純取決於水晶體大小，同時還跟光線波長有關：波長愈短的光看到的解析度愈好。這或許就是為何今日的昆蟲，以及早期的（小型的）脊椎動物，都可以看到紫外線，因為對於小眼睛來說，紫外線可以帶來較佳的解析度。人類因為有較大的水晶體，所以不需要看到紫外線，因而可以捨棄這一段在光譜上來說對眼睛有害的波段。

學術語稱為外顯子與內含子），這一樣指出它們跟脊椎動物與無脊椎動物的古老親緣關係。這些當然都算不上證據，但是這正是我們期待中兩個家族共有的祖先模樣。這也就是說，所有動物眼睛的遠古母親，在所有的可能性中，有很大的機會應該是有光合作用能力的藻類。

不過這個結論顯然避開了最重要的前提沒談：藻類的視紫質怎麼可能會跑到動物身上去？這個可愛的團藻很明顯地不可能是動物的直系祖先。但是如果看一下團藻眼點的結構，或許就會有線索了：它們的視紫質是嵌在**葉綠體**的膜上面，而葉綠體則是藻類跟植物體內負責光合作用的中心。在好幾十億年以前，葉綠體的祖先曾經是自由自在生活的光合作用細菌，也就是藍綠菌，後來被其他的大細胞吞掉（詳情請見第三章）。這歷史也就是說，眼點這種東西不必然是團藻所獨有，它其實屬於葉綠體，甚至算是屬於葉綠體的祖先藍綠菌*。而很多其他細胞都有葉綠體，有些原蟲也有葉綠體，而其中有些**正是**動物的直系祖先。

原蟲是單細胞生物，其中最廣為人知的就是變形蟲。十七世紀荷蘭顯微鏡先驅雷文霍克首次在顯微鏡下看到牠們，還拿來跟自己的精子比較，基於深刻的印象，他將變形蟲定義為「微動物」，把牠們跟同樣微小的藻類區分開來。藻類則被他歸類為植物，基本上被認為是不會動的。當然這種簡單的二分法帶有許多缺陷，像比如說如果把這些所謂的微動物放大到人類的尺寸，那我們一定會被這些一半猛獸一半植物的怪物嚇到，而牠們回盯著我們看的樣子，大概有如義大利畫家阿爾欽波多的詭異人像畫。講嚴肅一點，許多四處遊走追逐獵物的原蟲一樣帶有葉綠體，因而賦予牠們藻類的性質。而事實上，這些原蟲獲得葉綠體的方式跟藻類也是一模一樣，都是藉著吞噬其他細胞而來。有些時候這些被吞掉的葉綠體會繼續工作，還可以供應宿主細胞日常所需；但是其他時候葉綠體會被分解，徒留下頗具特色的膜狀構造與基因，如同褪色後的輝煌歷史殘跡；又好像是補鐵匠工房裡東一塊西一塊的各式零件。這些零件或許有機會再拼湊出新的發明，像眼睛，可能就是這些發明其中之一。有些科學家猜測（特別是吉寧，又是他！），正是這種拼湊出來的微小嵌合體，而非團藻，有可能藏有所有動物眼睛之母的祕密。

然而哪一種微小嵌合體才是呢？目前還不知道。然而我們有許多有趣的線索，當然更多還有待研究。有一些原蟲（像是渦鞭藻）具有複雜到讓人吃驚的迷你眼睛，帶有視網膜、水晶體跟角膜，所有東西通通包在一個小細胞裡。這些眼睛似乎是由葉綠素降解而來，然後它們也用視紫質。究竟動物的眼睛是不是從這個狹小擁擠又鮮為人知的微生物中，直接或間接（比如透過共生）發展出來，至今仍是個謎。而它們的發展，是遵循著某些可預測的規則，或只是來自幸運得不得了的運氣？我們也無法回答。但是像這種問題，既專一又普世，正是典型的科學。我希望這些有趣的議題，能夠啟發下一代的明日之星。

---

*細菌的視紫質十分常見，它們的結構跟藻類與動物的視紫質十分相似，基因序列則跟藻類的視紫質有關係。細菌不只用視紫質來感光，也用它做某種形式的光合作用。

第八章　熱血沸騰

衝破能量的藩籬

有一首美國童謠歌詞是這樣說的：「你是一個火車駕駛，時光從旁快速飛逝。」很多人可能還記得一些兒時情景，你或許曾坐在爸爸的汽車後座，感覺時光一分一秒過去，緩慢到讓人麻木，好像永遠到不了終點，於是你不停地問：「爸！我們到了沒呀？」又或許很多讀者也還記得，曾沮喪地看著自己的祖父母或是父母漸漸年邁，舉止緩慢像蝸牛，到最後甚至可以坐在那裡不動，數小時對他們宛如只是數分鐘般。這兩種極端都是我們生活中會經驗到的節奏，或可稱為人生的行板。

你不需要是愛因斯坦，就知道時間是相對的。不過愛因斯坦所建立關於時間與空間的嚴格定律，如果用在生物學上恐怕更讓人印象深刻。像英國名人佛洛伊德爵士曾經說過：「如果你下定決心要戒菸、戒酒跟戒女人，你並不會真的活比較久，只不過是感覺活比較久。*」但是關於兒童時期時光飛

*這位佛洛伊德爵士，是奧地利精神分析大師佛洛伊德的孫子，那時候他是英國自由黨的政治人物。有一次在中國旅行時，他很驚訝地發現同行一位較年輕的同事，被分配到一間比較大的套房。後來別人告訴他說，那位年輕同事是邱吉爾的孫子。佛洛伊德事後回憶道：「那是我唯一的一次感受到，被人忽略我是名人之後！」

逝，與老年時期時間蝸步化，則確實是有意義的。這跟我們的內在設定有關，也就是說跟我們的新陳代謝速率、心跳速率與我們細胞燃燒食物的速率有關。就算在成人之間，活躍的與懶散的人差異也甚大。大部分的人都會慢慢改變新陳代謝速率。我們的行動漸漸趨緩，身體漸漸變胖這些現象，完全取決於新陳代謝速率，而每個人的速率都不同。兩個人就算吃一樣的東西，運動量也一樣，但是在休息的時候所燃燒的卡路里量還是不會相同。

不過恐怕沒有任何差異，比溫血動物跟冷血動物兩者新陳代謝速率的差異還要大了。雖然我用的這幾個詞彙，常讓生物學家敬而遠之，不過它們對普羅大眾來說卻十分生動清晰，一點也不比那些拗口的專業術語像是「恆溫性」還是「變溫性」來得含糊。這實在是一件令人十分好奇的事情：我注意到關於生物上的種種特徵，我們很少有如同對身為溫血動物如此感到自豪的了。比如說，在報章雜誌或是在網路上，常常可見各種針鋒相對的爭論，關於恐龍究竟是溫血動物還是冷血動物，其激烈的程度根本無法用理性去解釋。或許，對某些人來說，這有其根本上的差異，關乎到我們身而為人的尊嚴，關乎到我們單純只是巨大蜥蜴的獵物？還是在對抗一種聰明狡猾移動迅速的怪獸，以至於讓我們每天必須提心吊膽絞盡腦汁才能存活？看起來，我們哺乳類對於過往那段悲慘歲月仍心懷怨恨，那時我們還只是毛茸茸的小動物，必須為躲避當時的頭號掠食者而被迫禁錮於地底。但無論如何那也是一億兩千萬年前的事了，不論從哪個角度來看都算是久遠的時光。

所謂溫血動物講的就是新陳代謝速率以及生命步調。溫血本身就好處多多，所有的化學反應，溫度愈高就進行得愈快，鞏固生命的生化反應自然也不例外。光是在一小段對生物有意義的溫度區間裡，比如說從攝氏零度到四十度，生化反應在動物體內的表現就有天壤之別。在這段區間裡，溫度每升高十度，氧氣的消耗量就多兩倍，反映出來的就是更多的耐力與力量。所以一隻動物體溫若是攝氏三十七度，就比攝氏二十七度要有力兩倍，就比攝氏十七度要有力四倍。

不過在很大的程度上，溫度本身並沒有太大的意義。所謂溫血動物並不必然比冷血動物要更熱，因為大部分的爬蟲類都自有一套吸收太陽能的辦法，可以把牠們的核心溫度加溫到跟哺乳類與鳥類一樣高。當然爬蟲類無法在晚上還維持這樣的高溫，但是哺乳類跟鳥類到了晚上一樣要休息。雖然牠們也大可在夜間降低自己的核心溫度來節省能量，不過哺乳類與鳥類卻很少這樣做，而就算有也降得不多（蜂鳥倒是經常呈現昏迷狀態以節省能量）。在這個節能減碳的年代裡，哺乳類的行為恐怕會讓環保主義者氣得跳腳：我們的恆溫器被卡在攝氏三十七度，不管需要還是不需要，一天二十四小時，一年三百六十五天，天天如此。關於替代能源也別想了，我們無論如何不可能像蜥蜴一樣利用太陽能，我們永遠只能利用內在的煤炭火力發電廠，來生產大量的熱能，這讓我們也因此留下大量的碳足跡。哺乳類天生就是環保不良分子。

或許你會認為，哺乳類到了晚上仍然火力全開，是為了要讓牠們一大早就頭腦清醒取得先機，不過蜥蜴要把體溫升高到可以活動的程度也花不了多少時間。舉例來說，美洲的無耳蜥蜴在頭頂有一個血竇，透過它可以很快地加溫全身的血液。每天早晨無耳蜥蜴會把頭伸出洞穴外曬太陽，同時張大眼睛保持警戒，看看有無掠食者，一有危險牠們就會迅速縮回洞裡。通常大概只消半個小時的時間，就加熱到可以出外探險的程度了，這樣開始一天的工作倒不失為一個愜意的方式。依照慣例，天擇不會只滿足於一種功能。有一些蜥蜴頭頂的血竇跟眼皮有連結，一旦被掠食者抓到，牠們會激動地把血液射向掠食者，比如說像狗之類的動物，而這味道對掠食者來說，並不好受。

維持體溫的另一種方式就是體型。你不需要是一名偉大的白人獵人，也可以想像出，兩隻動物皮毛伸展開來鋪在地上所蓋住的面積大小。假設其中一隻蓋住的長跟寬都是另一隻的兩倍，這樣一來比較大的那隻動物蓋住的面積，就會是比較小那一隻的四倍（2×2＝4），不過牠的體重會是八倍，因為牠的深度一樣會比小的那隻大兩倍（2×2×2＝8）。如此，長寬高各增為兩倍的話，表面積對重量比就是一半（4÷8＝0.5）。又假設每一公斤的體重都會產生相等的熱量，大型動物會因為比較重，所以產生較多的內在熱量＊。同時牠們能量損失也會比較慢，因為牠們的表面積相對較小（相對於產生的內在熱量而言）。所以，動物愈大，體溫愈高。這種趨勢到了一定的程度，本來是冷血動物也會變得跟溫血動物一樣。好比說像短吻鱷，嚴格地來說算是冷血動物，但是牠可以維持接近溫血動物的體溫很久很久。晚上就算牠只產生很少的內在熱量，但過一夜之後核心溫度也不過下降個幾度而已。

很多恐龍都可以輕易地超過這個體型臨界值，讓牠們幾乎跟溫血動物毫無二致；特別是在那段遠古的美好時期，氣候溫暖舒適，整個地球上的生物都過得十分享受。那段時期沒有冰河，大氣中二氧化碳的濃度更是今日的十倍左右。換句話說，根據幾個簡單的物理原理我們可以知道，不管恐龍的代謝狀態為何，牠們都可能是溫血的。就算對巨大的草食恐龍來說，如何散熱恐怕也比如何產熱要來得麻煩。牠們有些具有奇特的解剖構造，比如說像劍龍的巨大背板，或許次要功能就是用來散熱，跟今日大象的耳朵差不多。

如果事情就這麼簡單，那麼恐龍到底是不是溫血動物就沒有什麼好爭議的了。根據上面那狹義的定義，恐龍當然是溫血動物，或者至少有很多恐龍是。對於那些喜歡賣弄術語咬文嚼字的人來說，這叫做「慣性內溫性」。恐龍不只可以持續維持體內的高溫，牠們甚至跟現代哺乳類一樣，可以靠燃燒碳來產生內在熱量。所以，到底是根據哪種廣義的定義，認為恐龍**不是**溫血動物？關於這點嘛，或許有一些恐龍仍然符合廣義的定義，我晚一點會解釋。但是若真想了解哺乳類跟鳥類溫血的獨特性，就必須反轉剛剛那個趨勢，我們要回頭去看看小型動物，看看那些低於「溫血臨界值」的小動物是怎麼一回事。

想想看蜥蜴吧。根據定義，蜥蜴是冷血動物，也就是說蜥蜴在晚上無法維持體內溫度。鱷魚之類的動物或許還可以，但是體積愈小的動物就愈不可能維持。其他像是毛髮或是羽毛之類的保暖裝備，充其量只能保護到一定的程度，而有時候甚至會阻礙動物從環境裡吸收熱能。如果你幫蜥蜴穿一件毛大衣的話（不消說，嚴謹的科學家早就試過了），蜥蜴只會愈來愈冷，因為牠既無法順利地從太陽吸收熱量，體內也無法產生足夠的熱量來補償。這種現象跟哺乳類或是鳥類非常不同，而這正是我們符合真正溫血動物定義的原因。

哺乳類跟鳥類比起相同體積的蜥蜴來說，可以產生十到十五倍之多的內在熱量。不管外在環境如何，牠們都會持續產熱。如果你把蜥蜴跟哺乳類動物放在一個令人窒息的炎熱環境中，哺乳類動物仍然會一直產生十倍於蜥蜴的能量，甚至到有害的程度牠都不管。因此到後來哺乳類會需要走出去透透

＊這並不盡然全真。其實大型動物每一公斤體重所產生的熱量，低於小型動物，也就是說體積愈大，新陳代謝的效率愈低。原因為何至今眾說紛紜，我並不擬在這裡詳述它們。想知道得更詳細一點的人，請參閱我的另一本書《力量、性、自殺》。重點是，就算大型動物每一公斤體重產熱較小型動物低，牠們的保溫能力還是比小動物來得好。

氣：牠會需要喝水、要泡水，牠會氣喘吁吁，牠會要找塊陰影乘涼、要搧風、喝點雞尾酒，或是打開冷氣。而蜥蜴呢？牠只會很舒服地待在那裡。無怪乎蜥蜴，或者大部分的爬蟲類，都可以在沙漠裡混得很好。

反過來說，如果把兩者放在冷的環境裡，像是冷到結冰的地方，蜥蜴此時會把自己埋到樹葉堆裡捲起來睡覺。老實說，很多小型哺乳類也會幹一樣的事情，不過這並不是我們預設的程式。我們預設的程式剛好相反，它會要我們燃燒更多食物。哺乳類在寒冷氣候中生存時，要花上比蜥蜴多一百倍的代價。就算是在溫帶好了，好比說攝氏二十度的環境，大約是歐洲宜人的春天氣溫，兩者差異也有天壤之別，大約是三十倍。要維持哺乳類驚人的新陳代謝速率，牠們必須燒掉比爬蟲類多三十倍的食物。這可不是只有一次，牠們每一天都要吃掉爬蟲類一個月分量的食物。既然天下沒有白吃的午餐，這樣的消耗量真的是非常龐大。

所以現在的情況是，要做一隻哺乳類或是鳥類所要付出的代價，比做一隻蜥蜴要多了大約至少十倍，而且經常遠高於此。如此昂貴的生活方式到底為我們帶來什麼？最明顯的答案就是領土擴張。溫血生理或許不適合在沙漠中生活，但是卻可以讓動物在夜間巡弋，或者在冬季以及溫帶地區活躍，而這些對蜥蜴來說都不可能。另外一個優點則是腦力，雖然表面上看起來關聯沒有那麼明顯。相較於蜥蜴來說，哺乳類的腦容量與體積比，顯然大了很多。雖說大腦袋並不保證一定比較聰明或者比較機智，不過看起來較快的新陳代謝才能支持較大的腦容量，而動物不用特別花資源去照顧它。這意思是說，假設哺乳類跟蜥蜴都需要花百分之三的資源給大腦，而哺乳類可以支配比蜥蜴多十倍的資源，牠就可以養比蜥蜴大十倍的腦袋，而事實上也正是如此。附帶提一下，靈長類動物，特別是人類，往往分配更多資源給大腦。以人類為例，我們貢獻了大概百分之二十的資源給大腦，儘管它只占了身體重量幾個百分點而已。不過我猜，其實腦力很可能只是某種附加價值，對溫血動物的生活方式來說，這可能是在不增加額外負擔的情況下所發展成的。要養一顆大腦袋其實有其他更便宜的方法。

不過簡而言之，用領土擴張、夜間活動跟超大腦力去換取溫血動物巨額的新陳代謝，看起來其實不怎麼划算。我們一定忽略了些什麼。從付出的角度來看，不斷地吃、吃、吃所要付出的代價可不只是肚子痛而已。動物要花大量的時間與精力用來尋找糧食、打獵或是種植蔬果，其中大部分的時間都要暴露在掠食者或是競爭者的威脅之下。食物會吃光，會枯竭。很明顯地你吃得愈快，就愈快吃光食物。另外你的族群數量也會減少。根據經驗法則，代謝速率會控制族群大小，因此爬蟲類的數量往往是哺乳類的十倍左右。同樣的，哺乳類的子代數量也比較少（不過牠們也因此可以給較少的子代每個個體較多的資源）。另外生命周期也會隨著新陳代謝速率而不同。佛洛伊德的笑話雖然適用於人類，但可不適用於爬蟲類。爬蟲類的生活或許無趣而緩慢，但是牠們真的活得比較久。像是巨龜可以活好幾百年。

所以保持溫血要付出的代價十分慘烈。溫血動物生命周期短，還要花很多時間在危險中吃飯。牠們只能產生少量子代，並且維持較小的族群，而這兩個特性都很容易受到天擇無情的鞭笞。我們換回來的是可以在晚上冷風颼颼中外出的權利，這交易看起來真是遜透了，特別是晚上我們無論如何還是要睡覺。但是在這生命的聖殿裡，我們還是會習慣性地給哺乳類與鳥類最高評價。到底有什麼東西是我們有而爬蟲類沒有的？而這東西最好夠格。

一個最言簡意賅讓人信服的理由就是「耐力」。蜥蜴或許可以很輕易的在速度或是肌肉力量上面與哺乳類一較高下，而且在短距離之內還可能會勝過哺乳類；但是牠們很快就會精疲力盡。試試看去抓一隻蜥蜴，牠會用最快的速度鑽進眼睛能及的最近掩蔽物中，一溜煙就消失不見。不過接下來牠就開始休息，而且經常一休數小時，才能從剛才的奮鬥中慢慢恢復。問題就在這裡，蜥蜴的身體並非為了舒適而設計，而是為了速度而設計的＊。這方面跟人類短跑選手一樣，牠依賴的是無氧呼吸，意思就是說運動時不需擔心呼吸的問題，但是無法持久。牠可以非常快速地產生能量（像是ATP），但是反應過程也很快地就會被乳酸阻滯，結果讓動物因為痙攣而動彈不得。

這種差異來自於肌肉的基本構造不同。之前我們在第六章曾講過，肌肉有許許多多不同的形式。這些不同形式的肌肉，都是為了在三個條件下取得平衡，分別是肌肉纖維、微血管以及粒線體。簡單來說，肌肉纖維會收縮來產生力量；微血管可以帶來氧氣，同時把廢物搬走；而粒線體則可以利用氧氣來燃燒食物，產生收縮所需的能量。但是它們的問題是，這每一樣東西都會占去寶貴的空間，所以如果你想裝入愈多的肌肉纖維，剩下給微血管跟粒線體的空間就愈少。一條緊緊包滿纖維的肌肉會非常有力，但是很快就會燒光收縮所需的能量。這是在兩種最典型的結果之間做抉擇：力氣大但是耐力低，或是力氣小但是耐力高。比較一下壯碩的短跑選手跟苗條的長跑選手，你就會了解這兩者之間的差異。

我們每個人都有不同比例各種形式的肌肉，這比例端視居住環境而定，比如說你是住在海平面的高度或是高山上。此外生活型態也影響這比例甚大。接受短跑選手的訓練，你就會長出許多「快縮肌」，力量驚人但是耐力頗低。接受長跑選手的訓練則結果相反。因為這些差異存在於不同個體與種族之間，因此當環境主宰一切時，它們就會被一代一代篩選出來。這就是為什麼尼泊爾人、東非人跟安地斯山印地安人都有許多類似的特徵，他們都有適合生活在高海拔地區的生理特徵，而平地人往往長得比較壯碩而笨重。

根據美國加州大學爾灣分校的兩位生物學家，本內特與魯本在一九七九年所發表的一篇經典論文中指出，會形成這種差異的主因正是溫血。他們主張，所謂溫血動物與冷血動物的差異，主要在於耐力，跟溫度無關。他們的理論現在被稱為「有氧能力」假說，儘管或許並不全對，但是卻完全地改變了整個領域對生命的看法。

有氧能力假說有兩點主張。第一點，天擇所篩選的對象並非體溫，而是活動力增加，這在許多環境下都有直接的好處。本內特跟魯本是這樣說的：

> 增加活動力所造成的選擇優勢絕非枝微末節，而是生存與繁衍的中心要務。耐力較大的動物所占有的優勢很容易從幾個方面來了解。在尋找食物或是逃避敵人的時候，牠們可以承受較深度的搜索與較激烈的搏鬥。在保衛領土或奪取領土時會讓牠們較占優勢。在求偶與交配上牠們也比較容易成功。

---

*這裡我要向藍調大師豪林・沃爾夫致歉，為偷用他的歌詞：「有些人長得這樣，有些人長得那樣。但是我的長相，你不應該用肥胖形容我。因為我並非為速度而設計，我是為了舒適而設計的。」

這些論點大致上看起來都無可爭辯。波蘭的動物學家寇帖雅，更為這個假設加上一些有趣的潤飾，他強調父母可以更密集地照顧子代的重要性，像哺乳類跟鳥類可以持續照顧子代數月甚至數年，這讓牠們跟冷血動物顯得截然不同。這種投資更是需要極大的耐力，而對於提高動物在最脆弱時期的存活率，居功厥偉。不過有氧能力假說的第二部分，才是比較有趣但也比較有問題的地方：這問題就是耐力與休息之間的關聯，不論造成這關聯的確切原因究竟為何。本內特跟魯本認為，「最大代謝速率」與「休息代謝速率」兩者之間有必然的關聯。讓我來解釋一下。

所謂最大代謝速率的定義是當我們全力衝刺到極限時的氧氣消耗量。這當然受限於許多因素，像是身體狀況好壞，還有基因當然會有影響。基本上身體裡最終會決定最大代謝速率的，是終端使用者的氧氣消耗量，也就是粒線體。它們氧氣消耗愈快，最大代謝速率就愈快。但是即使簡單的反射運動都清楚地說明了，許多互有關聯的因素必然參與其中交互影響。決定代謝速率的因素有：粒線體的數量、供應養分的微血管數量、血壓高低、心臟的大小與形狀、紅血球的數目多寡、氧氣運送色素的分子形狀（血紅素）、肺臟的大小與形狀、氣管的直徑大小、橫膈膜的力量等等。這些因素任何一個有缺陷的話，最大代謝速率就會下降。

因此，挑選具有耐力者，等於在挑選最大代謝速率較高者，然後又可以簡化成挑選整套呼吸系統的特徵＊。根據本內特與魯本的看法，提高最大代謝速率也會同時「拉高」休息代謝速率。換言之，一隻運動細胞好、具有高耐力的哺乳類動物，天生就會有較高的**休息**代謝速率：就算牠躺下來休息啥事也不幹時，還是會持續呼吸大量的氧氣。這樣主張其實是根據經驗法則。他們說，不知為何，所有動物不論哺乳類、鳥類或是爬蟲類，其最大代謝速率都差不多是休息代謝速率的十倍左右，因此選擇較高最大代謝速率的同時，也會同時拉高休息代謝速率。如果最大代謝速率提高十倍——根據紀錄這差不多正好是哺乳類與蜥蜴兩者的差距——那休息代謝速率也會提高十倍。此時，一隻動物會因為需要產生大量的內在熱量，結果一不小心就變成「溫血動物」。

這個理論非常讓人滿意，而且直覺上看起來也很對，但是如果仔細檢視一下你就會發現，這兩者實在沒什麼理由**必然**要連結在一起。所謂最大代謝速率，就是要儘量把氧氣送給肌肉，但是在休息時肌肉的氧氣消耗量卻並不多，反而是大腦跟許多內臟，像是肝臟、胰臟、腎臟、小腸等，才是此時氧氣的大宗消耗者。那為什麼當肌肉提升氧氣消耗能力時，肝臟也會跟著提高消耗量？這讓人想不通。至少我們可以假設有一種動物，同時具有高有氧能力，但是休息代謝速率又很低，也就是一種同時完美結合兩種特徵的強化蜥蜴。又或許，恐龍正是這樣一種動物。但是說來慚愧，我們至今仍然不知道為何在現代哺乳類、鳥類跟爬蟲類的身上，最大代謝速率與休息代謝速率兩者的高低趨勢總是連在

＊如果你還是不太理解這麼多種特徵，怎麼可能一次全被汰選出來，那請觀察一下你周圍的朋友。有些人的運動細胞明顯地比其他人要好，有一小群人甚至很幸運的有奧運的水準。或許你自己不想被篩選，不過如果成立一個計畫，讓運動員跟運動員配在一起去產生運動員後代，然後從中挑選最適者，那幾乎可以保證絕對會製造出「超級運動員」。用大鼠來做實驗可以證明這一點，在做糖尿病研究的時候，科學家發現只需十代就可以讓大鼠的有氧能力改善百分之三百五十（因此也降低得糖尿病的機率）。這些大鼠的壽命也延長六個月，差不多是延長大鼠生命周期的百分之二十。

一起，我們也不知道是不是在哪一種動物體內這連結可以被打破＊。當然，某些活動力非常高的哺乳類，像是叉角羚羊，有極高的有氧能力，大約是休息代謝速率的六十五倍之多，這暗示了兩個代謝速率還是有可能脫鉤。同樣的現象也可以在少數爬蟲類身上觀察到，比如美洲短吻鱷，牠的有氧能力起碼是休息代謝速率的四十倍之多。

儘管很多東西還不清楚，本內特跟魯本的假設仍很可能是對的。或許，兩種代謝速率之間最強的關聯，與大部分溫血動物產生體溫的來源有關。動物有很多種方式可以產生熱量，但是大部分的溫血動物對它們都不屑一顧：溫血動物的熱量都不是直接產生，而是間接來自於新陳代謝的副產物。只有容易流失熱量的小型哺乳類像大鼠，會用直接的方式產熱。大鼠（以及許多哺乳類幼年的時候）會利用一種特化的組織，稱為棕色脂肪的組織來產熱，這組織裡塞滿了產熱粒線體。棕色脂肪所玩的把戲其實也很簡單。一般的粒線體是利用質子所產生的電流，藉著讓質子通過膜的方式產生ＡＴＰ，這個分子就是細胞的能量貨幣（詳情請見第一章）。這整個反應機制仰賴一塊完整的膜，把內外環境隔離開。如果這膜上有漏洞，就會造成質子流的短路，然後讓產生出的能量以熱能的形式散掉。棕色脂肪裡面的情況就是如此，它的粒線體膜上有許多由蛋白質所刻意形成的孔洞，如此一來粒線體就會滲漏。這樣無法產生ＡＴＰ，反而會產熱。

所以，如果想要產熱，解決之道就是要有會漏的粒線體。如果所有的粒線體都像棕色脂肪裡的一樣會漏，那麼所有吃進來的食物能量就都會直接轉換成熱量。這辦法簡單有效，也不占體積，因為少量組織就可以很有效地產熱。不過一般動物卻不這麼做。在哺乳類、鳥類跟蜥蜴裡，粒線體滲漏的程度都差不多，沒有差異。溫血動物跟冷血動物真正的差異，在於內臟的大小跟粒線體的總數多寡。比如說，一隻大鼠肝臟的體積，比起同體型的蜥蜴來說要大很多，同時裡面塞的粒線體數目也多很多。換句話說，溫血動物的內臟像是裝了渦輪推進器一樣般有威力。它們平時會消耗大量的氧氣，但不是為了產熱，而是為了加強表現。熱，只是伴隨而來的副產品而已，是後來才被慢慢發展出的隔離層（像是毛髮跟羽毛）包在體內，變成有用的東西。

今日關於動物發育過程中關於溫血生理如何起始的研究，傾向支持溫血的誕生，多半與器官運作被強化有關，而無關產熱。澳洲雪梨大學的演化生物學家賽巴撒，研究的主題就是：哪些基因在鳥類胚胎發育的過程中，鞏固了溫血生理的基礎？他找到了一個「大師基因」（這基因做出來的蛋白質叫做 PGC1α），這基因會促使粒線體複製，因而強化內臟的功能。內臟的大小，也一樣可以透過類似的「大師基因」來控制，只需要將細胞複製的速度跟凋亡的速度做適當地調整，就可輕易改變。一言

＊在澳洲臥龍岡大學的兩位演化學家艾爾斯跟胡伯，曾大力提倡一個有趣的論點，他們認為這連結跟細胞膜的脂質組成有關。因為較高的代謝速率，會需要一個能讓物質快速通過的細胞膜，這樣的細胞膜通常含有比較高比例的多元不飽和脂肪酸，因為它們扭曲的鏈狀結構可以保有較大的流動性，就像是豬油跟沙拉油的差別。如果一隻動物被篩選成具備高有氧能力，那麼牠一定會傾向保有較多的多元不飽和脂肪酸。如果內臟含有較多這種脂肪酸的話，那休息代謝速率就會被迫升高。但這理論的缺點在於，動物理應可以根據不同組織去改變細胞膜的組成，而在某種程度上也確實如此，所以我並沒有被這假設說服。此外，它也沒有解釋為何溫血動物的內臟需要有較多的粒線體。這現象暗示著這些內臟的高新陳代謝速率，是被刻意篩選出來，而非僅是細胞膜脂質組成改變所造成的意外。

以蔽之，要幫器官加裝渦輪推進器，在遺傳上並不難，只要少許幾個基因就可以控制好。問題在於這種配備極度耗能，唯有在值回票價的情況下，才會被天擇選擇出來。

現在整個有氧能力假說的腳本，大致上看起來比較合理了。溫血動物無疑都比冷血動物要有耐力，一般來說牠們多了十倍左右的有氧能力。不論是在哺乳類還是鳥類，這飆高的有氧能力都跟渦輪加速的休息代謝速率共進退，也就是同時伴隨著大號的內臟以及強力的粒線體，而這些設計本來的目的並非用來產熱。這樣至少對我而言，高有氧能力同時伴隨著強化過的系統來支持，直覺上看起來顯得相當合理。而這假設也很容易被檢驗，我們可以試著繁殖出高有氧能力的動物，而牠們的休息代謝速率應該也會隨之提升，或兩者至少會有某種程度的相關，儘管成因或許很難去證明。

不過自從有氧能力假說在約三十年前被提出來之後，情況一直陷入膠著，這期間，許多科學家曾經嘗試用實驗去證明這個假說，但得到的結果並不一致。雖然一般說來，最大代謝速率跟休息代謝速率之間，確實有一定程度的關聯，但除此之外就再無其他了，更別說還有一大堆例外。或許這兩個生理參數在演化上**曾經**真的是連結在一起，但在生理上卻未必一定要互有關聯。關於這點，如果沒有其他關於演化史上更詳細的資料，恐怕也難下定論。很幸運地，這一次解謎之鑰或許就藏在化石紀錄中。這兩種代謝速率中間失落的環節可能無關生理學，而是變化無常的歷史造成的。

溫血跟強力的內臟像是肝臟等器官有關。但是柔軟的組織往往禁不起歲月的摧殘，甚至就算是毛髮等物也甚少被保存在岩石中。因此，一直以來要從化石紀錄中尋找溫血動物的起源，結果常常有如大海撈針；即使在今日，各家理論也常常彼此爭得面紅耳赤。但是根據化石紀錄去重新評估有氧能力假說則比較可行，因為骨骼結構會透露許多訊息。

哺乳類跟鳥類的祖先大概可以追溯回到三疊紀的年代，大約開始於兩億五千萬年前。三疊紀緊跟在我們行星史上規模最大的一次滅絕事件之後，也就是二疊紀大滅絕。據信那次大滅絕一下子就抹去了地球上約百分之九十五的物種。在少數倖存下來的動物中，有兩種爬蟲類，一種屬於**獸孔類群**（也就是俗稱像哺乳類的爬蟲類），牠們是現代哺乳類動物的祖先；一種屬於**初龍類群**（希臘原文意思為「主宰的蜥蜴」），是現代鳥類跟鱷魚的祖先，同時也是恐龍跟翼龍的祖先。

鑑於恐龍後來興起，成為地球上的優勢物種，這件事或許會讓你很驚訝：在三疊紀早期，獸孔類群的動物才是地球上最成功的物種。雖然牠們的後代，也就是哺乳類，反而變成體型嬌小的動物，必須躲到地洞中以逃避恐龍的追殺，但是在三疊紀早期最重要的一個物種就是**水龍獸**這一家族的動物（又叫做鏟子蜥蜴），牠們是一種體型跟豬差不多大小的草食動物，長著兩顆粗短的大牙，面孔朝下，有著桶狀的胸膛。關於水龍獸確切的生活型態我們並不清楚。長久以來科學家一直賦予牠們一種兩棲性野獸的形象，長得有點像是爬蟲版的河馬。不過現在我們認為牠們應該住在比較乾燥的環境中，並有可能會挖地洞，而這是許多獸孔類群動物都有的習性。關於挖地洞的重要性，晚一點我再回來談，現在比較重要的是，水龍獸曾經主宰三疊紀早期的世界，但是後來卻完全不復見*。一般咸認

*美國古生物學家柯伯特於一九六九年在南極洲發現了水龍獸化石，有助於肯定在當時還充滿爭議的板塊構造說，因為當時已經在南非、中國跟印度等地發現水龍獸了。南極大陸後來才漂走的解釋，應該要比矮胖的水龍獸會游泳來得可信。

為在三疊紀早期，地面上百分之九十五的草食動物都是水龍獸。就如同美國自然學家兼詩人柯金諾所描述：「想像一下，如果有一天起床，到外面去走一圈之後發現，全世界只剩下松鼠的樣子。」

水龍獸都是草食動物，或許在那個時代也只有牠們這種草食動物，所以完全無須害怕掠食者。後來在三疊紀中出現了另一種獸孔類群的親戚，被稱為**犬齒獸**的動物，牠們漸漸地取代了水龍獸的地位，以至於在三疊紀結束時水龍獸完全滅絕。犬齒獸大家族中既有草食動物也有肉食動物，可以算是哺乳類的直系祖先，而哺乳類大約出現在三疊紀晚期。犬齒獸有許多高有氧能力的特徵，像是發展出硬顎（這樣可以將鼻腔與嘴巴分開，讓動物在咀嚼時也可以同時呼吸），由改良過的肋骨所圍成寬闊的胸腔，還有或許已經有肌肉構成的橫膈膜。尤有甚者，牠們的鼻道也變大了，裡面有一種非常細緻的骨質結構，也就是所謂的「呼吸鼻甲」。犬齒獸甚至很可能全身覆蓋著毛髮，不過牠們還是跟爬蟲類一樣需要下蛋。

這樣看來，犬齒獸應該已經有頗高的有氧能力了，這必定賦予牠們相當強的耐力，那牠們的休息代謝速率又是多少？牠們是溫血動物嗎？根據魯本的看法，呼吸鼻甲算是少數可以證明休息代謝速率提升的可靠證據之一。這種構造可以降低水分流失，對於需要持續進行深度呼吸的動物來說，可能相當重要，如果只是需要進行短暫爆發力的活動就不需要。爬蟲類因為休息代謝速率極低，牠們在休息時的呼吸非常輕微，所以幾乎不需要限制水分流失。因此，所有現今已知的爬蟲類都沒有呼吸鼻甲。相反地，幾乎所有的溫血動物都有這種鼻甲，除了少數幾個例外，包括靈長類以及某些鳥類。老實說，呼吸鼻甲就算不是絕對必要，也非常有幫助，而在化石裡面發現這種結構，確實是證明溫血動物起源最好的線索。再加上犬齒獸很可能覆蓋著毛髮（但這多半是出於揣測而非真正從化石紀錄中觀察到），看起來牠們確實是在變成哺乳類的半路上演化出溫血。

不過儘管如此，犬齒獸還是很快地就被別人超越了，最後在三疊紀晚期，被初龍類群的征服者逼迫成為瑟縮在一旁的可憐夜行動物。如果說，犬齒獸演化出了溫血，那征服牠們的征服者呢？這些很快就會演化成恐龍的初龍類群動物又是如何呢？現存初龍類時代的最後生還者，是鱷魚跟鳥類，兩者分別是冷血動物與溫血動物。顯然初龍類群的動物，是在變成鳥類的路上某處演化出溫血。但是問題是什麼時候？又是為什麼？還有這包含恐龍嗎？

這些問題讓情況變得十分複雜而且很多時候充滿矛盾。跟恐龍一樣，許多科學家也對鳥類提出各種充滿熱情的論點，激動到很多時候甚至不像科學。以前鳥類一直被認為在某種程度上是恐龍的親戚，特別是跟一群稱為獸足類的恐龍關係十分密切（暴龍就是獸足類恐龍），然後在一九八〇年代一系列系統性的解剖學研究之後（也就是支序分類學），鳥類甚至被直接歸類到獸足類恐龍下面。那次研究的結論基本上就是，鳥類不只是跟恐龍關係密切，牠們根本**就是**恐龍，精確地來說算是會飛的獸足類恐龍。雖然大部分的科學家都同意這論點，但是有一小群以著名古生物學家費多契亞（任教於美國北卡羅萊納大學）為首的科學家，卻堅持鳥類應該是來自獸足類恐龍之前另一支序尚未知的動物。根據他們的觀點，鳥類不是恐龍，牠們自成一格，應該自己被歸為一類。

在我寫本書之時，這一系列研究的最新結果，碰巧也到了最精采的階段，並且研究達到了蛋白質層級，而不僅只是形態分析而已。在二〇〇七年時，美國哈佛大學醫學院的助理教授阿薩拉，發表了一篇驚人的論文。他們找到一塊保存情況十分特殊的霸王龍骨骼，年代大約是六千八百萬年前，裡面仍保有一點點膠原蛋白，這是骨骼裡面主要的有機物質。阿薩拉的研究團隊成功地定出其中幾塊膠原蛋白的胺基酸序列，並把它們拼湊在一起，連出了暴龍一小部分的蛋白質序列。在二〇〇八年時他們把這段序列拿去與哺乳類、鳥類跟美洲短吻鱷相對應的蛋白序列比對。當然這段序列很短，所以結果可能會有所誤導。然而當他們檢視比對結果時，卻很驚訝的發現與暴龍最親近的現存生物，首先是溫馴的雞，緊接在後的是鴕鳥。這結果毫不意外地頗受媒體歡迎，他們馬上異口同聲的談論著到底暴龍排骨滋味如何。然而這研究更深一層的意義其實應該是，膠原蛋白比對的結果大致證實了支序分類學所描述的結果，也就是鳥類是一種獸足類恐龍。

來自鳥類世界的另一個爭論來源則是羽毛。費多契亞等人一直堅持，鳥類的羽毛是為飛翔而演化出來的，羽毛賦予鳥類一種令人震撼的完美感。既然羽毛是用來飛翔的，那在不會飛的獸足類恐龍像暴龍身上，就不可能存有羽毛。誠然根據費多契亞的說法，牠們應該沒有羽毛，但是在過去十年之內，卻有一系列帶著羽毛的恐龍在中國被發現，像嘉年華遊行般地這麼走上舞台。雖然這其中有些化石頗值得懷疑，不過大部分的科學家都已經相信不會飛的獸足類恐龍，包含暴龍的祖先本身，確有可能展示著羽毛。

從另一個角度來看羽毛的話，所謂「羽毛」並非全如外表所見，它其實只是一堆壓扁的膠原蛋白纖維，但是帶有特殊功能。不過如果羽毛就只是膠原蛋白纖維，那我們很難解釋為何通常都只在一個支序的獸足類恐龍身上，也就是所謂的盜龍類身上發現羽毛，這一類恐龍中最有名的就是迅掠龍了，拜電影《侏羅紀公園》之賜，讓迅掠龍變得家喻戶曉。又或者，為何牠們身上的羽毛，長得跟同一地層中羽翼豐滿的鳥類化石一模一樣？不單單羽毛長得像羽毛，某些盜龍類恐龍像是小盜龍，看起來甚至可以在樹枝之間滑翔，牠們所憑藉的，就是從四肢所長出來茂密的羽毛（或者，更適當的詞應該是，羽翼）。我很難相信這些化石中漂亮的羽毛不是羽毛，而且即使費多契亞也退讓了。至於這些在樹叢間滑翔的小盜龍，與鳥類的起源是否有任何關係，或者與牠們的近親始祖鳥之間有無任何關係，則還是一個謎。

其他透過研究羽毛的胚胎發育過程，也支持羽毛這種構造在獸足類恐龍身上演化出來的時間，早於動物會飛翔。特別是羽毛與鱷魚皮膚的胚胎發育過程，關係非常密切。別忘了，鱷魚是活生生的初龍類群動物，也就是那些首先出現在三疊紀時代具優勢地位的蜥蜴。鱷魚跟恐龍（包含鳥類）大概是在三疊紀中期開始分道揚鑣，那時大概是兩億三千萬年前。儘管這兩種動物分歧甚早，但是鱷魚的身上已經埋下了羽毛的**種子**；即使是今天，鱷魚跟鳥類在胚胎上仍保有一模一樣的皮膚層，只不過在鳥類這層後來會發育出羽毛。牠們也有一模一樣的蛋白質，稱為「羽毛角質蛋白」，那是一種輕盈、有彈性又強韌的蛋白質。

鱷魚的羽毛角質蛋白，主要存在於某些皮膚胚層上，這一層在從蛋中孵化出來之後就會蛻掉，露出下面的鱗片（而殘跡仍可在成年鱷魚的鱗片中找到）。鳥類在後肢上也有類似的鱗片，發育過程一樣，也是在孵化後把皮膚外層蛻掉後才露出來。義大利波隆那大學羽毛演化發育學專家阿里巴迪表示，鳥類的羽毛，也是從同一個胚層發育而來，就是在蛻掉之後會露出鱗片的那個胚層。在胚胎裡的鱗片會拉長變成管狀的纖維，或者叫做羽枝。這些羽枝是像頭髮一樣的管狀中空構造，外面包著從皮膚胚層長出的管壁，這些管壁細胞仍是活的，所以可以在伸長的過程中，從任何一點再長出分枝＊。最簡單的羽毛，也就是絨羽，基本上就是從一個定點長出來的一叢羽枝，而飛羽的羽枝則會隨後融合成一根中心羽軸。圍繞著這些羽枝的管壁，會留下角質蛋白然後退化掉，最終露出由角質蛋白所組成並且充滿分枝的結構，也就是所謂的羽毛。鱷魚皮膚跟鳥類羽毛不僅帶有一樣會長羽毛的皮層、一樣的蛋白，就算是造成羽毛發育的基因也可在鱷魚身上找到；從這一點來看，這些基因應該早就存在這兩種初龍類群動物的共祖身上了，所不同的只是發育程序。在鳥類身上有一種非常怪異的突變，也揭露了羽毛跟鱗片在胚胎上面的相似性，這突變會讓鱗片長成羽毛，從鳥腿上四處長出來。不過到目前為止長著羽毛的鱷魚倒是還沒見過。

從這個角度來看，最早期的初龍類群動物皮膚上，可能已經長著一叢叢原型的羽毛，因此在獸足類恐龍身上開始冒出這些「皮膚附加物」也就不足為奇了。這些羽毛的形態或許從簡單的鬃毛（像是翼龍身上的），到簡單的分枝結構，像絨羽一樣。但是它如果不是用來飛，那用處會是什麼？科學家提出過許多可能而且並不互斥的解答，像是用來吸引異性、具有感覺功能、具有保護作用（毛髮可以放大動物體積，也可能變成像豪豬一樣的刺），當然也可能是用做隔離保溫。在獸足類恐龍身上所展示著羽毛，當然增加了牠們是溫血動物的可能性，就像是牠們現在仍存活的親戚鳥類一樣。

還有其他證據也指出獸足類的恐龍可能十分活躍，或至少很有耐力。其中一個證據是心臟。鳥類跟鱷魚，與蜥蜴和大部分爬蟲類的不同之處在於，牠們有一顆非常有力的四室心臟。根據推測，所有初龍類群的動物都應該繼承了這種四室心臟，恐龍也應如是。四室心臟的重要性在於，它可以把循環系統一分為二，其中一半送去肺臟，另一半送給身體各處。這種構造有兩個重要的好處。第一，如此一來身體可以用高血壓，把血液打到肌肉、大腦等器官，而不會傷害到脆弱的組織像是肺臟（傷害的結果可能會導致肺水腫，甚至死亡）。很明顯地，較高的血壓，才有可能支持較旺盛的活動力以及較大的體型。如果沒有四室心臟的話，大型恐龍是無論如何不可能把血液一路打到牠們的大腦裡。第二，把循環系統分兩半，代表著充氧血跟缺氧血不會再混在一起。心臟可以立刻把從肺臟回來的充氧血，用高血壓送到身體各處，讓任何有需要的地方可以獲得最多的氧氣。雖然四室心臟並不保證動物一定是溫血的（畢竟，鱷魚到頭來還是冷血動物），但是缺少它動物幾乎不可能維持高有氧能力。

獸足類恐龍的呼吸系統也跟鳥類一樣，看起來足以應付活動所需的高效率。鳥類的肺跟我們的很不一樣，牠們的肺即使是在低海拔地區，也比我們的有效率，在高海拔地區這差異更是有如天壤之別。在空氣稀薄的地方，鳥類的肺可以萃取出比哺乳類多兩到三倍的氧氣。因此，遷移中的雁可以飛到比聖母峰還高好幾百公尺處，而哺乳類在高度低很多的地方就已經上氣不接下氣了。

人類的肺的構造有點像一棵中空的大樹。空氣會由中空的軀幹進入（就是氣管），接著一直分岔下去，最後到一條死巷般的細枝（微氣管）。不過這個細枝的終點，倒不是尖銳的盲端，而是長滿了一些可以半膨脹的氣球，也就是肺泡。肺泡壁上布滿細緻的網狀微血管，這裡就是氣體交換的場所。血紅素會在迅速離開這裡之前釋放出二氧化碳，然後抓住氧分子帶回心臟。這整套氣球系統在呼吸

＊根據美國耶魯大學演化生物學家普魯姆的看法，羽毛基本上是管狀物。從胚胎學的角度來看，管狀這個概念十分重要，因為管狀物有許多「軸」，管狀物直立起來可以區分成上端／下端，或是從橫切面來看，可以分成裡面／外面。生化物質沿著這些軸會產生濃度梯度，帶著刺激訊號的分子，會沿著軸線擴散下去。這樣的不同濃度的分子，就會沿著軸線啟動不同的基因，如此可以控制胚胎發育。對於胚胎學家來說，身體，基本上也是一種管子的形式。

時，會像風箱一樣充氣膨脹或洩氣扁掉，呼吸的力量則是來自周圍如籠子般的肋骨上面的肌肉，跟下方的橫膈膜肌肉。這種構造有個無可避免的缺點，就是在這些樹枝狀死巷的終點，會產生所謂的無效區域，空氣會在這個最需要乾淨空氣的地方直接混合。就算吸進來的空氣是乾淨的，它們也會直接跟正要被呼出去的髒空氣混在一起。

相較之下，鳥類那副改良過的爬蟲類肺臟，可就完美多了。典型爬蟲類的肺，構造非常簡單，就

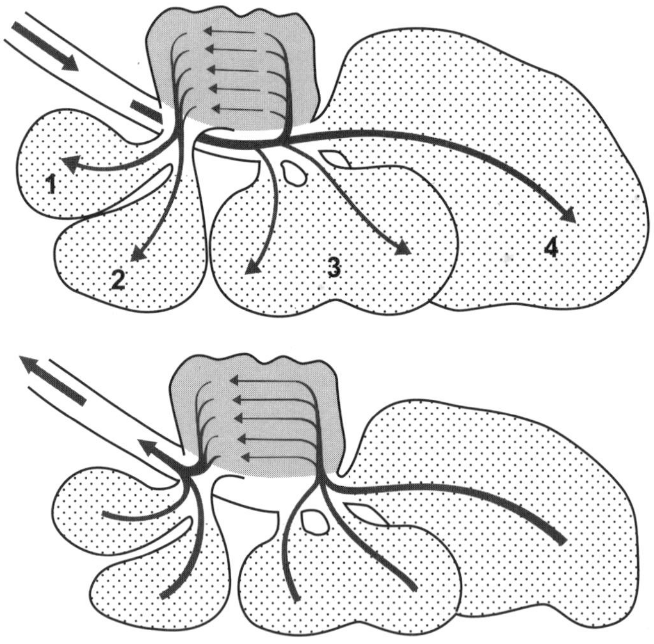

圖8.1　當鳥類在吸氣（上圖）跟呼氣（下圖）時的氣流。圖中氣囊名稱：(1)鎖骨氣囊；(2)顱側胸氣囊；(3)尾部胸氣囊；(4)腹氣囊。空氣會持續用同一個方向通過肺部，而血液則流往相反的方向，這種逆流氣體交換可以讓效率提高許多。

是一個結結實實的大袋子，裡面由許多被稱為「隔膜」的片狀組織所分開。跟哺乳類的肺一樣，爬蟲類的肺作用起來也像風箱，有些是靠肋骨圍成的空腔擴張來吸氣。比較特別的像鱷魚，橫膈膜跟肝臟連在一起，像個活塞一樣，而橫膈膜肌肉的另一端則固定在後方恥骨上，這樣收縮時可以把橫膈膜往後拉。這讓鱷魚的肺部構造有點像針筒，橫膈膜則像是針筒的氣密活塞，當它被往後拉時可以讓空氣注入肺中。這已經是很有效的呼吸方式了，而鳥類則更進一步，把幾乎半個身體，都改良成十分複雜且互相連在一起的氣囊群，進行單行道式的呼吸。鳥類在呼吸的時候，空氣並不直接進入肺中，而是先進入氣囊，最終才會全部通過肺呼出去。這種系統可以讓空氣持續形成穿越流通過肺部，而避免了我們那種死巷式的肺泡，會產生「無效區」的問題。鳥類在呼氣跟吸氣的時候空氣也會經過隔膜（類似的構造，不過更加精巧）。呼吸是由後方肋骨以及後面的氣囊系統所控制，因此很重要的，鳥類沒有橫膈膜。尤有甚者，鳥類的呼吸循環為單一方向，血液循環則剛好是反方向，如此的逆流氣體交換，效率可以達到最大（見圖8.1）*。

數十年來在這個領域裡爭持不休的問題是，獸足類的恐龍有哪一種肺？是像鱷魚那種活塞式？（因為肝臟跟橫膈膜連在一起，又稱肝活塞式。）還是像鳥類那種直流式？要知道鳥類的氣囊分布區域，不僅限於腹腔跟胸腔的軟組織，甚至還進入了骨骼中，包含肋骨跟脊椎骨。而我們一直都知道，獸足類恐龍的骨骼也是中空的，區域分布也跟鳥類一樣。在一九七〇年代，激進的美國古生物學家貝

---

*身為一個戒菸者跟登山者，我以前不管在哪個高度都會氣喘吁吁。我只能大約想像一下鳥如果吸菸的話，效果會有多快。有牠們那種效率極高持續滲入的氣體交換系統，一定會馬上頭暈目眩。

克就根據這個發現，加上其他證據，重新把恐龍塑造成是活躍溫血動物的形象。這個革命性的觀點給了作家克萊頓靈感，寫成小說《侏羅紀公園》，後來也被拍成電影。而魯本跟他的同事，則根據一兩個化石中依稀可見但頗受爭議的橫膈膜活塞痕跡，建構了另一種比較接近鱷魚的模式。魯本他們並不否認獸足類恐龍骨骼中會有氣囊，不過卻不認同這些氣囊的功用。他們認為這些氣囊並非用來呼吸，而是另有他用，像是減輕重量，或者可能是讓兩足站立的動物維持平衡之用。因為沒有更新的資料，這些爭執一直持續著，彼此僵持不下。直到二〇〇五年，一篇由美國俄亥俄大學的歐康諾，與哈佛大學的克萊森所共同發表在《自然》期刊上的文章，才暫時平息了這場爭論。這篇文章算是非常重要的里程碑。

歐康諾與克萊森首先對鳥類的氣囊系統做了非常徹底的研究。他們研究了數百隻現代鳥類樣品（或者，根據他們的說法，是從野生動物保育員跟博物館取得的再利用樣品）。他們把乳膠打入這些鳥類的氣囊中，以便更深入了解鳥的呼吸系統。他們的第一個發現是，鳥類的氣囊遠比當初想像得分布廣泛。氣囊不但深入一部分頸部與胸腔，還占據了大部分的腹腔，並由此延伸進入脊椎下半部。這個發現，對於解釋獸足類恐龍的骨骼系統至為重要。這個後方的氣囊（尾部胸氣囊）才是驅動鳥類整套呼吸系統的關鍵。在呼氣的時候，這對氣囊會收縮，把空氣從後面擠入肺部。當吸氣時，尾部氣囊則由連接著的頸部氣囊與胸氣囊把氣吸入。用專業術語來說，這氣囊就是個**呼吸幫浦**。它有點像風笛，不停縮脹讓氣流可以不間斷地通過風笛的音管。

歐康諾跟克萊森試著把他們的發現，應用在獸足類恐龍的骨骼化石上，包括巨大的瑪宗格圓頂龍，因為這種大型獸足類恐龍，充其量只能算是鳥類的遠親。過去大部分研究的重點，都放在化石前半部脊椎以及肋骨上，這次他們卻特別注意化石後半部脊椎裡的空腔，因為這是獸足類恐龍腹腔內曾有過氣囊的證據，而他們後來確實也在對應於鳥類骨骼一模一樣的位置上，找到了空腔。另外，根據脊椎、肋骨跟胸骨的解剖學資料指出，這些空腔符合構成呼吸幫浦的條件：胸骨跟下肋骨有較大的靈活性，可以讓尾部胸氣囊壓縮，像鳥類一樣將空氣由後方注入肺部。這所有的證據都指出，獸足類恐龍極可能跟鳥類一樣，有著全部脊椎動物裡最有效率的呼吸系統（見**圖8.2**）。

這樣一來，獸足類恐龍有了羽毛，有一顆四室心臟，還有氣囊系統來支持直流式肺臟，所有資料都暗示著牠們的生活形態應該十分活躍，具有耐力。不過，這種耐力是否可以如有氧能力假說所主張，讓牠們無可避免地發展成正宗溫血動物呢？

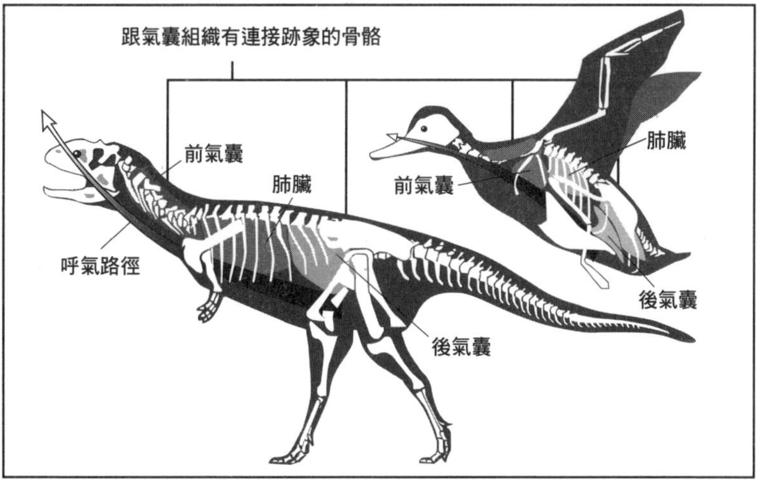

圖8.2 重建恐龍的氣囊系統（以瑪宗格圓頂龍為例）並與現代鳥類相比較。在兩種動物體內，肺臟都由前氣囊與後氣囊支持。恐龍骨骼中的痕跡跟現代鳥類的非常相似。這些氣囊運作起來就像風箱，讓空氣可以通過固定的肺臟。

又或者，牠們其實僅發展到半路，是介於現代鱷魚跟鳥類之間？雖然牠們的羽毛，很有可能做為體溫的絕緣體，但是也可能有其他的用途。而其他的證據，包括呼吸鼻甲，就不是那麼肯定了*。

鳥類跟哺乳類一樣，大部分都有呼吸鼻甲。不過，不同於哺乳類的鼻甲是硬骨，鳥類的鼻甲，是由難以保存的軟骨所組成。至今並沒有跡象證明獸足類恐龍曾有過鼻甲，因為沒有保存良好的化石足以讓我們下判斷。不過魯本他們注意到一件明顯的事實，鳥類的鼻甲總是跟擴大的鼻道並存。想來，鼻甲這種精巧的螺旋狀構造，在一定程度上會阻礙氣流通過，而擴大的鼻道可以補償這個缺點。但是恐龍並沒有特別大的鼻道，這顯示了恐龍很可能確實沒有鼻甲，而不是因為化石保存的問題。那麼，如果恐龍沒有鼻甲，牠們還可能是溫血動物嗎？這個嘛，我們人類也沒有鼻甲，但是我們還是溫血動物，所以關於這點，理論上來講是可能的，但它確實造成了一些問題。

雖然魯本的有氧能力假說主張，高有氧能力跟溫血生理是連結在一起的，但是魯本本人卻認為，恐龍**確實**有很高的有氧能力，卻不是溫血動物。儘管到目前為止我們仍然沒有足夠的資料來下任何定論，但是在一定程度內的共識是，獸足類的恐龍或許曾有較高的休息代謝效率，但卻還不是真正的溫血動物。不過這些都只是化石告訴我們的故事，然而在岩層中還有記錄著比化石更多的事情，包括了古代的氣候與大氣。而在三疊紀的大氣裡確實有些蹊蹺，透露了跟化石紀錄不一樣的觀點。這觀點不但有助於解釋犬齒獸跟獸足類恐龍的高有氧能力，還解釋了為何恐龍到後來會一躍成為主宰者。

大部分關於古生物生理學的討論，都立基於某種歷史性的空虛上：根據某個不成文的假設，過去跟現在的條件是一樣的，選擇壓力不變，就好像重力是不會改變的一樣。但是事實卻完全不是這樣，過去的大滅絕可以見證。所有大滅絕裡面最嚴重的一次發生於二疊紀結束時，大約在兩億五千萬年前，一下子就揭開了下一個新的時代，具主宰地位的蜥蜴無可避免地興起，然後接踵而來的則是恐龍的時代。

二疊紀大滅絕經常被看作生命史上最大的一個謎團，暫且不論這主題可以吸引一大堆研究經費，那年代的整個環境背景像是被一把大刷子一下子塗白了似的，全部消失不見。事實上這並不是一次大滅絕，而是分成兩個階段，其中隔了大約有一千萬年，在這段期間內是毫無止境的絕望，而且情況愈來愈壞。這兩次大滅絕分別對應了兩次持續性的火山活動，是地球史上最大、影響最深遠的火山噴發，大量熔岩傾瀉而出覆蓋了極大的地表，幾乎把整個大陸都埋在深厚的玄武岩層之下。這些熔岩侵蝕地表，形成了階梯狀的地形，我們稱為「暗色火成岩群」。第一次火山活動大約發生在兩億六千萬年前，噴發漫流造成了中國的峨嵋山暗色火成岩群。八百萬年之後有第二次規模更大、湧出更多岩漿的火山活動，那一次造成了西伯利亞暗色火成岩群。有一件很重要的事情就是，不管是中國峨嵋山或是西伯利亞的火山活動，噴發岩漿所通過的地層跟岩石，都富含碳酸鹽跟煤礦。重要的原因在於，這些熾熱的岩漿與碳反應時都會釋放出大量的二氧化碳與甲烷，而且是每一天每一次噴發都如此，而這

＊根據獸足類恐龍的頭骨顯示，牠們的大腦頗大，或許高代謝效率才有此可能。不過大腦的體積很難說，因為很多爬蟲類顱腔裡面塞的不全是大腦。獸足類恐龍頭骨化石上的痕跡指出，供應腦部血液的腦血管，確實是貼在頭骨上，這顯示牠們的大腦很可能充滿顱腔，但也不完全肯定。另外，還有很多比使用溫血生理要便宜的方法去長出一個大體積的腦袋，所以這兩者之間並沒有必然的關係。

樣的噴發整整持續了數千年＊。正是這些氣體改變了氣候。

許多人都試著想揪出造成二疊紀大滅絕的兇手，他們提出各種強力的證據指出全球暖化、臭氧層消失、甲烷釋放、二氧化碳過多造成窒息、有毒的硫化氫等因素，都在嫌犯名單中。不過目前唯一一個比較可以被排除的因素大概就是隕石撞擊。相較於兩億年之後的隕石撞擊事件，造成長期主宰地球的恐龍王朝落幕，這次幾乎沒什麼撞擊的痕跡。剩下條列出來的事件，則都非常有可能，而過去幾年內關於這方面的研究有了長足的進展，我們現在知道這所有的事件，其實都無可避免地緊密連結在一起。任何一種足以造成峨嵋山暗色火成岩群規模的火山活動，都可以引發一連串的事件，就像一列無法阻擋停不下來的火車一般，過程讓人心寒。類似的連鎖反應列車，如今也正威脅著我們的世界，雖然尚未到達可堪比擬的程度。

這些火山噴出大量的二氧化碳、甲烷以及其他的有毒氣體進入大氣中的平流層，破壞了臭氧層，最終導致地球暖化以及乾旱。乾燥的氣候橫跨整片盤古大陸，較早時期，也就是泥盆紀跟二疊紀所留下來的煤炭沼澤也開始乾涸，煤炭被風吹入大氣中。這些碳原子會被氧氣消耗掉，因而降低大氣裡的生機。在往後的一千萬年之內，大氣中的氧氣濃度就像慢動作墜機般一點一點降低，從原本的百分之三十跌到百分之十五以下。暖化的海水（會降低氧氣溶解度）、低迷的大氣含氧量以及高濃度的二氧化碳三者合一，讓海裡面的生物慢慢窒息。只有細菌會愈活愈興盛，就是那些在動植物出現的年代之前，曾經主宰地球的有毒菌種，它們現在在海中大量釋放出有毒的硫化氫，讓海水變成黑色且了無生機。這些從漸漸死亡的海中所冒出的氣體又讓大氣更加腐敗，讓存活在海邊的生物也接著窒息。然而直到此時，一直要等到此刻，命運之槌才真的敲響了喪鐘，就是那造成西伯利亞暗色火成岩群的火山大噴發。這次噴發再次給所有生物致命的一擊，讓地球近乎死亡，持續了足足有五百萬年。在這五百萬年或更久的時間之內，海中跟陸上幾乎都毫無動靜，然後生命才透露出一點點恢復的曙光。

誰存活下來了？很有趣地，這答案在陸地上跟在海裡面都一樣：活下來的都是最會呼吸的動物，是最會對付低氧氣、高二氧化碳以及混合有毒氣體的生物。活下來的動物是那些儘管氣喘吁吁，但是卻還可以活動的；是那些可以躲在洞裡住在穴中的；是那些住在爛泥之中，住在沼澤中，或是躲在沉積物下面的動物；也有那些在沒人想去的地方，靠腐食撿破爛維生的動物。所謂有成千上萬條滑膩的蠕蟲活下來（語出《老水手之歌》），我們也是其中之一。因此，水龍獸成為第一群從這種大滅絕後的死寂之地復活過來的動物，這件事具有重要的意義，因為牠們是挖洞穴居者，具有寬闊的胸膛、肌肉做的橫膈膜、硬骨的上顎、寬闊的氣道以及呼吸鼻甲。牠們上氣不接下氣地從充滿惡臭的洞穴中出現，漸漸移居四處，最後像松鼠一樣填滿這片空寂的大陸。

這個了不起的故事被用化學的形式記載在岩層之中，前後持續了約數百萬年。這就是三疊紀的標誌。後來儘管毒氣慢慢消失，二氧化碳卻飆高上去，最後濃度大約比今日高出十倍之多。氧氣濃度則持續低迷，維持在低於百分之十五的程度，氣候則是無止境的乾燥。那時即使是在接近海平面的低處，動物也必須掙扎著喘氣，每一口氣裡氧氣都稀薄得像是今天的高山一樣。這就是第一隻恐龍誕生時世界的樣貌。牠用兩隻後腳站立托著身體，這樣可以讓肺臟有較大的空間呼吸，而且不像四足爬行

*所有這些證據，都以「同位素痕跡」的形式留在岩層中。想知道得詳細一點的人，我會很厚顏地推薦我在《自然》期刊上所寫的專文，標題是「閱讀死亡之書」（二〇〇七年七月出刊）。

蜥蜴一樣有著無法一邊走一邊呼吸的限制。再加上呼吸氣囊跟呼吸幫浦，恐龍的興起就變得勢不可擋。美國西雅圖華盛頓大學的古生物學家瓦德，曾寫過一本書《來自稀薄的空氣》，非常詳細地描述了恐龍興起的故事。瓦德說（而且我相信他）：初龍類群的動物取代了犬齒獸，主要是因為牠們有被隔膜隔開的肺臟，這構造蘊含了未來成功的祕密，因為它將來可以被轉型成為鳥類那種了不起的直流式肺臟。獸足類的恐龍是當時唯一不需要氣喘吁吁過活的動物，牠們不怎麼需要鼻甲幫助。

現在我們知道耐力不只是一種附加價值，它是當時的保命仙丹，是在那個可怕年代記有存活號碼的樂透彩券。不過在這裡我只部分同意瓦德的觀點。我承認在那時，高有氧能力必定影響動物存活甚巨，但是這一定會同時拉高休息代謝速率嗎？瓦德似乎是這麼認為的（他曾引述過有氧能力假說）。然而看看今日住在高海拔地區的動物，卻不是這麼一回事。事實上牠們的肌肉分量反而會降低，而身材苗條的動物也比較容易勝出。牠們的有氧能力或許會提高，但是休息代謝速率卻未必會同步跟進，甚至還有可能降低。通常在困苦的環境中，生理會非常吝嗇，不可能揮霍度日。

現在回到三疊紀的環境，存活是當時的第一要件，動物有可能會提升沒必要的休息代謝速率嗎？光聽起來就與直覺相牴觸。獸足類的恐龍似乎演化出了高有氧能力，但卻未必變成溫血動物，至少在一開始的時候不是。反而看起來像是被消滅的犬齒獸演化成了溫血動物。牠們是為了與後來優秀的初龍類群動物競爭，所以儘管希望渺茫，還是演化出溫血？又或者，溫血是為了幫助牠們在縮小體型然後轉變成夜行性後仍然能夠保有活動力，而演化出來的？這幾個原因都非常有可能，不過我個人更偏好另一種說法，它甚至指出一些端倪，告訴我們為什麼恐龍會反其道而行，演化成後無來者的巨無霸體型。

對我來說，我總覺得素食主義者應該比我要神聖些，當然這或許只是個人肉食主義者的罪惡感。不過根據二〇〇八年一篇重量級的論文，悄悄發表在一本顯然也是極具分量的期刊《生態學通訊》上面的說法，素食主義者可以驕傲的事情，顯然比我所稱讚他們的還要多很多。如果不是素食主義者，或者應該說若非有他們的祖先草食動物，我們很可能永遠都不是溫血動物，也不會過著快步調的日子。這篇論文由荷蘭生態學研究所的克拉森與諾萊特所發表，他們用大尺度的計量（精確地來說叫做化學計量法）比較了素食跟肉食之間的差異。

提起「蛋白質」這個詞，大部分的人會想到的就是一口鮮嫩多汁的牛排；確實透過無止境放送的烹飪節目跟數不清的飲食指南，讓這兩者在我們腦中產生強烈的連結。我們吃肉是為了要攝取蛋白質，而素食主義者則要吃足量的堅果、種子或是豆類。一般來說素食主義者會比肉食主義者更注意飲食成分。攝取蛋白質的目的，是為了確保飲食中有足夠的氮元素，有了它才能幫我們身體製造新的蛋白質跟DNA，這兩者都需要大量的氮元素。其實就算我們是素食主義者，要維持均衡的飲食也不是一件難事，但是問題是我們還是溫血動物：根據這個定義，我們要吃很多很多。克拉森跟諾萊特指出，冷血動物完全不是這樣。根據定義，牠們吃很少，但這樣帶給牠們一個十分有趣的問題。

今日世上只有很少很少的蜥蜴是草食動物，而在全部兩千七百種蛇類裡面，沒有一隻是草食動物。當然，少數蜥蜴是草食性，不過牠們往往體型都比較大，像鬣蜥蜴，或者比起其他肉食性蜥蜴來說活動力比較大，體溫也比較高。肉食蜥蜴的體溫降低得很快，而且在需要的時候隨時可以倒下，進入休眠狀態；相較之下草食蜥蜴就沒這麼有彈性，牠們必須一直堅持下去。過去這都被歸咎為植物成分難以消化，所以動物需要依賴腸道中細菌的幫助，來發酵分解難纏的植物纖維，而這些反應在高溫下會進行得比較有效率。不過根據克拉森與諾萊特的看法，這其實還有另外一個原因，與典型植物成分中的氮原子含量有關。他們清查了食物中的氮原子含量，證實了草食性蜥蜴的確有個嚴重的問題。

假設你只吃素，但蔬菜中沒有太多氮元素。那你要怎樣才能從飲食中攝取足夠的氮呢？或許你可以吃得多樣化一點，吃一點雜糧，吃些穀類堅果之類的東西，但是儘管如此你可能還是很快就會陷入匱乏。還有另一個簡單的方法，就是多吃。假設每吃一大桶葉子只能獲得日常生活所需氮元素的五分之一，那就吃五桶葉子就好了。但是這樣做的話，你會同時吃進過量的碳原子，因為植物裡面含碳量非常非常豐富，所以一定要想個辦法擺脫它們。怎麼辦呢？克拉森跟諾萊特回答：就把它們燒掉！嚴格的素食飲食其實非常容易造就溫血動物，因為我們要隨時隨地燒掉一大堆碳，但是冷血動物就無法這樣做。了解這些之後，我們再回頭來看看草食動物水龍獸，跟混合了草食與肉食動物的犬齒獸。犬齒獸演化成為溫血動物的原因，會不會就是因為牠們已經具備了高有氧能力（這在那個貧瘠的年代是存活的先決條件），再加上飲食中富含植物？一旦演化成為溫血動物，牠們大可馬上開始利用這些多餘的能量讓身體迅速恢復體力，或在三疊紀那不毛的土地上長途跋涉尋找食物，甚或是逃離其他掠食者。而掠食者容或沒有溫血方面的飲食需求，卻不得不跟這些裝了渦輪推進器的草食動物競爭，與之匹敵。或許，牠們被迫演化成溫血動物以便能追上逃跑中的素食紅皇后（關於紅皇后理論，請參見第五章）。

那麼巨無霸的恐龍呢？那些史上最有名的巨大草食動物又是怎麼一回事？牠們是否是利用另一種策略來達到相同的目的？想想看如果你吃了五大桶葉子但是卻不持續把它們燒光，那只好把它們存在身體某處，也就是變大！變成巨人！巨人不只可以存比較多的東西，牠的新陳代謝速率也必定比較低，也就是說蛋白質與DNA替換速率比較慢，自然對飲食中氮元素的需求也比較低。因此，要應付富含蔬菜的飲食，有兩個可行的方案：一是長成大體型搭配較低的新陳代謝速率，或者是長成小體型搭配快速的新陳代謝速率。今天草食性蜥蜴所採取的正是這種策略，牠們因為源自於先天性的低有氧能力限制，並沒有變成真正的溫血動物。（關於這些草食性蜥蜴如何從二疊紀大滅絕中存活下來，這就是另一個故事了，在此不贅述。）

不過，為什麼恐龍可以長到這麼巨大？關於這個問題，縱然經過很多人嘗試，至今尚未有令人滿意的答案。美國生理學家戴蒙的研究團隊，在二〇〇一年所發表的論文中曾稍微提到一點，指出這問題的答案，或許可從當時大氣中的高二氧化碳濃度略窺一二。這會提高初級生產力，也就是說，植物會生長得較快。不過戴蒙的重要觀察中所缺乏的，正是克拉森與諾萊特所提出有關氮元素的洞見。高二氧化碳濃度確實會提高產量，但卻會同時降低植物成分中的含氮量。關於這方面的研究愈來愈多，因為愈來愈高的二氧化碳濃度，對全球糧食可能造成的影響，正是現在日漸嚴重的問題。而當年犬齒獸與恐龍所面臨的問題，要比今日我們所面對的問題更尖銳而直接。牠們要想從飲食中獲得足夠的氮，就要吃掉更多綠葉。嚴格的素食主義者的食量可以大到嚇人。

這或許可以解釋為什麼獸足類恐龍不需要變成溫血動物，因為牠們是肉食性動物，所以沒有氮平衡的問題。不像氣喘吁吁的犬齒獸，被迫要跟加了渦輪推進器的草食動物競爭，獸足類的恐龍凌駕這一切之上。牠們有高效率的直流式肺臟，可以抓住任何移動中的獵物。

直到很久之後的白堊紀，才開始有奇特的盜龍類恐龍變成素食主義者。這種轉變首先發生在手盜龍類的恐龍身上，有一隻叫做猶他．弗卡鐮刀龍的手盜龍，在美國猶他州被研究人員發掘出，這個發現於二〇〇五年被正式發表在《自然》期刊上；該論文的作者之一，美國古生物學家札諾曾私底下表示，這隻恐龍「極度奇怪，看起來像是鴕鳥、大猩猩跟剪刀手愛德華三者的混種物。」然而牠正是那個失落的環節，牠是半隻盜龍類恐龍，半隻草食動物，又同時生活在差不多是第一棵美味的開花植物出現的時候，那時候素食主義式的生活型態有著前所未有的吸引力。不過在本章中，從我們的觀點來看，關於這些恐龍最重要的一件事情，應該是弗卡鐮刀龍算是手盜龍的一個分支，而一般咸認為鳥類是從手盜龍演化出來的。所以，有沒有可能，鳥類之所以演化成溫血動物也是因為飲食習慣偏向素食，因此需要大量攝取食物來滿足氮元素需求？這並非全然不可能。

在這裡，本章將在疑問中結束。但是一旦想像力躍入未知裡面，疑問就很容易轉變成假說，一如諾貝爾獎得主梅達瓦爵士所言，這是一切優秀科學的基礎。這章所提到的東西還有太多需要被檢視與驗證，但是如果我們想知道今日自身快節奏生活型態的原因，或許需要看得比生理原理更遠，需要看到過去整個生命演化史本身，要看到我們行星歷史上，極端氣候占有重要決定性的時候。或許這比較像是歷史而非科學，就像過去那些事件未必一定要如此發生，但是它們就是碰巧如此發生了。如果二疊紀大滅絕不曾發生，或者如果在那之後氧氣濃度永遠持續低迷，那有氧能力還會是決定生死的關鍵嗎？生命還會費力去超越原始爬蟲類的肺結構嗎？又如果少數高有氧能力的動物不曾轉變成為草食動物，溫血動物還會出現嗎？或許這些事件都屬於歷史，但是閱讀這段遙遠過去這件事，卻是科學，同時也可以幫助我們更了解自身的生命。

第九章　意識

人類心智的根源

在一九九六年時，教宗若望保祿二世曾經寫給梵蒂岡宗座科學院一段非常有名的文告，在文中他承認演化論不僅只是個假說而已。「在不同知識領域裡一系列的發現之後，這個理論漸漸被所有研究人員所接受，這件事確實值得讓人注意。所有各自獨立研究的結果到後來都漸漸趨同，而非經過刻意或是捏造，這過程本身就是對演化論最強烈的支持。」

不過並不令人訝異的也是，教宗也沒打算惜指失掌。他繼續說，人類的心智，仍將永遠超乎科學能及的範疇。「眾多演化理論以及啟發它們的哲學思想，咸認為心智來自生物物質所產生的力量，甚或根本視為僅是這些物質所引起的附加現象，這些均與身而為人的事實不符。同時它們也無損於身而為人的尊嚴一絲一毫。」他接著說道，人類的內在經驗、自我體認，所有這些我們用來與上帝交流溝通的形而上機制，都遠非科學客觀的量測所能窺見一二，因此將由哲學與神學王國所統御。教宗的話簡而言之，就是儘管他讓步承認演化論的真實性，卻仍然小心地將教會的教誨權區分出來置於演化論之上*。

這不是一本討論宗教的書，我也無意冒犯任何人虔誠的信仰。然而，教宗是因為關心演化論而寫下這段話（教會的教誨權與演化論有直接關係，因為它們都關乎所謂「人」的概念），基於同樣的理由，科學家也關心心智問題，因為它關乎演化論的概念。如果心智不是演化的產物，那它是什麼？它又如何與大腦互動？大腦顯然是由物質組成，因此跟其他動物的大腦一樣應是演化的產物，並且它們都有許多（就算不是全部）相似的結構。果如此，那麼心智是否隨著大腦一起演化出來？比如說在過去數百萬年內，隨著人科動物的頭骨擴大而演化（這顯然已不是科學爭論的重點）？從這點來說，物質與精神要如何在分子層面交流？它們必定會交流，否則腦傷或藥物就不會影響到人的意識了。

美國著名演化學家古爾德曾經樂觀地認為兩大權威，也就是科學與宗教，可以不互相重疊。然而事實上在某些地方這兩個領域仍會不可避免的相遇且重疊，意識就是首當其衝最重要的一個例子。關於這些議題的歷史相當久遠，當年笛卡兒主張精神與物質一分為二的二元論，其實所做的，不過就是將自古以來被教會所贊同想法形式化而已。身為一位虔誠的天主教徒，他可不希望跟伽利略一樣被教會定罪。將精神形式化之後，笛卡兒就可以解放身體，甚至包括大腦，交給科學去研究。然而今日只有很少的科學家仍跟教宗一樣，是完全的笛卡兒二元論支持者，深信精神與物質可以互相區分開來；不過這個概念並不可笑，而且我上面所提出的問題也都可以讓科學探索。像量子力學就是通往深邃神祕心智宇宙的一扇大門，等下我們將會看到。

我在這裡引述教宗的話，那是因為我認為他所說的已經超越了宗教的範疇，而是進入他自己概念的核心。事實上就算是沒有宗教信仰的人，都可能會覺得自身的精神層面多少有點「非物質」，是人類所獨有，而且超越了科學。很少有讀者閱讀至此會認為科學對於意識問題無權置喙，不過恐怕也很少有讀者會認為演化學家比其他一大群不同領域的專家，像是機器人科學、人工智慧學、語言學、神經學、藥學、量子力學、哲學、神學、冥想、禪學、文學、社會學、心理學、精神醫學、人類學、行為學等等，要更有特權宣稱自己別有洞見。

我應該在一開始就說明，這一章與本書其他章節不同。不同處在於科學不只（尚）不知道問題的答案，甚至連根據已知的物理、化學或資訊科學的定律來說，答案應該長什麼樣子也很難想像。在學界關於神經刺激如何可以造成強烈的個人感受，其間確切的機制為何，並沒有一致的看法。

然而這正是我們最應該去問「科學能給我們怎樣的答案？」以及「科學在哪裡遇到瓶頸？」的原因。教宗所持的立場對我來說確實是有力的論點，畢竟到目前為止我們都不知道這「些許物質」如何產生可感知但卻非物質的心智，我們甚至不知道這些物質是什麼？它們為何存在？為何不是空無一物？（在某方面來說有點像在問：為什麼會有意識？為何不是無意識的資訊處理？）然而我想，或者應該說我相信，演化論真的可以解釋心智這個最捉摸不定的偉大傑作＊＊。尤有甚者，人類心智的運作是如此了不起，其程度是無知的頭腦無論如何也想像不到，因此在這個莊嚴的生物性心靈之前，我

＊美國神經生理學家葛詹尼加在他的書《社交大腦》裡曾這樣提到，他的老師史培利從梵蒂岡參加完會議回來後，提起教宗曾經這麼說過（就算不是逐字逐句，但基本大意如此）：「科學家可以擁有大腦，而教會可以擁有心智。」

＊＊我在這裡借用二元論的說法，假設心智跟大腦兩者間有根本的區別，雖然我並不認為這兩者一定有什麼差異，但我一部分的目的，其實是要指出這種二元論的概念，是如何深深烙印在我們的語言裡面；另一部分的原因，則是要反映將來在解釋時會面臨的難題。如果說心智跟大腦兩者其實根本就是同一回事兒，那我們注定要解釋為什麼感覺起來並不是這樣？光用「這是一種錯覺」來打發並不是夠好的解釋。這種錯覺的分子基礎又是什麼呢？

們有理由放下一切人類尊嚴的身段。

此外還有另一個迫切的理由，需要科學來接受這個挑戰。人類的心智並不總是如我們所珍視般地裝在一個貴重的容器裡。大腦的疾病會剝奪它的功能。阿茲海默症會殘酷地剝下人的外表，最終顯露出他們最深處不成人的內在。重度憂鬱症也非常廣泛，這種惡性悲傷會從內在消耗我們的心智。精神分裂症會叫出似真卻又惡劣的幻覺，癲癇發作的時候則一下子把有意識的心智抽離，暴露出如同殭屍般的內在。這種種症狀都顯露出心智的脆弱，不但嚇人而且讓人印象深刻。克里克曾說過一句名言：「你不過是一大包神經而已。」他大可再加上：還蓋在紙牌搭成的脆弱房子裡。不論對社會或是對醫學來講，不急於去了解並且治療這些疾病，有如否定寬容慈善的價值，而教會是如此重視這個價值。

科學上要了解意識會遇到的第一個問題就是定義：對每個人來說，意識代表的意義都不同。如果我們把意識定義為一個人對於身處這個世上的**自我**察覺——一種極度根基於個人過往生命經驗的察覺，將個人定義在社會、文化與歷史情境之中，同時帶有對未來所抱持的希望與不安，並且可透過深厚、深思熟慮的語言象徵符號把這一切表現出來——如果這是對意識的定義，那麼當然人類是獨一無二的。人類跟動物之間有個巨大的鴻溝，沒有動物有使用字彙的恩典，但即使我們的祖先，以及人類小孩也沒有。

或許這個觀點發展到極致促成了一本奇怪的書：《兩分心智崩解中的意識起源》，由美國心理學家傑尼斯所著。傑尼斯很巧妙地總結他的理論：「在過去某個時刻以前，人類的本性本來是一分為二的。有一個管理者我們稱為神，以及另一個追隨者我們稱為人。這兩部分都沒有意識覺察能力。」比較讓人驚訝的是，傑尼斯把這個時刻定得很近，大約是介於兩本古希臘史詩《伊利亞特》與《奧德賽》完成之間。（當然，傑尼斯認為這兩本很不一樣的史詩，應該是由兩位不同的**荷馬**所寫，其間相隔了好幾百年。）對於傑尼斯而言，基本上所謂意識是純然地社會與語言產物，因此也是最近的產物。只有當我們的心靈**察覺**到它是有意識的時候，它才有意識：也就是最後它突然覺醒了。這當做一個理論當然沒問題，不過任何一個理論如果把條件設得過高，高到把所有《伊利亞特》以前的作者都排除的話，那也未免太高了。如果較老的那位荷馬沒有意識的話，難道他會是某種無意識的殭屍嗎？如果不是的話，那應該有個什麼意識光譜之類的東西，在這光譜上最高級形式的一群人應該有自覺體認到自主意識，同時具有讀寫能力，而剩下較低階的就純粹是較低級而已。（基本上傑尼斯認為早期人的本性分成兩部分，就像政治上的兩院一樣，追隨者接受來自管理者的指令，很自然地認為這是神在指示，而不知道這是自己大腦的意識，直到後來受到文化語言影響，兩院崩解，才忽然覺醒產生自主意識。）

大部分的神經科學家會把意識區分成兩種形式，這有大腦結構做為根據。這兩種形式的名稱跟定義或有不同，不過基本上所謂「延伸意識」包含了人類心智活動所有的榮耀，如果沒有語言、沒有社會這些東西的話將永不可及；而「主要意識」或是「核心意識」總括來講則比較一般，比較屬於動物性，像是情緒、動機、痛苦、非常基本的自我感覺，此外還可以察覺到周遭其他的事物，但沒有那種根基於自我過往經驗而對未來的遠景，或是對死亡的認知。以狐狸為例，當牠被捕獸器夾住腳後，會咬斷自己的腳逃跑。傑出的澳洲生物學家丹頓曾觀察到這件事，記載在他所寫的一本關於動物知覺的好書《原始的情緒》中。他說，動物當然知道自己被陷阱咬住，並且會企圖重獲自由。牠對所謂自我有一定的體認，而且有一定的計畫。

有趣的是，延伸知覺相對來講反而比較容易解釋，當然「容易」這個詞可能需要斟酌一下。考量到「察覺」只是低階的感覺，延伸知覺沒有什麼是超越我們可以理解的部分；它們只是一堆讓人望之卻步的電腦回路，根基於外在複雜的社會設定之下而已。舉例來說，社會本身並沒有什麼特別神奇的地方。一個小孩如果在一個與世隔絕的山洞裡面長大，毫無疑問地他只會具備最基本的意識，但同理我們一樣也會假設一個克羅馬儂人小孩，若是生長在今日巴黎的話，舉止應該也會與法國人無異。語言這種東西也是一樣的，雖然大部分的人都會同意如果沒有語言的話，任何人或是任何生物都將無法發展出進階的意識，這麼講當然沒錯。但是語言本身一樣也沒有任何神奇之處。我們可以把語言用程式寫入一台聰明的機器人體內，聰明到甚至可以通過某些智力測驗（比如像圖靈測試），但機器人本身並不需要變成「有意識的」，甚至連基本察覺的能力都不必有。記憶也是一樣，可以被程式化得很好，感謝老天爺我的電腦可以記住我所有打出來的字。就算是「思考」都是可以程式化的——只需要想一想下棋電腦「深思」（根據小說《星際大奇航》裡的電腦命名）以及它的後繼者「深藍」，曾在一九九七年擊敗當年的世界棋王卡斯帕洛夫*。如果人類可以程式化這些東西，天擇一樣也做得到，這點應該是毫無疑問。

我並不想輕視社會、記憶、語言及人類的思考能力，意識當然需要這一切東西，但重點在於，要有意識，這一切都還要依賴另一個更深刻的意識，那就是感受。我們可以假設有一台機器人，具有像深藍一樣的腦力、語言能力，有感應器可以察覺外在世界，甚至還有近乎無限的記憶力，但是卻沒有意識。它沒有歡樂，沒有憂傷，沒有愛也沒有分手的悲傷；它沒有想通之後的狂喜，沒有希望，沒有信念也沒有慈悲；不會因精緻的香味或是閃亮的肌膚而心頭一震；不會因太陽照射在頸背上感到溫暖；不會為了第一次離家過聖誕節而感到沉痛。或許有朝一日機器人的零件可以感受到上述一切，但是至少到目前為止我們還不知道怎麼把沉痛的感受程式化。

而這正是被教宗圍起來，認為應歸給教會教誨權所管轄的內在世界，也差不多在同一時間，被澳洲哲學家查莫斯描述為知名的意識「艱難問題」。從那時候開始，很多人就試圖去解決意識問題，有些人做得很成功，但沒有一個人真正成功地解決的查莫斯的「艱難問題」。甚至當代重要的美國哲學家德尼特，根本就否認這會是個問題，乾脆在他一九九一年的著作《闡明意識》中繞過這個問題。他在該書最後一章〈感質〉末尾問到，為什麼神經訊號不該讓我們感受到什麼東西（主觀意識）？是呀，為什麼不呢？但這豈不只在玩弄丐題手法而已？（丐題為邏輯學名詞，意指在問題中先偷藏須論證的結論。在這個例子裡，直接問：為何神經訊號不該讓人感受到東西？正像是把「神經訊號應該讓人感受到東西」當成前提，卻逃避論證。）

我是一位生化學家，而我知道生化學的局限。如果你想知道語言在塑造意識中所扮演的角色，請參閱心理學家平克的著作。我並沒有把生化學列在可被稱為專精意識研究的學門裡。事實上幾乎沒有

＊初代深藍在一九九六年首次與卡斯帕洛夫交手，儘管贏了一局，但最後還是輸給棋王。後來的升級版，也就是被一般人暱稱的「更深藍」，則在一九九七年擊敗了卡斯帕洛夫。但是卡斯帕洛夫事後表示，從電腦的移動中他有時候可以感覺到「深度智慧與創造力」，因此控告ＩＢＭ作弊。但是反過來說，如果一群電腦程式設計師可以在棋局中擊敗天才，那結果也好不到哪裡去，這可以算是群體智慧。

生化學家曾真正嚴肅探討過意識這問題。德杜武或許算是一個例外。然而查莫斯的「艱難問題」絕對是一個生化問題。因為到底神經訊號為何會引起我們「感受到一些什麼」？為何當鈣離子流過細胞膜時會讓我們感覺看見紅色？或者感到害怕？或者憤怒？或者感到愛？先記住這些問題，等下我們要先探討核心意識。為什麼延伸意識一定要建立在核心意識之上？又為什麼核心意識會產生感覺？即便我或許無法回答這些問題，但我至少希望先把問題架構釐清，以便讓我們知道從哪裡著手尋找答案。這答案不在天邊，應該就在眼前，跟花鳥蟲魚一樣在地球上。

首先第一件要做的事，就是放棄一切過往對意識的概念，不要以為意識就是你以為的那樣，因為它不是。舉個例子來說，意識看起來似乎是一個整體，也就是說，並不是分散成許多片段。我們感受到的，並不是許多分開的訊息在腦中亂竄，而是接收到一個整體訊息，一個完整但不斷變化永不止息的訊息，每分每秒都在改變，從來沒有盡頭。意識看似一部電影，在我們腦中播放，而且這畫面不只有配音，還加入了氣味、觸覺、味覺、情緒、感受、想法等，所有東西都結合在一起成為自己的體認，把我們這個人跟我們的經驗，緊密結合在身體裡。

不過你不需深思就很快可以了解，大腦一定要藉由某種方法，把所有感覺訊息連結在一起，我們才可能**感覺**到這樣一個天衣無縫的整體。各種訊息來自眼、耳、鼻；來自觸覺或是記憶或是腸子，會進入大腦裡面在不同的地方先被處理，之後才會結合在一起成為統一的顏色、觸覺或是飢餓感。所有的訊息都不是「真實」的，它們都只是神經訊號而已，但是我們幾乎不會把「看」的感覺跟香味或是聲音搞混。就算在視網膜上真的有形成外界的倒影，但是這些影像也絕對不會在大腦裡面，像在電影螢幕上一樣播放，它們會被視神經轉換成為一系列神經訊號模式，有點像是傳真機的原理。聽覺跟嗅覺也是類似的事情：外界的東西從來沒有真正進入我們腦中，所進來的只有神經訊號。胃痛也是一樣的道理，除了神經訊息以外什麼也沒有。

為了讓我們每分每秒都能體驗這一切如同在腦中不停播放的多媒體電影，大腦必須將外界傳進來密碼般的長短音訊號，重新轉換成一個「真實的世界」，這世界包含一切外在的影像跟氣味。但是我們不會覺得這個重建後的世界存在於大腦裡面，我們會把它們再次投射回到它們原本存在的地方。萬物看起來，都像是我們透過一個裝在頭顱前面的單眼裝置看世界一樣，但很明顯地這些都只是幻覺，其實只是神經玩的騙局，而同樣明顯地則是這些神經纜線極度重要。若是把視神經切斷的話，人就會變成瞎子；相反的如果把一個微電極陣列植入盲人大腦的視覺中心加以刺激，他們就會看見由大腦直接產生的畫面，不過到目前為止，都只是非常原始粗糙的影像而已。這些就是人工視覺的基礎原理，雖然這技術目前尚未成熟，但是卻是可行的。電影《駭客任務》也是根據相同的原理，設計出一種讓所有的體驗都可以在一個盆子中產生的劇情。

到底神經玩弄了多少騙局？從歷屆神經醫學病史中所記載的各種奇怪詭異病例，我們可以略知一二。透過眾多神經學家如薩克斯等人細心地爬梳蒐羅，這些案例看在我們大部分人眼中，不免會驚嘆地發出「若非天助，區區豈能倖免」的感嘆吧。「錯把太太當帽子的人」或許是薩克斯最知名的一個病例，故事曾經被作曲家尼曼譜成室內歌劇，後來甚至被拍成電影。這位有問題的病人，在描述中被稱做「皮博士」，是位極為傑出的音樂家，但是卻遭受一種稱為「視覺失認症」的疾病侵擾；也就是說他的視力完全正常，但他辨識物體與正確指認出它們的能力，特別是正確辨識臉部的能力，卻大大地受損。當他接受薩克斯檢查的時候，曾錯把自己的腳當成鞋子，稍後想要拿自己的帽子，卻又把手伸向太太的頭部。這是因為他腦中負責處理視覺訊號的區域退化（源於一種罕見的阿茲海默症），以至於視覺世界被簡化成為一堆毫無意義又抽象的形狀、顏色與動作，但卻又不損及他充滿文化修養及音樂家的部分。

幸好這種退化症非常罕見，不過站在神經學家的觀點來看，卻又幸好不是唯一的一種。另一種類似的疾病，稱為凱卜葛拉斯症候群，也是因為大腦裡面某一小塊區域受損所造成的。這種疾病的患者對人的辨識能力完美無誤，但是很奇怪地卻認為自己眼前所見的配偶或是父母親等人，並非他們本人，而是某個騙子偷偷喬裝扮成的。患者對於一般其他人的辨識力都沒有問題，會有問題的都是自己的親人與朋友，也就是說情感上非常親近的人。在這個例子裡，問題出在大腦裡連結視覺中心與情緒中心（比如說杏仁核）的神經上：中風或是其他局部損傷（比如說腫瘤）會把這個連結切斷，因而即使視覺看見原本親密的人，卻激不起該有的情緒反應，而這種情緒反應可以被測謊器偵測出來。如同著名神經學家拉瑪錢德朗的妙語：就算你不是一個聽話的猶太小男孩，看見媽媽出現還是會手心流汗。流汗會改變皮膚的電阻，這樣就會被測謊器記錄下來。但是凱卜葛拉斯症候群患者看到親人時卻不會流汗：儘管眼睛告訴他們眼前的這位是母親，可是情緒中心卻無法接上這種印象。這種情感匱乏似乎就是這個疾病的根源。因為訊息缺乏一致性，大腦只好跳出一個十分荒謬但卻合邏輯的判斷，那就是眼前的這個人是個騙子。顯然情感的力量比理智更大，或者較恰當的說法是，情感是理智的基礎。

科塔爾症候群這種病就更怪了。這種患者的缺失更為廣泛，幾乎所有的感覺都與大腦情緒中心失去連結，讓情緒是一條死寂的平直線。如果從外界接收到所有的刺激都激不起任何情緒反應，那大腦唯一能做的，就是下一個十分詭異、儘管仍然非常「邏輯」的結論，就是自己必定已經死了。他們的邏輯為了迎合情緒而被扭曲。科塔爾症候群的病人會說自己已經死了，甚至還會宣稱聞到自己腐肉的味道。如果你問他們的話，他們也會同意死人應該不會流血；不過如果用一根針刺他一下，他們首先會非常驚訝地看著自己，但最後卻開始改口說，其實死人還是會流血的*。

我要說的就是，特定的腦傷（損傷病變）會造成特定而且是**可再現的**缺失。因此，不同人的大腦相同部位的損傷病變，會導致一樣的疾病，甚至在動物身上也一樣，也就不足為奇了。在某些案例裡面，腦損傷會影響患者的視覺處理過程，結果造成所謂「移動盲症」的現象，這又是另一個奇特的症候群。病人無法偵測到物體的移動，在他們眼中世界有如被夜店舞廳裡面的頻閃燈所照射，這讓他們幾乎無法判斷移動中車輛的速度，日常生活中他們甚至無法倒一杯酒。在其他的病例裡，類似的損傷則會影響到意識本身。像是得了暫時全面性失憶症的病人，無法計畫也記不得任何事情，他們的意識只能及於此刻跟此地。患了安通症候群的病人，儘管看不見但卻否認自己眼盲。患有病覺失認症的病人會告訴醫生他一切正常，但是事實上病人卻有著嚴重的症狀像是肢體癱瘓，但他會說：醫生，它只是在休息而已。患有痛覺失認症的病人可以感到痛覺，但是卻無法經驗到隨之而來的不舒服感，或者說，他們「不覺得痛」。而患有盲視症的病人並沒有意識到自己看得到（他們真的就像瞎了），但是如果你問的話，他們卻又可以正確地指出物體所在。最後這個病例，也就是盲視症，可以藉著訓練獼

*對於想要多知道一點這些特殊疾病的讀者，我會強力推薦拉瑪錢德朗所寫的書，這些優秀的書，不論是神經學或是演化學的基礎都十分扎實。

猴去看見（或者視而不見）一個物體而實驗出來。這是眾多實驗心理學的案例之一，愈來愈多優秀的實驗心理學後起之秀，藉由動物實驗來研究意識，慢慢讓這個領域變得不再那麼神祕。

上述種種疾病說有多怪就有多怪，經由過去百年來（或者更久）神經學家細心地研究，這些疾病的真實性、再現性以及它們的病因（源於大腦裡特定部位損傷而影響到有限的知覺），都慢慢地被揭露開來。同樣詭異的還有，當大腦裡面特定部位被電極刺激時，會產生某些奇特失聯效果。這些實驗多半都是好幾十年以前，在數百個嚴重而無法治療的癲癇病人身上所做的。這些癲癇病人最糟的時候會產生全身性發作，讓病人嚴重地失去意識，有時甚至會造成癡呆或是癱瘓。許多病人因此自願性的接受神經外科癲癇治療，也就是自願做完全清醒的實驗白老鼠，將他們的感覺口頭報告給外科醫生。因此，現在我們知道刺激腦內特定部位會讓人產生壓倒性的憂鬱感，而刺激一停止這感覺馬上就消失無蹤；刺激另外一個地方則會讓病人產生視覺，或是想起一段音樂旋律。刺激某個特定的地方則會明確地產生靈魂出竅的感覺，讓人覺得靈魂似乎漂浮在天花板某處。

最近，另一個較複雜巧妙的法寶也被應用在類似的研究上，這是一個可以產生微弱磁場的頭盔，能夠不經手術就造成大腦特定部位電流的改變。這個頭盔在一九九〇年代中期曾頗負惡名，那時候加拿大勞倫欽大學的神經學家波辛格，曾用這個頭盔去刺激人的顳葉（大約在太陽穴跟鬢角的位置），結果發現可以很可靠地（在約百分之八十的人身上）引起受試者某種神祕幻覺，讓他們感到上帝或是惡魔存在房間裡。不可避免地這頭盔就因此被大家稱做上帝頭盔，不過後來有個瑞典的研究團隊曾質疑過他們的結果。在二〇〇三年時，英國一家電視台的科學紀錄片節目「地平線」，曾半開玩笑惡作劇地把著名的演化學家與無神論者道金斯，打包送到加拿大，去體驗這個上帝頭盔。但是結果頗令人失望，這個頭盔完全沒有讓道金斯感受到任何先驗的感覺。波辛格對實驗失敗的解釋是，在一項心理學針對大腦顳葉敏感度的測驗中，道金斯的得分頗低。換句話說，他大腦裡負責宗教感覺的那部分，在大多時候都沒什麼反應。但是另外一位著名的實驗心理學家兼作家，布拉克摩爾，她的經驗就讓人印象深刻多了，她說：「當我走進波辛格的實驗室然後進行實驗程序時，我感受到前所未有的絕妙體驗……如果後來告訴我說這只是安慰劑效應，我會非常驚訝。」附帶一提，波辛格本人曾極力強調，藉由物理力量引出神祕感的結果，並不能成為否認上帝存在的證據，他說應該還有其他的「實質機制也能夠傳遞超自然體驗。」

這裡的重點是，大腦，同時也就是心智，是可以被分割成許多專一化的區域。但我們一點也感覺不到這些內在運作。許多可以影響心智的藥物都能證明這件事，這些藥物一樣也是非常精巧地作用在專一的目標上。一些迷幻藥比如像麥角酸醯二乙胺（LSD，由黑麥上某種菌類所合成的物質）、素傘蕈鹼（某種毒菇的成分）、南美仙人掌毒鹼（存在某些仙人掌裡）等藥全部都作用在某一類特定的神經受器上（血清張力素受器），而這些受器只存在大腦特定區域（大腦皮質第五層）的特定神經細胞上（錐狀神經細胞）。根據位於美國加州帕沙第納的加州理工學院的神經學家柯霍所觀察，這些藥物可不會把大腦整體的訊號全部搞亂。同樣的，許多抗憂鬱藥物或是精神病藥物，也都有非常專一的目標受器。這代表了意識也是一樣，它並非透過大腦整體的運作後，像某種「場域」般全面性地浮現出來，而是大腦解剖結構上某些非常專一區域的特質，而這要許多特化區域彼此合作無間分秒不差，像一個整體一樣。不過關於這件事，我們可以說目前學界幾乎沒有什麼一致性的見解，即使在神經科學家之間彼此看法也各不相同，然而我將試著在往後的章節裡闡述我的論點。

視覺比它看起來要複雜多了，但如果只用內省的方式去思考，「去想想看」我們如何看到，又看見什麼，那可能永遠對視覺的複雜程度都摸不著頭緒；這不是光透過哲學式的邏輯思考就可以預測出來的。我們有意識的心智無法了解視覺背後的神經機制。視覺訊息到底被分割到哪些基本組成元素，過去幾乎無法想像，一直等到一九五〇年代休伯爾與維瑟爾兩位科學家，在美國哈佛大學所做的一系列先驅實驗之後，我們才有概念。他們兩人也因為這些成就，得到一九八一年諾貝爾生理與醫學獎（共同獲獎的還有史培利）。藉著把微電極插入麻醉後的貓咪大腦中，他們發現不同群的神經細胞，會被同一幅視覺影像裡的不同特徵所活化。現在我們知道每幅影像大概可以被分解成三十幾種訊號，所以某一些神經細胞，只有在看到特定走向的線條時才會被活化，比如說看到對角斜線、直線或是水平線。另一些細胞則對強弱對比有反應，或者有些對深度、對特定顏色、對往特定方向移動的物體有反應，依此類推。這些視覺特徵的空間位置在視野中也各有相對應的位置，因此在視野左上角出現的黑橫線會刺激特定一群細胞，而一樣的黑線出現在視野右下角的話，則會刺激到另一群細胞。

大腦裡的視覺區域就是如此一塊一塊地拼湊出一個外在世界的投射圖。只有到最後組合起來之後，這個投射圖才展現出真正的意義，而這也正是可憐的皮博士所缺少的能力，就是那種一看便知：「哇！這是隻老虎！」的能力。視覺資訊必須一點一滴地重組回去，而幾乎可以確定這重組要分好幾個步驟：一些線條跟顏色先結合成條紋，一個由虛線構成的俯臥外形，接著配合過去的經驗，才會完全認出那是一隻蹲在樹叢後面的老虎。所有步驟中只有最後這一步才代表了意識，而大部分的視覺處理過程都被排除在意識之外不見天日。

這些分割成碎片的場景是如何再度重組起來成為一個完整的影像呢？這問題至今仍是神經科學

界最引人入勝的問題之一，並且還沒有一個讓眾人都滿意的答案。不過大致上來講，答案就是神經元必須同步發射：一起發出訊號的神經會結合在一起。恰到好處的時機是最基本的關鍵。一九八〇年代晚期，位在德國法蘭克福馬克斯普朗克大腦研究所的辛格團隊，首先發現了一種新的腦波，可以被記錄在腦波圖上。這個波現在被稱為γ波＊。他們發現有一大群神經元會一起同步化，發射出類似的頻率模式，大約每二十五毫秒發出一個訊號，或者平均來講，每秒發出四十個訊號，也就是四十赫茲。（事實上這些神經的頻率介於三十到七十赫茲之間，這點很重要，晚一點我們再回頭來講。）

這種同步化的訊號正好就是克里克在尋找的。克里克在達成了解開DNA之謎這聞名世界的成就之後，就把他過人的心智用在解決意識的問題上。他一邊跟柯霍合作，一邊尋找一種跟意識本身有關的神經訊號模式，他稱這種模式為「意識神經關聯」，英文縮寫為NCC（Neural Correlates of Consciousness）。

克里克跟柯霍已經注意到，事實上大部分的視覺處理過程，都沒有被我們意識到。這讓意識的問

＊腦波形成的原因，是神經細胞的電生理活性，產生節奏性地改變所致。若有足夠的神經細胞一起產生一致的活動，那它們就可以被記錄下來形成腦波圖。當神經細胞發射訊號的時候，它會去極化，也就是說，鈣離子或是鈉離子之類的離子湧入細胞內，造成細胞膜內外的電位差暫時消失。如果神經細胞隨機或不規則地發射訊號，那麼腦波圖就無法記錄下什麼東西。但是如果分布於大腦各處的眾多神經細胞，同時有規律而一波又一波地去極化又再極化，那麼這結果就會被記錄下來形成腦波圖。所謂四十赫茲的腦波所代表的意義就是，有許多神經細胞一起同步發射訊號，頻率大約是每二十五毫秒發射一次。

題變得更有趣了。因為所有的感官基本上都是以神經訊號的形式進入大腦裡，但是其中某些神經訊號我們會意識到，所以我們會注意到有顏色，或是注意到一張臉，但是其他的訊號則沒有被意識到（所有那些毫無意識的視覺訊號處理過程，像是線條、對比或是距離等等）。這兩種訊號的差異在哪裡？

克里克跟柯霍認為，如果我們不知道哪一種神經跟意識感知有關，哪一種神經又無關，那我們將永遠也不可能了解差異在哪裡。他們希望能夠找到的，就是當一個物體被注意到的那瞬間（比如說看見一隻狗），會一起發射出訊號，而當我們注意力一轉開，就又馬上熄火的一群神經元。克里克跟柯霍假設，跟意識感知有關的神經訊號發射，總會跟別人有點不一樣。他們所提出的問題，也就是尋找所謂的意識神經關聯，已經變成神經科學界的聖杯了。那個四十赫茲的腦波攫取了他們的注意跟想像力，因為這腦波當時（其實現在也還是）剛好提供他們一個概念上的答案。同時間一起發射訊號的神經，橫跨了整個大腦。隨著時間過去這些平行的迴路都會漸漸縮減成一系列的輸出訊號。因此意識隨著時間過去也會不停地改變，就好像管弦樂團裡面的樂器一樣，不同的樂器旋律會在不同時刻和諧地合奏在一起。套句詩人艾略特的話來說，當音樂演奏的時候，你就是音樂。

這整個概念聽起來頗讓人著迷，但是如果你仔細想想，就會發現它變得十分複雜。首先這種結合必須發生在許多層次，而不僅僅只是視覺系統。大腦裡面的其他意識似乎也是用相同的方式作用，好比說，記憶也是如此。英國神經學家羅斯在他寫的《記憶的形成》這本好書裡回憶道，當記憶在腦中像煙霧一樣消散掉時，他曾感到多麼氣餒，它們看起來完全不像「定在」任何特定區域裡。後來他發現這是因為記憶也會碎成許多構成成分，跟視覺一樣。比如說，利用小雞來做實驗，讓牠們啄食不同味道的珠子，每個味道都用一種顏色標記。羅斯發現，小雞很快就會記住要避開帶有辛辣味道顏色標記的珠子，但是牠們的記憶是分開存放在許多不同的地方，跟顏色有關的記憶存在一個地方，形狀在另一個地方，辛辣氣味或味道又是在另一個地方，以此類推。這些元素要能夠重新結合在一起才能形成一致的記憶，同時強度還要足以讓刺激重現。最近的研究也顯示，要把記憶中各成分重組起來，需要第一次經驗產生當下一模一樣的神經元一起重新發出訊號才行。

美國神經學家達馬修則更進一步把「自我」這個概念融入更多的神經投射（neural maps）中。他很仔細地把情緒（emotions）跟感覺（feelings）區分開來（有些人認為他未免分得太過仔細了）。對達馬修而言，情緒是非常實質的身體經驗，像是因害怕引起的腸胃攪動、心臟撲通撲通跳動、掌心流汗、眼睛睜大、瞳孔放大、嘴角扭曲等身體狀態。這些都是無意識的行為，大部分也都不是我們可以控制的反應，而對於許多像我們這樣已經安於城市生活的人來說，甚至是難以想像的。在我個人這輩子的攀岩經驗中，大概只有兩三次真正感受到這種動物本能般的害怕，那強烈的程度真的讓我嚇到胃腸翻攪。就算只感受過一次，我也絕對不會忘記，那經驗真的讓人心神不寧。對達馬修而言，所有的情緒，就算是比較進階的情緒，都屬於肉體的，是直接設定好在身體裡面。而身體當然跟心智分不開，身體跟心智是綁在一起的。因此，這所有的身體狀態都會透過神經或是荷爾蒙回饋到大腦裡，而這些身體狀態的改變則一點一點，一個器官接一個器官，一個系統接一個系統地在腦中重新投射出來。這些投射重組的過程，大部分都在腦部較古老的地方執行，包含腦幹跟中腦，所有脊椎動物都完整地把這些中樞保存下來。這些心智的投射就組成了所謂的**感覺**，也就是對於身體情緒反應的完整神經投射。這樣的神經投射（基本上應該是神經訊息組合）如何造成主觀的感覺仍是一個懸而未決的問題，我們等一下再來討論它。

不過對達馬修而言，感覺仍然不夠。在我們開始去感覺到自己的感覺以前，在知道這些感覺以前，我們都不算是有意識的，因此當然就需要更多的投射。所以初級神經投射分配了全身各系統——肌肉張力、胃裡酸鹼度、血糖濃度、呼吸速度、眼球移動、脈搏、膀胱漲大程度等的資訊，它們會一次又一次偵測全身每一刻的變化。達馬修認為我們對自我的體認，就是來自這些身體資訊，一開始它們僅是沒被意識到的原始自我，只是一堆很扎實的身體狀況報表而已。真實的自我意識，來自於這些身體投射，被外在世界的「客體」改變的那一刻，這些外在世界的客體，像是你的小孩、旁邊某個女孩子、一道高聳讓人暈眩的峭壁、咖啡的香味、火車上的查票員等等。這些客體都會直接被感覺器官偵測到，同時也會在身體裡造成情緒反應，所以會被初級神經投射系統擷取送進大腦裡產生感受。因此，所謂意識，就是指「了解到外界這些客體如何改變並影響我們」：是一個由這些神經投射所組成的投射，以及這個投射圖怎麼被改變，換句話說，是一個第二級投射。這是一個顯示感受如何與世界產生關連的投射，也是一個讓我們的知覺產生意義的投射。

這些投射是怎麼建立的？它們又是怎麼彼此產生關聯？目前最有說服力的答案來自於埃德爾曼。他在一九七二年因為免疫學上的成就獲得諾貝爾生理醫學獎之後，把接下來數十年的時光都貢獻給了意識研究。他的靈感來自於他在免疫學上的研究，也就是身體裡面透過選擇機制的威力。在免疫學上，埃德爾曼幫助我們了解，抗體系統在接觸過細菌之後，如何透過篩選而強化：選擇機制會導致勝出的那個免疫細胞快速增生，贏過其他細胞。在過了半生之後，你血液裡面免疫細胞的專一性，大部分都將由你過去的經驗所決定，而不是由你的基因直接決定。根據埃德爾曼的看法，類似的選擇過程也持續地在大腦裡面進行。在大腦裡，某幾群的神經細胞將因為被使用，因此被選中然後被強化，其他群的神經細胞，則會因為沒被使用而凋亡。跟免疫細胞一樣，勝出的神經細胞組合將成為主宰。同樣的，神經細胞彼此之間的關係所依賴的是累積下來的經驗，而不是由基因直接決定。

整個過程是這樣。在胚胎發育的時候，大腦裡面只有一團大致成型的團塊，裡面有一束束神經纖維連接大腦各個不同地方（視神經連到視覺中心，胼胝體連接大腦兩個半球，諸如此類），但是幾乎沒有什麼具特異性或者有意義的連結。就某種意義上來講，基因只大致決定了大腦裡面神經迴路的雛形，經驗才會明確決定每一條線路的走向，以及它們代表的特質意義。神經線路的意義絕大多數都由經驗決定，並且是直接寫在大腦裡。埃德爾曼指出：「一起發射的神經會連接在一起。」換句話說，一起發射的神經會強化彼此之間的連結（兩個神經細胞的連結點稱為突觸），同時也會在兩個細胞間形成更多的連結*。不只是區域性鄰近的一小群神經彼此之間會產生這種連結（比如說可以幫助不同視覺特徵的資訊結合在一起），遠距離的神經間也可以產生連結，比如將視覺中心與情緒中心或是語言中心連在一起。與此同時，其他的突觸連結則會愈來愈弱，最後甚至於消失，因為連接它們之間的神經並沒有什麼共通處。出生之後隨著經驗而流入大腦中的訊息愈來愈多愈來愈快，心智也在體內被

---

*突觸是兩個神經細胞間的相連處，在這接頭位置有很細小的斷層，因此會造成神經脈衝中斷（也就是說，這會造成訊號短路）。當神經訊號傳到突觸時，神經細胞會釋放出一些稱做神經傳導物質的化學分子，這些分子可以透過擴散橫跨斷層，然後被「突觸後神經元」上面的受器接收。這樣會產生刺激或是抑制的訊號，或是造成長期的改變，比如強化或是弱化這個突觸。形成新的突觸或是改變既有的突觸，會影響記憶形成跟學習，但是這機制還有很多細節有待發掘。

雕塑成型。有好幾十億個神經細胞會因此死去：出生後的頭幾個月裡，大約有百分之二十到五十的神經細胞會死掉，而大概有好幾百億個微弱的突觸會消失。但同時會有**好幾十兆**個突觸被強化，讓某些大腦皮質區域裡，一個神經細胞甚至可以產生一萬個突觸。這種突觸的可塑性在我們的生長期最大，但是之後在一生中都還會繼續保持。法國哲學家蒙田曾說過一句話：每個年過四十的人都要為自己的臉負責。而毫無疑問地我們每個人都要為自己的大腦負責。

你或許會想問，那基因對這整個過程又控制了多少？基因不只界定了大腦的一般架構，還有不同區域的大小及發育過程。它們會影響神經的存活率、突觸連結間的強度、刺激性神經與抑制性神經之間的比例、各個神經傳導物質整體的平衡等等。這些影響會決定我們的人格特質、我們對某些危險運動或藥物著迷的傾向、我們會不會變成重度憂鬱症，以及我們的邏輯思考能力。透過影響這些特質，基因也會影響到我們的才能跟經驗。但是基因並不能明確指定大腦神經細胞間細部的連結。它們怎麼可能辦得到？三萬個基因無論如何不可能決定大腦皮質裡面兩百四十兆個突觸（根據柯霍的估計）的連結方式，那代表一個基因要控制八十億個突觸。

埃德爾曼形容大腦發育的過程為**神經達爾文主義**，這形容特別強調了透過經驗篩選出成功的神經組合這個概念。這過程包含了所有天擇的基本概念：首先由一大群神經細胞開始，它們可以透過幾百萬種不同的組合達到相同的結果。這些神經細胞彼此略有不同，可以長得更茁壯或是萎縮凋亡；神經細胞彼此間必須競爭產生突觸連結，然後根據成功與否來決定生存差異，神經細胞組合的「最適者」可以形成最多的突觸連結。克里克曾說了一句很有名的玩笑話，他認為這整個結構要叫做「神經埃德爾曼主義」比較恰當，因為他認為把整個過程跟天擇相比有些牽強。不管怎樣，現在大部分的神經學家都接受了這個基本概念。

埃德爾曼對意識的神經學基礎所做的第二個貢獻則是：他提出神經迴路反響的概念，或者他本人稱之為並聯重入訊號（parallel re-entrant signals，但這命名幫助不大）。他的意思是說，某個區域發出訊號的神經，會跟另一個遙遠區域的神經產生連結，讓遙遠區域的神經也透過其他連結回響回來，形成一個短暫的神經迴路同步回響，直到另一個與之競爭的神經訊號輸入，造成這些連結瓦解，取而代之的，則是新進入訊號所形成的另一套短暫迴路，一樣形成另一個聯合回響。埃德爾曼的這個概念非常漂亮地與克里克、柯霍跟辛格的概念契合在一起。（不過我必須說，讀者往往需要注意到字裡行間的言外之意，才能體會出他們彼此的共通處。老實說我從來沒有見過一個領域裡，主要領導者之間竟然甚少引用對方的論點，甚至不批評譴責對手概念中的誤導性。）

意識運作的速度約在數十到數百個毫秒間*。如果用大約四十毫秒的速度迅速切換兩張圖，你大概只會注意到第二張圖，而完全看不到第一張圖。不過根據微電極測量或是腦部掃描（像是功能性核共振成像）的結果顯示，大腦的視覺中心確實有看到第一張圖，只不過從來沒有形成意識而已。要形成意識的話，同一群神經似乎必須一起回響數十甚至數百毫秒才行，這就回到之前辛格提到的四十赫

---

*有些讓人興奮的證據指出，意識是由許多「靜止畫面」所組成的，就像電影一樣。這些畫面存在的時間，可以從數十個毫秒到數百毫秒之久甚至更長。舉例來說，若在不同情緒的影響之下，延長或是縮短這些畫面持續的時間，或許可以解釋為什麼在不同情況之下，時間感覺過得比較快或是比較慢。所以如果每二十毫秒建立一個畫面，感覺起來時間就比每一百毫秒建立一個畫面要來得慢了五倍：一隻揮舞著刀子的手臂，在我們眼中看來就會像慢動作一樣。

茲震動頻率。辛格跟埃德爾曼都指出，大腦裡面相隔遙遠的兩區確實有透過這種方式同步震盪：它們的「相位鎖定」在一起。其他群的神經則鎖定在不同的相位中，有的稍快有的稍慢。基本上這種相位鎖定，有助於區別同一個場景中的不同元素或特徵。所以就變成，跟一輛綠色汽車所有有關的基本元素，都會被相位鎖定在一起，而跟旁邊另一輛藍色汽車有關的元素，則被鎖定在稍微不同的相位裡，以確保這兩輛汽車不會在大腦裡混為一談。畫面中每個特徵的相位鎖定都略有不同。

辛格提出一個很好的想法，來解釋關於這些相位鎖定的腦波，如何在較高層次上結合在一起，也就是在意識本身的層級上結合起來，或者說這些震盪，如何跟來自其他感官訊號輸入（聽覺、嗅覺、味覺等），以及如何跟感覺、記憶與語言結合在一起，去產生一個統合的意識感受。他稱這個理論為**神經握手理論**，而他的理論可以讓訊息按照層級「套疊」起來，所以較小規模的訊息可以套入較大的構圖中。唯有在最高層級，也就是那種綜合了所有非意識資訊而達到執行層級的總結部分，才會被感覺到成為意識。

神經握手理論所依據的其實是一個很簡單的事實：當一個神經細胞發射訊號時，它會去極化，直到下一次再極化之前，它都暫時無法再次發射訊號，而這過程會花一點時間。這也就是說，如果有一個新的訊號在這段不活躍的期間傳進來，訊號會被忽略。因此想想看，如果有一個神經細胞發射頻率是每秒六十次（六十赫茲），那它注定會受限於只能接收來自另一個發射相位同步化的神經訊號。因此假設有第二群神經發射訊號頻率為一秒七十次（七十赫茲），那它們大部分時間，都會無法跟第一群神經細胞同步化。兩群神經會變成獨立的單位，彼此無法握手。反過來說，如果有第三群神經細胞發射頻率比較慢，比如說每秒四十次，那在這些神經細胞再極化完準備發射之後，會有比較多的時間來等待恰當的刺激，這些神經就可以接受那些震盪頻率在七十赫茲的神經訊號。換句話說，震盪頻率愈慢，相位重疊就愈大，那跟其他神經群握手的機會就大大增加。因此，震盪速度最快的神經會彼此結合在一起，用來區別視覺場景、氣味、記憶、情緒等訊息中的各項元素特徵，讓它們每一個都是獨立的單位；而震盪速度緩慢的神經，則可以統合所有的感官與身體訊息，成為一個完整的整體（也就是達馬修所說的第二級投射），這一刻才有意識流入。

雖然上述一切大部分都僅只是假設而未被證實，但是至少目前很多證據都符合這些假設。最重要的是，這些假設提出了許多預測可以被檢驗，比如說，如果四十赫茲的腦波是用來結合意識中的各種元素與成分，那少了這個頻率的腦波就等同於失去意識。目前要做這種測量有技術上的困難（這必須要能同時掃描大腦裡面數千個神經元的個別發射頻率），或許要等幾年之後才有可能檢驗這些（或其他的）假說。

儘管如此，這些概念，可以用來當做解釋的架構，讓意識這個東西變得比較能被理解。比如說，它們解釋了延伸意識如何從核心意識中發展出來。核心意識的運作屬於現在式，它每一刻每一刻都在不斷重建自我，不斷投射出自我如何被外在的客體所改變，並為這些知覺披上感覺的外衣。延伸意識所使用的是類似的機制，不過在每一刻的核心意識中，又加入了語言跟記憶，根據自己生命的過往經驗，來修飾各種情緒並賦予意義，並把感覺跟外在客體貼上文字標籤等等。因此，延伸意識以情緒的意義為基礎，把記憶、語言、過去與未來這些東西，加入只有現在式的核心意識裡。完全一樣的神經握手理論，可以讓某個單一時刻的知覺，與大量延伸的並聯迴路結合在一起。

我認為這一切都非常可信。但是最重要的問題卻仍然沒有答案。神經一開始是怎樣產生感覺的？

如果所謂意識，指的是能夠感受到感覺的能力，能夠產生各種細緻的情緒意義；是對於自身處在這個世界上的即時跑馬燈評論，是在細小感覺針頭上跳躍的宏偉事物——也就是許多哲學家所謂的感質，那現在該是面對眼前這個查莫斯所稱的艱難問題的時刻了。

疼痛讓我們不舒服是有原因的。有些不幸的人在一出生就先天性地對疼痛無感。在二〇〇五年時，美國導演兼製片人吉伯特，曾經拍攝過一部紀錄片，描述一名叫作嘉比．金格拉斯的四歲小女孩的故事。因為沒有疼痛，小嘉比的每一個成長里程碑都變成一次嚴峻的考驗。當她第一次長出乳牙時，小嘉比就把自己的手指啃到深可見骨；因為手指傷殘過於嚴重，以至於嘉比的父母不得不把她的牙齒全部拔掉。在學步的時期，小嘉比一次又一次的傷到自己，有一次甚至讓下巴骨折而不自知，直到細菌感染造成發燒症狀。更糟糕的是她會戳自己的眼睛，造成嚴重的傷害，以至於醫生必須把眼睛縫起來，但是嘉比很快地就會把傷口扯開。她的父母試著制止她，也上網尋求協助，但是卻都徒勞無功。在四歲的時候，醫生不得不動手術把嘉比的左眼摘除，而她的右眼也因為嚴重損傷，讓嘉比其實跟盲人無異（視力〇．一）。在我寫此書之時，嘉比已經七歲了，也到了十分危險的窘境。其他跟她一樣的小孩多半會死於兒童期，少數倖存到成人期的，也必須跟全身嚴重的外傷搏鬥。嘉比的父母成立了一個基金會，叫做「疼痛的禮物基金會」，用來支持所有有類似遭遇的人（目前有三十九個會員）。這個基金會的名稱很恰當，疼痛絕對是一種恩賜。

痛不是唯一的。餓、渴、怕、性欲……這些全都是澳洲生物學家丹頓所稱的「原始情緒」之一，他稱它們為專斷跋扈的感官，強行霸占全部的意識流動，迫使個體產生行動的欲望。很明顯地，這些感官全都是為了因應有機體的生存或繁殖而量身訂做的：感覺導致行動，行動反過來拯救生命，或繁衍生命。人類當然可以單純為了繁衍而發生性行為，不過連教會在禁絕交配的歡愉上面都甚少成功。動物，以及大部分的人類，是為了獲得高潮而交配，而不是看在有後代的份上。重點在於，這所有的原始情緒都是一種**感覺**，而每一種都有其生物性目的，儘管有時候我們未必能體會這些目的。在這些感覺裡，痛覺是頗不受歡迎的一種。沒有這種**痛苦難耐**的痛，我們很可能會把自己傷得慘不忍睹。感覺不到不舒服的痛是沒有用的。性欲也是一樣。機械無感式的交配本身並沒什麼好處：我們以及所有的動物都一樣，尋求的是肉體上的滿足，要有**感覺**才行。同樣的，在沙漠中如果僅僅只是神經接收到渴的訊號是不夠的，促使我們生存的是隨之而來，從內侵蝕心智的狂暴情緒，可以迫使我們前往綠洲，可以榨乾我們最後一滴耐力。

關於這些原始情緒是經由天擇篩選而演化出來的概念，沒什麼人會反對，但是這有一個重要的弦外之音，而首先指出來的是現代心理學之父，維多利亞時期末的美國天才心理學家詹姆士。詹姆士主張感覺具有生物性的功用，根據同樣的道理，意識也是一樣。也就是說，意識並非僅是某種「附加現象」，並非僅是伴隨在有機物四周像影子一樣，自己卻無法產生任何實質物理效應。感覺**確實**能產生某種實質效應。既然如此，那就某方面來說感覺應該是具有物質性的。詹姆士因此做出結論：儘管感覺有著非物質的外觀，但是它應該具有物質性，並且是透過天擇演化出來。但是它到底是什麼呢？沒有人像詹姆士本人一樣曾這麼努力地思考過這個問題，而他所得到的結論，卻相當反直覺而且毛病頗多。他認為，萬物一定還有一些我們不知道的特性，有某種像是「心塵」一樣的東西散布在宇宙間。儘管詹姆士被今日許多傑出的神經學家在多方面奉為英雄，但是他所擁抱的某種形式的泛靈論（意識無所不在，存在萬物之中），卻很少有人追隨，直到今日。

我讓你們了解一下這個問題有多困難。想像一下生活周遭的幾種小電器像是電視、傳真機或是電話。你不需要知道它們是如何運作的也可以了解到它們不會違反物理定律。電子訊號輸出的形式或有不同，但是輸出永遠是物理性的：電視輸出各種光線模式，電話或是收音機輸出聲波，傳真機則印出文件。這些都是一些電子密碼，透過已知的物理介質輸出。但是感覺呢？在這個例子裡，神經傳導編碼過電子訊號的方式，基本上跟電視無異：神經透過某種編碼，非常明確地介定了輸出形式。到目前為止都沒有問題。但是到底輸出了什麼東西？想想看所有已知東西的特性，感覺似乎不是電磁波輻射或是聲波，也不符合任何已知物理架構的原子。它們不是夸克，它們不是電子，它們到底是什麼？是震動的弦？是重力子？還是暗物質*？

這就是查莫斯所宣稱的「艱難問題」；並且查莫斯本人，如同他之前的詹姆士一樣，也認為只有在發現了更新更基本的物理特性之後，才有辦法解答。原因很簡單。感覺具有物理性質，然而在所有已知、可以用來完整解釋這個世界的物理定律裡面，卻無它的容身之處。感覺的力量龐大又神奇，天擇絕不會無緣無故把它創造出來：一定要有**某個東西**當作起點讓它可以作用，或者你可以叫做感覺的種子，演化才能據此變化成偉大的心靈。這是蘇格蘭物理化學家凱恩斯史密斯所宣稱的，現代物理學中「地下室的炸彈」。他說，如果感覺並不符合目前任何已知物質的特性，那麼物質本身一定還有一些額外的特徵，那是某些「主觀特徵」，而這些特徵在被天擇組織利用後，最終被篩選出來，作為我們內在的感受。可以說，就某方面來講，物質本身也是有意識的，具有一些「內在」特性，如同我們所熟知可被物理學家測量的外在特性一樣。現在，泛靈論又被嚴肅看待了。

這乍聽之下十分荒謬。但是如果假設我們對大自然物質的一切已經無所不知，那又是何等自大？因為其實我們不知道。我們甚至不知道量子力學是怎麼運作的。弦理論的偉大之處，在於它可以藉由一些震動而且細小到難以想像的弦，在一個同樣是難以想像的十一度空間架構下，把物質的特性延伸出來；但是我們卻毫無辦法藉由實驗，去決定這理論是否有一絲絲真實之處。這正是為何我在本章開頭開宗明義就說到，教宗的立場絕非毫無道理。我們對於自然界物質的特性了解得還不夠深入，以至於不知道神經細胞如何把無生命的物質，轉換成為主觀感覺。如果電子可以同時既是波又是粒子，那為何靈魂跟物質不會是同一件事情的一體兩面呢？

凱恩斯史密斯最為人熟知的成就，是關於生命起源的研究。不過在退休之後，他就用他那聰明的頭腦開始研究跟意識有關的問題。他所寫的書既深入又饒富趣味，同時吸引了如潘若斯與哈梅羅夫等同好，一起進入心智的量子花園裡。凱恩斯史密斯認為，感覺就是一群同調振動的蛋白質。這種同調在概念上很像雷射光束的同調性，也就是說這些振動（聲子）聯合進入一樣的量子態。現在這是一個「巨量子態」，透過很多路徑橫跨了整個大腦。凱恩斯史密斯也再次引用了管弦樂團的概念，也就是各個獨立樂器的振動聯合成為了不起的和聲。感覺就是音樂，當音樂演奏的時候，我們就是音樂。這個概念十分漂亮，同時用量子效應來解釋演化論，也沒有什麼不合理的地方。自然界至少有兩個現成的例子，說明了盲目的天擇力量如何利用量子力學：第一個就是在光合作用中，光能在葉綠素裡穿越

---

*在作家普爾曼的暢銷書《黑暗元素》三部曲裡面暗物質就是意識成分，他稱為「塵埃」，我假設他是向詹姆士的心塵致敬。

的路徑；另一個則是細胞呼吸作用裡面電子傳給氧氣的反應。

然而我對量子應用在心智上的解釋卻半信半疑。量子心智或許存在，但這理論還存有許多問題，在我看來，都是難以克服的。

第一個問題，也是最重要的一個問題，就是合理性。比如說，量子振動要如何跳過突觸鴻溝？正如潘若斯本人也承認，若是僅僅只在一個神經細胞裡面形成巨量子態，那一點意義也沒有；然而從量子等級來看，突觸的距離就像一片汪洋般遙遠。聲子要能像演奏會一樣一起振動，需要有一系列不斷重複的蛋白質陣列，彼此還要靠得夠近，這樣才來得及在聲子衰退以前形成聯合。這種問題當然可以透過做實驗來研究，不過到目前為止尚未有證據顯示，心智裡面真的有這種同調性的巨量子態存在。而更事與願違的則是，大腦裡面既溫暖又溼答答，同時也是一片混亂的系統，不管從哪個角度來看，都是最不利於巨量子態形成的場所。

反過來說，如果這種量子共振真的存在，而且也真的是依賴著一系列重複的蛋白質陣列，那麼，當這些蛋白質陣列受到神經退化疾病影響而瓦解時，會怎樣呢？潘若斯與哈梅羅夫認為意識的形成，源自於神經細胞裡面的微管，阿茲海默症發生時，這些微管會退化糾結成團，變成一片混亂，而這正是阿茲海默症典型的特徵。不過這種糾結出現在病程非常非常早期（通常出現在大腦負責形成新記憶的地方），可是意識在這一刻往往還十分完整，要到了晚期才會退化。所以簡而言之就是，兩者並無直接關聯。其他假設性的量子結構，也有類似的問題。比如說髓鞘，這是一種可以將神經包覆在內的白色蛋白質結構，當髓鞘破壞剝落時會造成多發性硬化症，可是這也無損於意識。唯一跟量子原理相符的，大概只有一種被稱為星狀細胞的支持細胞，在中風過後所發生的反應。根據一份研究報告指出，許多中風的病人，在恢復後並沒有意識到自己已經恢復了：測量病人的表現，與病人自己所察覺到的表現之間，有著非常奇怪的差距，這或許可以（也或許不可以）用橫跨星狀細胞網路構造的量子共振來解釋（當然，前提是星狀細胞網路構造真的存在，但目前看起來頗值得懷疑）。

第二個跟量子意識有關的問題則是，這個理論真的有解決過什麼問題嗎？讓我們假設大腦裡面真的有一個一起振動的蛋白質網路構造，而它們會「唱」出一個和聲，於是這段旋律就產生了感覺，或者說，**這就是**感覺。就讓我們再假設，這些量子振動經由「某種通道」通過如汪洋般的突觸，在另一側引起另一首「量子之歌」，將這個共振傳遍整個大腦。如此一來這就是一個在腦中整體並聯的宇宙，而這個宇宙必須跟另一個「傳統的」神經訊號宇宙攜手並進協同合作，否則那些同步化的神經訊號如何能讓我們感覺到意識存在？而神經傳導物質又將如何影響我們的意識狀態？而我們非常確定神經傳導物質必定會影響意識。此外，這個量子宇宙還必須要分區，並且要跟大腦分區方式一模一樣。因為跟視覺有關的感覺（比如說看見紅色），必須被嚴格限制在視覺處理中心裡共振；跟情緒有關的感覺，也只能在其他區域像杏仁核或是中腦等部位形成共振。但這裡的問題是，目前所有神經細胞的顯微構造，看起來都幾乎一模一樣——神經細胞裡面的微管構造彼此之間的差異並沒有任何特殊意義——既然如此，那為什麼能假設有些神經只唱顏色之歌，而其他的吟唱痛感之歌？最讓人難以接受的，是感覺這種東西基本上反映了一切身體裡的大小事情；我們或許可以想像，在物質中有某些基本特性，能夠共振出愛或是音樂的感覺，但是胃痛的感覺呢？或者難道有一種特殊的共振，就**只是**在大庭廣眾之下膀胱飽漲的尷尬感覺？這實在令人難以置信！如果上帝在玩骰子，那這遊戲是連祂也不玩的。但是如果感覺不是量子，那又是什麼呢？

那麼到底應該從哪裡開始尋找這個關於意識「艱難問題」的答案才比較好呢？其實我們可以先把許多似是而非的前提用簡單的方式處理掉，包括了凱恩斯史密斯所提的「地下室的炸彈」。感覺是否一定要是物質的某種物理特性，才能夠透過天擇被篩選出來呢？不盡然。如果神經編碼出感覺的方式一致而且具有重現性，那就不需要。這也就是說，如果一群神經發射出某種特定模式的訊號時，**永遠**都會產生一模一樣的感覺，在這種情況之下，天擇只要篩選感覺背後實質的神經特性即可。埃德爾曼在遣詞用字上一如以往般謹慎小心，選擇了「必然伴隨」（entail）這個詞來形容。特定模式的神經訊號組合**必然伴隨**著某種感覺；這兩者密不可分。根據相同的概念，你也可以說某個基因必然伴隨生成某個蛋白質。天擇作用所選擇的是蛋白質的特性，而不是基因序列，但是因為蛋白質的基因編碼限制十分嚴格，而同時只有基因可以被遺傳，所以兩者結果是一樣的。當然在我來看，原始的情緒像是飢餓跟口渴之類的，非常有可能是伴隨著某組一模一樣的神經訊號模式而產生，而比較不像是由物質的某種基本振動特性產生。

另外一個也可以簡單處理掉的似是而非前提（或至少可以處理掉一部分），就是關於：感覺起來心智似乎不是物質，以及我們的感覺本身是無可名狀的這件事。另外一位也在退休之後轉而投入意識研究的優秀科學家，也就是紐約的內科醫師兼藥理學家穆薩奇歐，他所提出一個最重要的洞察就是，心智感覺不到腦的存在，或者該說心智無法感覺到腦的存在。用想的，我們既感覺不到腦也感覺不到心智的物理實體。只有客觀的科學研究方法才能將大腦實質運作與心智聯結在一起。我們以前被誤導到多麼嚴重的程度，或許可以用古代埃及人的例子來清楚說明。古埃及人在防腐他們國王的過程中，會細心地保存國王的心臟以及其他器官（他們認為心臟是情感與智慧的寶座），但是卻會用一隻鉤子從鼻腔把大腦挖出來，然後用長勺子清理剩下的空腔，接著把這些剩餘物沖掉。埃及人不太確定大腦是做什麼用的，因此認為在來世應該用不到它。即使在今日，我們也發現到，只有在大腦手術的過程中，心智特別無法感到自己的存在。即使大腦可以感覺到外在世界這麼多事情，但它本身卻沒有痛覺受器，所以完全感覺不到痛。這是為什麼神經外科手術不需要全身麻醉就可以進行。

為什麼心智不需要感覺到自己實質運作的過程？對於一個生物來說，當牠需要用全副腦力來偵測躲在樹叢後面的老虎，然後決定下一步行動時，還要分神感覺自己的心智，其實是非常不利的。在不適當的時刻從事內省活動，似乎並不適合在殘酷的篩選過程中存活下來。而結果，就是我們的認知與感覺都變成透明的：它們確實在那裡，但是我們一點也感覺不到任何它們的神經基礎。因為我們注定察覺不到感覺或感受的物理基礎，因此帶有意識的心靈看起來就好像變成非物質的、是屬於靈性的。或許有人無法認同這種結論，但結果似乎一定會變成這樣：我們對靈魂的感覺來自於一件事實，那就是意識運作的基礎在於「你只需要知道這麼多」。為了生存的目的，我們先天上就被大腦關在門外。

感覺本身難以言喻也是差不多的情況。如果如我剛才所主張的一般，感覺是某種神經訊號模式下的必然產物，具有非常精確的編碼方式，那麼感覺本身就可說是一種複雜而無法言傳的語言。可以說，口頭上的語言深刻地根植在另一種非口語的語言上，但這兩者永遠都不會是同一件事。如果說感覺是某種神經訊號模式的產物，那用來描述這種感覺的語言，則是另一種神經訊號模式的產物。這其實是從一種編碼方式翻譯成另一種編碼方式，從一種語言翻譯成另一種語言。語彙只能透過翻譯來描述感覺，因此感覺本身就極度難以名狀。而我們所有的語言卻又都根繫於這些共通的感覺上。舉例來說，紅色本身並不存在，它是一種神經訊號結構，無法直接傳送給那些從來沒有看過類似事物的人。

同樣的，對痛、飢餓的感覺，或是咖啡的香味等，這些種種感官刺激，要被定出語彙之後才可能透過言詞交談。正如穆薩奇歐曾說明過，總有時候我們不得不問說：「你懂我的意思嗎？」因為我們有類似的大腦神經構造以及類似的經驗，而語言是根基於這些共通的人類經驗上。沒有感覺的話，語言就一點意義也沒有，但是感覺本身是存在的，意義本身是存在的，它們都不需要任何口語上的語言，就像那些核心意識裡面那些闇啞的情緒，那些說不出來的感覺一樣。

上面這一切要說的其實就是，感覺很可能是由神經所產生的，因此透過內省或是邏輯思考，也就是說透過哲學或神學，永遠也無法接近它，唯有透過實驗才有可能。另一方面，既然意識是以感覺、動機與嫌惡感等等為基礎，那也就是說，我們不必透過口頭上的語言，就能夠了解其他動物最基礎的意識：我們需要的只是更聰明的實驗方法。這也就是說，我們將可以在動物身上研究更關鍵的神經轉換，像如何從神經訊號變成感覺，甚至是以簡單的動物為對象都可以，因為所有原始情緒的特徵其實廣布在所有脊椎動物身上。

有一個非常值得注意的例子，暗示了意識分布之廣泛，遠超過我們原本所相信的，那就是少數生下來就缺少大腦皮質的兒童，不但可以存活又有很明顯的意識表現（見圖9.1）。這是由於一點小中風或是類似的不正常發育，就會導致懷孕期間胎兒兩邊的大腦皮質大部分都被重新吸收回去。這樣的嬰兒生下來就伴隨許多先天性障礙，缺少語言能力，視力也有問題，這並不令人意外。但是根據瑞典神經學家梅克爾的研究，儘管這些兒童缺少大部分的大腦區域，而一般咸認為這些區域跟意識有關，但少數兒童卻有表達情緒的能力，哭與笑都十分正常，同時也有如假包換的人類表情特徵（見圖9.2）。我之前提過，許多大腦情緒中心，都位於腦內比較原始的區域，像是腦幹跟中腦裡，而幾乎所有脊椎動物都有這些區域。透過磁振造影掃描，生物學家丹頓曾顯示過，這些古老的區域負責處理跟原始情緒有關的經驗，像是口渴或是對窒息死亡的恐懼等。很有可能意識的根源完全不在那些新潮的大腦皮質之中，當然大腦皮質無疑地讓意識極度**精巧化**。意識的根源很有可能其實是在其他古老又組織緻密的腦區域裡，為大部分動物所共享。果如此，那麼這個神經轉換，從神經訊號變成感覺，就比較沒那麼神祕了。

到底意識的分布有多廣泛？除非有一天我們能發明某種意識測量儀，否則我們可能永遠也無法確知。不過原始的情緒像是渴、餓、痛、性欲、對窒息的恐懼等，所有這些情緒似乎都分布在任何具有大腦的動物身上，甚至在簡單的無脊椎動物身上像是蜜蜂也有。蜜蜂只有不到一百萬個神經細胞（而我們光是在大腦皮層裡就有兩百三十億個），卻能表現出十分複雜的行為，不只會透過那著名的搖擺舞來指引食物的方向，同時還會調整自己的行為，專門飛往具有最可靠蜜源的花朵，即使花朵的花蜜濃度，被狡猾的科學家故意改變了也騙不了牠們。我並不是在主張說蜜蜂具有我們所認知的那種意識，但是即使是牠們那種簡單的神經「回饋系統」，也還是需要某種回饋，也就是說，要有**覺得好**的感覺，要能嘗到花蜜的甜味。換句話說，蜜蜂已經具有可以成為意識的東西了，儘管牠們或許還不是真的具有意識。

因此，感覺最終還是某種神經架構，而不是某種物質的基本特性。假設在另一個平行的宇宙中，演化的最高成就就是蜜蜂，那我們還會覺得有必要去發展其他新的物理定律來解釋牠們的行為嗎？但是如果說感覺到頭來不過就是神經在幹活兒，為什麼它們看起來如此真實，為什麼它們**是**如此真實？感覺**感覺起來**如此真實是因為它們有真實的意義，是透過天擇嚴酷的考驗所淬煉出來的意義，是來自

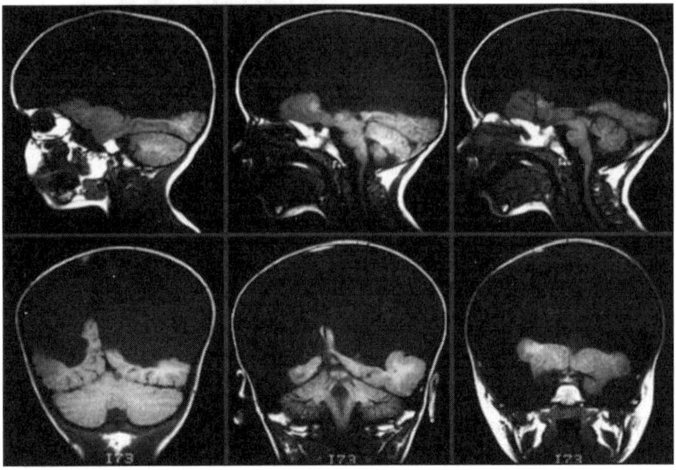

圖 9.1　患有腦內積水症病童大腦的磁振造影掃描。請注意，基本上大部分的大腦皮質都消失不見，相對地顱內充滿了腦脊髓液。

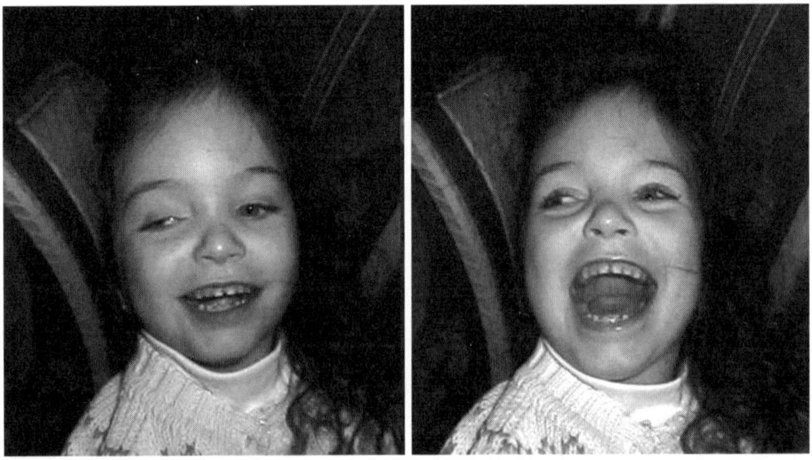

圖 9.2　一個患有腦內積水症的四歲小女孩，妮可，臉上所露出快樂跟欣喜的表情。

於真實生命與死亡的意義。感覺實際上就是神經編碼，但是如此鮮明而充滿意義的編碼，需要經過數百萬代甚至數十億代才能產生。雖然我們還不知道神經是如何辦到的，但是意識追根究柢只關乎生與死，卻無關於人類那登峰造極的驚人心智。如果我們真的想要了解意識從何而來，首先要把自己從框架中移出去才行。

第十章　死亡

不朽的代價

有人說，金錢無法買到快樂。但是古時候的利底亞國王克羅伊索斯，卻是有錢到像……克羅伊索斯一樣富有，而他認為自己是世上最快樂的人。彼時雅典的政治家索倫剛好路經他的國土，克羅伊索斯原本企圖從索倫口中證實自己的快樂，但是卻很不高興地聽到索倫告訴他：「不到善終，沒有人能算是快樂的。」因為誰能得知命運女神的安排呢？後來，因為得到來自德爾菲神廟典型含意模糊的神諭，克羅伊索斯決定對抗波斯帝國，結果卻被波斯帝國的大君主塞流士擒住。塞流士把他綁在柴堆上準備處以火刑時，克羅伊索斯並沒有為自己悲慘的命運責難天神，反而不斷喃喃念著索倫的名字。對此感到大惑不解的塞流士，因而詢問他意指為何，克羅伊索斯告訴他索倫當初所給的忠告。在了解到自己也不過只是命運的玩偶之後，塞流士割斷綁住克羅伊索斯的繩索（另有一說是阿波羅出現用大雷雨幫助他），任命他為自己的謀士。

能夠有善終對古希臘人來說意義重大。人類的命運跟死亡，被一隻看不見的手玩弄著，這隻手會用各種複雜的手段介入生命，迫使人類屈服。古希臘戲劇充滿了各種迂迴曲折的手法：命中注定的死亡，早已在隱晦神諭中被預知。如同酒神瘋狂的慶典以及傳說中的變形故事，希臘人宿命論中某些成分似乎源自於大自然。反之亦然，從西方文化的觀點來看，動物複雜的死亡方式某些時候似乎也帶有希臘戲劇的影子。

不過死亡的意義對生物來說，可不僅只是希臘悲劇的元素之一。以蜉蝣為例，牠會以幼蟲形態生活好幾個月，最後孵化成為缺少口器跟消化道的成蟲。就算少數幾種可以盡情狂歡長達一整天，但也很快就會因飢餓而亡。再來看看太平洋鮭魚，牠們必須要游數百公里之遠，才能回到當初出生的小溪流，此時由荷爾蒙所支撐的激情，會一下子就悲劇性地中斷而瞬間冷卻，牠們就會在幾天之內全數死去，這又如何呢？或者來看看女王蜂，牠可以存活十六年而完全不留下任何年齡的痕跡，直到最後精子的來源終於告罄，此時牠會被自己的女兒們大卸八塊。又或者澳洲袋鼬，可以瘋狂的交配長達十二小時，在達到高潮後因耗竭而消沉地死去，但是如果閹掉的話則可以避免這種命運。不論這些是悲劇還是喜劇，都非常戲劇化。這些動物跟古代底比斯國王伊底帕斯一樣，都是命運的棋子。死亡不只是無法避免的，它根本是由命運所控制，是在生命創造之初就預先寫入的程式。

在這所有怪誕的死亡形式中，最有悲劇性，最能讓今日的我們產生共鳴的，大概就是特洛伊人提索諾斯的故事了吧。他的女神愛人，祈求天神宙斯賜給他不死之身，但是卻忘記同時要求青春不老。荷馬這樣說道「所有令人難以忍受的老年特徵全壓在他身上」，讓他只能永無止境的喃喃胡言。詩人丁尼生則想像他低頭望著「那些有死亡權力快樂之人的家園，以及那些快樂死者綠草如茵的墳頭。」

在這種種的死亡形式中有一種張力，這張力在某些活生生的動物體內預先計畫好的猝死，以及因年老被遺棄必須獨自面對人性、沒有死亡、永無止境如提索諾斯的命運之間。而這正是我們看著今天自己所面臨的情況，因為各種醫學發展雖延長了我們的生命，卻沒有延長我們的健康。現代醫療之神每延長我們一年的生命，卻只能享有少數幾個月的良好健康，然後只會逐漸衰退而告終。就像提索諾斯一樣，到頭來我們反而祈求慈悲之死。死亡看起來或許像是殘酷的笑話，但是老化卻更悲傷。

不過在我們薄暮之年時確有可能避免變成提索諾斯。誠然，死板的物理定律並不容許青春永駐，正如它不允許永不休止的運動一般，但演化的彈性卻頗令人驚訝，它傾向愈長壽就保有愈長時間的青春，以避免發生如提索諾斯般的悲劇。這種例子在動物界中不勝枚舉，如果牠們的生命是經過無痛延長的話，也就是說，在沒有疾病的情況下，當環境改變後牠們可以比原來的生命延長兩倍、三倍甚至四倍。最讓人驚訝的例子之一，就是被引進到加州內華達山脈湖泊中的美洲紅點鮭了。山脈湖泊的水又冷又貧瘠，而這些魚的生命在這裡則延長了四倍之多，從原本將近六年延長到超過二十四年，而牠們所付出唯一比較明顯的「代價」，則是性成熟變得比較晚熟。同樣的現象在哺乳類動物裡也有被報導過，如負鼠。當牠們被隔離在島上與掠食者形成屏障然後生活個幾千年後，生命延長了將近一倍，老化的速度則減緩了一半。我們人類也是一樣，在過去數百萬年間人類的最長壽命也增加了兩倍，而似乎沒有付出過什麼代價。從演化的觀點來看，提索諾斯應該就只是個神話而已。

不過人類尋求永生已經好幾千年了，卻總是徒勞無功。雖然進步的衛生與醫療讓我們的**平均**壽命延長不少，但是我們的**最長**壽命卻差不多就是一百二十歲，儘管經過無數的努力，始終沒有什麼改變。在人類信史時代剛啟蒙之時，烏魯克國王基爾嘉美緒為追求永生，尋找一種傳說中的草藥，在經過一番冒險之後終於尋得，卻又不幸從他指縫間溜走，一如其他神話的結局。自古以來同樣的故事總是一直重演，長生不老藥、聖杯、獨角獸角磨成的粉末、哲人之石、優格、退黑激素，這所有東西都曾有人說過可以延長生命，但沒有一樣是真的。還有浮誇不實的江湖郎中跟學者狼狽為奸，更為回春研究的歷史加油添醋。法國知名的生物學家布朗賽卡，曾經幫自己注射過狗跟天竺鼠睪丸的萃取液，他宣稱這配方大幅增加了他的活力跟精神，並且於一八八九年在巴黎生物學會上報告這件事，他甚至在眾多瞠目結舌的大會會員前，展現他頗為自傲的小便弧線。在那一年年底，有大約一萬兩千名內科醫生幫人使用了這個布朗賽卡液。而全世界的外科醫生則開始幫人移植從山羊、猴子甚至人類罪犯身上取得的睪丸切片。其中最惡名昭彰的，大概要算美國郎中布林克利醫生了吧，他曾經從移植山羊睪丸腺體到人身上的手術中賺取大量財富，但是最後卻因為受不了來自上千名無情病人的醫療訴訟，窮困破產以終。我很懷疑人類憑著極度自傲的聰明才智努力這麼久，可曾有延長過我們該有的壽命配額一天？

如此，在演化巨大的彈性中有一個頗奇怪的鴻溝——一方面看起來生命周期似乎很容易就可以調整，但在另一方面，直到今日我們所有的努力卻又都徒勞無功。為什麼演化可以如此輕易地延長我們的生命？從這幾千年的失敗經驗中我們體會到，很明顯地除非我們能了解死亡真正的意義，不然恐怕永遠都不可能成功。從這個觀點來看，死亡是一個非常讓人困惑的「發明」：天擇一般都作用在個體層級上，最令人費解的就是我的死亡怎麼可能會對我有利？太平洋鮭魚從精疲力盡中得到什麼？或者公的黑寡婦蜘蛛被吃掉後又得到什麼（黑寡婦蜘蛛在交配後母蜘蛛往往會吃掉公蜘蛛）？但是另一件同樣明顯的事情則是，死亡絕非偶然，它必定是因為對個體有利，才會在生命演化出不久之後就跟著演化出來（或者，套句道金斯著名的說法就是，對個體裡那些「自私的基因」有利）。如果我們希望自己將來有個善終，不想步入提索諾斯的後塵，那我們最好回到原點去看一下。

想像一下，如果我們駕駛時光機回到三十億年前的地球，降落在某個水邊的淺灘上。你第一件會注意到的事情應該是天空不是藍色的，而是陰暗朦朧的紅色，色調跟火星很類似。寧靜的海洋反映著紅色的陰影，在這霧濛濛的環境中，即使因為太過朦朧以至於連太陽都看不清楚，但是氣候卻還頗為溫暖，讓人覺得十分舒服。陸地上似乎沒有什麼值得注意的事物，到處都是裸露的岩石，上面帶有一片片因潮溼而變色的陰影。細菌恣意地黏附在各處，極盡所能地拓展據點。這裡並沒有草原、植物或是任何類似的東西，不過在淺水處倒是有許多圓頂狀的綠色石頭，而這些東西很明顯應該是生命的傑作，其中最高的大概有一公尺左右。今日在地球上還可以發現少許近似物，都位於最遙遠最人跡罕至的海灣處，它們就是疊層石。除此之外在水裡就沒有其他東西攪和了，這裡沒有魚，沒有海藻，沒有到處跑來跑去的螃蟹，也沒有隨波搖曳的海葵。如果你把氧氣面罩拿掉馬上就可以知道為什麼：因為你會馬上窒息而亡。這個世界幾乎沒有氧氣，就算靠近疊層石附近也沒有。不過此時這些藍綠菌已經開始在大氣中慢慢添入少許這種有害氣體了（作者從化學的角度來看，氧氣會迅速氧化許多東西，因此稱為有害）。大概要再過十億年，氧氣的排放才足夠讓地球出現生機，變成藍色星球。也只有到那個時候，這個光禿禿的地方，才成為我們所熟悉的家園。

現在從太空中觀看地球，如果我們能看透這層厚重的紅色濃霧的話，會發現在這個原始地球上，大概只有一件事情跟今日的地球比較類似：藻華現象。藻華也是某種藍綠菌造成的，它們跟形成疊層石的藍綠菌是親戚，不過它們會形成一大片浮在水面上。從太空中觀看的話它們跟今日的藻華長得一模一樣，而在顯微鏡下面看起來，這些古老的化石長得跟今日的藍綠菌也是一個模子刻出來的，像是束毛藻屬（*Trichodesmium*）的藍綠菌。藻華可以持續數周之久，刺激它們快速生長的原因，常常是大量礦物質被河流帶到海裡面，或是被上升海流從海底翻攪到海面。然而隨後這些藻華就會一夜之間全部溶在水中，消失無蹤，徒留反映著紅色天空毫無生機的海水。今日的藻華也是一樣，往往會在一夕之間就無預警地消失。

直到最近我們才明瞭這到底是怎麼一回事。這一大群細菌並不是單純的死掉，它們是用很複雜的方式把自己殺死的。每一隻藍綠菌體內都帶有一套死亡裝備，這是一套古老的酵素系統，跟我們細胞裡的酵素長得極為相似，用途都是從內部分解細胞。細菌從內部把自己分解！這現象實在是太反直覺了，所以以往科學家一直試圖去忽略它，但是現在證據已經明顯到我們無法再對它視而不見。事實上，細菌是「故意」死掉的，而根據美國羅格斯大學的分子生物學家佛高斯基與拜鐸的研究，從遺傳學的證據上來看，細菌已經這樣做了三十億年了。為什麼？

因為死亡有好處。形成藻華的，是數不清個基因完全一樣（或至少極為近似）的單細胞。但是基因一樣的細胞未必就完全相同。想想看我們自己的身體就知道，這裡面起碼有數百種不同的細胞，可是它們的基因卻完全一模一樣。細胞會根據環境中不同的化學訊號而發育得不一樣，或者稱做**分化**，在人體的例子裡，環境中的化學訊號就來自周圍的細胞。而在藻華的例子裡，所謂環境則是周圍的其他細菌。這些細菌有些會釋放出化學物質，有些則甚至直接放出毒素，或者形成物理性的壓力，比如說影響日光照射、影響營養攝取程度或是病毒感染等等。所以它們的基因或許完全一樣，但是它們的環境卻總是帶來不同的挑戰，這就是分化的基礎。

我們在三十億年以前發現了第一個分化的現象，遺傳背景完全一樣的細胞，隨著生命史的不同，開始產生不一樣的外觀，然後走向不同的命運之路。有些細菌會變成抵抗性強的孢子；有些則會形成薄而黏的薄膜（生物膜），然後黏到泡在水中的物體表面，像岩石之類的；有些會離開群體自行大量繁殖，有些則會死掉。

不過，它們不是隨隨便便死掉，它們死亡的方式很複雜。複雜的死亡裝備一開始是怎麼演化出來的，我們還不知道，最有可能的答案應該是透過跟噬菌體的互動（所謂噬菌體，是一種專門感染細菌的病毒）。在現代海洋中，病毒含量之高讓人咋舌：在每一毫升海水中就有上億個病毒，這個數量整整比細菌的數量大了兩個級數；而我們幾乎可以確定在古老的海洋中，程度與此應該相去不遠。自古以來，細菌與噬菌體之間永不止息的戰爭，絕對是推動演化最重要的，卻也是最被忽略的力量之一。預設死亡應該就是一種源自於這種戰爭的武器。

最簡單的例子，就是許多噬菌體所使用的「毒素—抗毒素」模式。在噬菌體少少的基因裡面，有一些是能夠殺死宿主細菌的毒素，還有能夠保護宿主細胞的抗毒素。病毒很卑鄙，因為這些毒素往往是長效的，而抗毒素的藥效卻很短。被感染的細菌因為能夠同時製造毒素跟抗毒素，所以可以存活，而沒有被感染的細菌，或者是企圖趕走噬菌體免於被控制的細菌，則會受害。對於這隻倒楣的細菌來說，最簡單的逃脫之路，就是搶到抗毒素基因然後插入自己的基因體裡，如此一來就算沒有被病毒感染，細菌也還是可以受到保護。這樣子戰爭就展開了，愈來愈複雜的毒素跟抗毒素開始演化出來，戰爭機器也變得愈來愈奇形怪狀。這或許就是**半胱天冬酶**這種酵素出現的原因，或許一開始是從藍綠菌體內演化出來的*。這些特化過的「死亡」蛋白，會把細胞從裡面切碎。它們以層階的方式作用，一個死亡蛋白活化下一個死亡蛋白，一直這樣下去，直到這隻劊子手部隊從內部把細胞拆光為止**。一件很重要的事情是，每一個半胱天冬酶都有其特定的抑制蛋白，那是一個能阻止它作用的「獨門解藥」。這一整套毒素跟抗毒素系統，加在一起拼湊成許多不同等級的攻擊與防禦，或許是源自於演化之初細菌與噬菌體之間的古老戰爭。

這種細菌跟噬菌體之間的戰爭，或許就是死亡最初的根源。自殺這種事情對細菌整體來說，就算在沒有被感染的情況下，也絕對是有利的。這是基於相同的原則。任何有可能危害到整個藍綠菌藻華族群的實質傷害（比如說強力的紫外線或者是營養不良），都有可能驅動細胞預設的死亡程式。在這種威脅下，最強的細菌會發展成為堅硬的孢子存活下來，隨時準備形成下一次藻華；但是其他具有相同基因不過比較脆弱的兄弟姊妹們，卻會選擇啟動自殺程式。當然這種動態的過程，要看做是自殺還是謀殺，端視你看事情的角度。從演化長遠的角度來看，如果受到損害的細菌能被消滅的話，其結果就是較多完整的細菌基因體可以被保存下來。這是分化最簡單的形式，端視基因完全相同的細菌們彼此不同的生活史，然後從生跟死之間做一個選擇。

對多細胞生物來說，相同的原則也一樣適用，但是威力更強大。多細胞生物體內所有細胞的基因都一樣，而它們的命運比起那些鬆散的藻華來說，又結合得更緊密。就算只形成一團球體，分化也是不可避免的命運：對於球心跟邊緣的細胞而言，不管是營養物、氧氣、二氧化碳、光線的可及性都不一樣，面對掠食者的威脅也不一樣。它們無論如何不可能變得一樣，就算它們「想要一樣」也辦不到。不過最簡單的分化很快就會讓它們有利可圖。比如說，等發育到了某個階段，某些藻類細胞會產生鞭狀的鞭毛，驅動它們四處遊走。在一個球狀的菌落中，把這種有鞭毛的細胞留在周圍比較好，因為所有鞭毛的力量加總在一起可以推動整個菌落移動，而孢子（也是相同基因的細胞處於不同的發育階段）則被保護在中心。這種非常簡單的分工必定為最原始的菌落帶來極大的好處，遠超過單細胞生物。大族群分工的好處可以用最早的農業社會來比擬，當史上糧食第一次充裕到足以支持整個族群，如此可以讓族群開始分工奉獻給較專業的工作，像是戰士、農人、鐵匠或是執法者。這樣無怪乎農業社會很快就會取代小型的狩獵／採集部落，因為他們完全不可能達到相同等級的分工合作。

即使是最簡單的菌落都透露了分化細胞中最基本的兩種形式：有關生殖的（germ-line）跟身體的（soma）。這種分類法，最早是由權威的德國演化學家魏斯曼所提出的，魏斯曼恐怕是十九世紀在達爾文本人之後最有洞見也最具影響力的達爾文主義者了，我們之前在第五章已經介紹過他。魏斯曼認為，只有生殖細胞是不死的，可以把基因從一代傳給下一代，而體細胞則是用過即丟，它們的功用只是為了幫助不朽的生殖細胞。這樣的想法，被法國的諾貝爾獎得主卡雷爾否定了半世紀之久，不過後來卡雷爾卻又否定了自己，為變造自己的研究結果而感到羞愧。到頭來魏斯曼是對的。他這種區分，最終解釋了所有多細胞生物的死亡之謎。從本質上來講，分工合作代表了，身體裡面注定只有一

---

*嚴格地來講，細菌跟植物所使用的酵素叫做「超半胱天冬酶」，它們不算是真正的半胱天冬酶，但是很明顯地超半胱天冬酶在演化上應該算是動物細胞半胱天冬酶的前輩，而它們的功用都一樣。為了簡化，我在這裡把它們都稱做半胱天冬酶。關於比較詳細的部分請參考我在《自然》期刊上所寫的一篇文章〈死亡的起源〉（二〇〇八年五月號）。

**酵素的層階作用方式，對細胞來說非常重要，因為它可以放大微弱的起始訊號。比如說一開始只有一個酵素被活化，然後它去活化下游十個酵素，每個酵素又各自再去活化十個下游酵素，這樣就有一百個活化的酵素了。如果這一百個又各自活化十個酵素，那就有一千個酵素被活化，再下去是一萬個，依此類推。這只需要六階就可以活化一百萬個劊子手來把細胞撕碎。

部分細胞能成為生殖細胞，其他的細胞則只能扮演支持者的角色。這些細胞讓自己變成可取代的，所獲得唯一的好處，就是讓大家所共有的基因可以由生殖細胞傳給下一代。一旦體細胞「接受了」配角的地位，它們的死亡時間也就變得依照生殖細胞的需求而定。

菌落跟一個真正的多細胞生物之間的差異，從它們獻身於分化的程度，最可以看得出來。藻類像團藻屬的綠藻，雖然可以受惠於團體生活，但是也可以選擇不參加而過著單細胞的生活。要保有獨立生活的可能性，就會降低它們原本能夠達到的分化程度。而分化達到像神經細胞這種程度的細胞，則會變成無法獨自在野外生存。所以只有當所有細胞都準備好，為了共同目標而將自己納入群體裡面，才有可能造就多細胞生物。它們的貢獻必須被監督管理，而任何細胞若企圖重返獨立生活，都會被處以死刑，除此之外恐怕別無他法。想想看癌症細胞所帶來的災難便知，儘管有了數十億年多細胞生活的經驗，直到今日我們才從癌症了解到，如果細胞各自為政的話，那多細胞式的生命終將不可行。可以說，只有死亡才可能造就多細胞生物。同時若是沒有死亡，就更不可能有演化；沒有分化造成的生存差異，天擇一點意義也沒有。

而即使對第一個多細胞生物來說，要用死刑來恐嚇細胞們不准踰矩，也不需要什麼演化上的大躍進。還記得第四章提過的複雜「真核細胞」嗎？它是由兩種細胞融合而成：一個是宿主細胞，另一個則是後來變成粒線體的細菌，今日是一個小型的發電廠，在細胞裡負責產生能量。自由生活的粒線體祖先，是一群跟藍綠菌一樣的細菌，都有可以從內部撕碎細胞的半胱天冬酶。至於它們從哪裡得到這些酵素，不是這裡的主題（它們很有可能從藍綠菌那裡獲得，或者反過來，當然也可能兩者都是從共祖那裡繼承下來）。重點是粒線體帶給了第一個真核細胞全套功能良好的死亡裝備。

至於真核細胞如果沒有從細菌那裡繼承半胱天冬酶系統，是否還可以演化得如此成功，發展成為完整的多細胞生物，這是一個很有趣的問題，但是至少半胱天冬酶沒有阻礙它們發展。真核細胞曾獨立演化成為真正的多細胞生物至少五次——一次是紅藻，一次是綠藻，還有植物、動物跟真菌*。在組織上，這些形式不同的生命彼此甚少有共通點，但是它們全都用相似度高到嚇人的半胱天冬酶系統來管理細胞或懲罰踰矩的細胞。很有趣的是，在絕大多數的例子裡，粒線體都扮演著死亡掮客的角色，它們是細胞的中心，可以整合互相衝突的訊號、消除雜訊，然後在必要的時候啟動死亡裝備。因此，誠然細胞死亡對於任何形式的多細胞生命來說都是必要的，但是這完全不需要什麼演化上的新發明。整套必要的裝備一開始，就由粒線體輸入第一顆真核細胞體內，而直到今日，情況雖更精巧複雜化，但過程仍大同小異。

不過在單個細胞死亡跟整個生物個體死亡之間，有著非常大的不同。雖然細胞死亡在個體的老化跟死亡中間扮演非常重要的角色，但是並沒有什麼律法規定**所有**的身體細胞都必須死亡，或者那些用過即丟的細胞不能夠被置換。有一些動物，像是淡水中的海葵「水螅」，基本上是不會死亡的——牠的細胞會死去然後被代換，但是動物個體從來就沒有老化的跡象。在死去的細胞跟新生的細胞之間，會達到一個長期的平衡。這就像是流動的河流般：沒有人可以踏入相同的河中兩次，因為水是流動

---

*當然還有其他原因，讓真核細胞可以走上多細胞生物之路，而細菌最多只達到菌落程度就裹足不前了，其中很重要的一個原因，是真核細胞傾向蒐集累積大量基因。這種發展背後主要的原因，是我之前的著作《力量、性、自殺》裡面探討的主題。

的，會不停地被置換；但是河流的輪廓、它的體積、它的形狀卻不曾改變。除了古希臘哲人外，對任何人來說這應該都是一條不變的河流。生物個體也是一樣，細胞替換如斯夫，不舍晝夜，但是對個體整體來說仍是不變的，我還是我，儘管我的細胞不斷地改變。

事情應該就是這樣。如果細胞的生與死之間的平衡改變了，那個體就會比氾濫或是乾涸的河流還要不穩定。如果調整細胞的死亡設定，讓細胞比較不容易死，那結果就會產生不斷生長的癌細胞。但是如果讓細胞太容易死亡，其後果則是迅速枯萎。「癌症」跟「退化」其實是一體兩面：這兩者都會侵蝕多細胞生物的生命。但是構造簡單的水螅卻可以永遠維持兩者平衡，而人類也可以維持相同的體重與體型長達數十年，在這其間每天可以替換數十億顆細胞。只有當我們變老的時候才會失去這種平衡，而很神奇的，彼時我們將同時承受一體的兩面。癌症跟退化性疾病兩者，都是年老時逃不掉的命運。所以個體為什麼會變老跟死亡？

最普遍的觀念，可以追溯回一八八〇年代，由魏斯曼所提出，可惜卻是個錯的答案，而魏斯曼本人後來也很快地承認。他本來主張死亡跟老化，可以幫助族群剔除破舊不堪的個體，將他們置換為充滿生氣的新個體，體內帶著經由有性繁殖混合而來的全新基因。這個解釋認為死亡有高尚的意味，具有某種平衡性，為的是一個更偉大的目的，儘管這目的或許無法跟宗教的偉大情操相比擬。從這個觀點來看，個體的死亡對於族群有利，就好像某些細胞的死亡有利於個體一樣。但是這個論點本身是個套套邏輯，就像批評魏斯曼的人所指出，老的個體必須要先老化之後才會變成「破舊不堪」，所以魏斯曼其實預先假設了他正在解釋的事情。所以問題還是沒解決，就算死亡真的對族群有利，那到底是什麼原因讓個體隨年齡變得「破舊不堪」？要如何阻止那些像癌細胞一樣的作弊細胞逃過死亡，然後不斷地留下只帶著自私基因的細胞後代？要如何讓整個社會免於癌症？

梅達瓦爵士首先提出了一個達爾文主義式的答案，這是他在一九五三年於英國倫敦大學學院的就職演說中所提出的。梅達瓦的答案是說，所有的生物就算不考慮老化，也有一個統計上的死亡機率：不管是被公車撞到，被天上掉下來的石頭砸到，被老虎吃掉，或者生病死掉。就算你是不老之身，也不太可能永遠不死。因此，那些在生命早年專注於利用資源繁殖的個體，統計上來說，比較容易留下較多的後代，而那些生活步調太過緩慢的個體則比較不容易。比如說若有一個生物每五百歲才一次繁殖周期，但是很不幸的在四百五十歲時就死掉，此時後悔也來不及了。愈早開始拚命從事性行為，比起那些懶骨頭親戚們來說，愈容易留下較多的後代，而這些後代們也都會遺傳到「性早啟」基因。這裡就是問題所在。

根據梅達瓦的理論，每一個個體都有統計上的可能壽命長度，這隨著個體的體型、新陳代謝速率、天敵、自身的物理結構（像是有沒有長翅膀）而有所不同。假設說統計上的壽命平均是二十歲，那麼在這個周期結束以前完成生殖任務的個體，會比沒有辦法完成任務的個體留下較多的後代。有在盤算籌碼的基因會比那些沒有的表現更好。而結果，根據梅達瓦的說法，那些會在我們統計壽命結束後才造成心臟病的基因，就會被累積在基因體裡。以人類為例，如果沒有人能活到一百五十歲，那麼天擇就不可能剔除一個要到一百五十歲才會造成阿茲海默症的基因。以往因為很少人能活超過七十歲，因此在七十歲才引起阿茲海默症的基因就這麼地成了漏網之魚，沒有被篩選掉。因此梅達瓦認為，老年會退化的原因，正是那些基因在我們早該死了之後還繼續運作的關係——是那些沒有數千也有數百個**早該**死掉的基因，仍在持續運作，超越了天擇的控制。只有人類需要承受提索諾斯的命運，因為只有人類利用人工的方法，排除了許多統計上的死亡原因而延長生命，像是掠食者或是許多致命性的疾病。是我們把那些基因從墳墓中挖出來，因此它們現在換追著我們至死方休。

偉大的美國生物學家威廉斯又更進一步修飾了梅達瓦的概念，不過他給這個概念提了一個可能是科學史上最糟的命名，他稱之為：拮抗多效性。對我而言，這名稱讓我想到某種因為被挑釁而嗜血的海生恐龍。不過威廉斯想說的，是一群具有多重影響的基因，其中有些影響比較好，而有些影響則只有百害而無一利。其中最典型而且無藥可救的例子，就是杭丁頓氏舞蹈症。這是一種讓心智與肉體都退化的無情疾病，病人多半在剛步入中年時發病，剛開始症狀是輕微的痙攣跟行動不良，而漸漸地會一點一點喪失行動、語言以及理性思考的能力。只要一個基因有缺陷，就可以讓人變成步履維艱的瘋子，而這個基因卻往往要在病人生育能力成熟之後，才有較明顯的影響。有一些證據似乎顯示出，杭丁頓氏舞蹈症患者，比較容易在年輕的時候獲得性方面的成功，雖然為何如此原因不明，而且基因的影響尺度其實也極其有限。不過這裡的重點是，一個基因只要能夠造成一點點性方面的成功，就會被選擇出來，然後被保留在基因體裡，就算它後來會引起可怕的疾病也無妨。

我們並不確定到底有多少基因會引起晚年的疾病，不過這個概念夠簡單，老嫗能解。我們很可以想像，假設有一個基因，會引起鐵質堆積，然後對年輕個體有益，因為這樣有助於製造血中的血紅素，但是最終卻具有毀滅性，因為過量的鐵質會造成心臟衰竭。大概沒有其他演化概念比這個更與現代醫學契合了。用比較通俗的說法來講，就是每件事都有基因控制，從阿茲海默症到同性戀都是。確實用這種方式來闡述，非常有助於增加報紙的銷量，但是這個概念還有更深遠的影響。「特定的遺傳變異性注定會造成特定身體狀況」這樣的概念，正瀰漫著整個醫學研究界。舉個最簡單而知名的例子來說，有一個基因叫做脂蛋白E（*ApoE*），它有三種常見的基因型，分別叫做 *ApoE2*、*ApoE3* 跟 *ApoE4*。在西歐大概有百分之二十的人帶有 *ApoE4* 這種基因型，這些帶有 *ApoE4* 基因，同時也知道自己有這種基因的人，一定會很希望自己帶的是別種基因型：因為 *ApoE4* 在統計上跟阿茲海默症、心血管疾病以及中風都有高度相關。如果你同時帶有一對 *ApoE4* 基因，那你最好注意自己吃的東西，然後常常往健身房跑一跑，如果你想要抵消掉基因注定的體質的話*。

到底這個 *ApoE4* 有什麼「好處」，至今仍不清楚，但是既然它分布這麼普遍，那代表它很可能在早年有很大的好處，才能補償後來的缺點。不過這只是數百個基因（甚或數千個）中的一個例子而已。醫學研究正在尋找這類遺傳變異，然後企圖研發能夠針對這些基因的新藥（通常也是昂貴的藥）來平衡這些基因的害處。不過跟杭丁頓氏舞蹈症不同的是，大部分的老化相關疾病，都是由眾多遺傳與環境因子交互影響。一般來說，要好多基因一起作用才會造成一種病變。以心血管疾病為例，各種不同的基因決定一個人是否有高血壓、容易快速形成血管凝塊、肥胖、高膽固醇或是個性懶惰等等。如果知道有人基因傾向是高血壓，同時生活習慣又伴隨著高鹽高油脂飲食，還是啤酒跟香菸的愛好者，喜好電視甚於運動，那就根本不需要保險公司來幫他估算風險了。不過一般來說，估算疾病風險常常是吃力不討好的工作，而我們對於遺傳體質的認識也才剛起步而已。往往就算把全部的遺傳因子

*我不知道自己有沒有帶任何 *ApoE4* 變異型，不過從我的家族病史紀錄來看，如果說我帶有至少一個基因的話，那並不令人意外。這是為什麼我寧可什麼都不知道。不過我最好開始上健身房。

加總起來，對老化相關疾病的影響也不到百分之五十。很明顯地，高齡才是唯一最大的危險因子——只有少數不幸的個體才會在二十幾或三十幾歲就得到癌症或是中風等疾病。

簡而言之，近代醫學對於老化相關疾病的看法，十分契合梅達瓦對於老年表現基因在演化上的看法。會影響我們疾病體質的有數百個基因，所以我們每個人都有自己的疾病光譜和個人限定的基因墳墓；而它們的影響，又受到我們生活型態的不同或是基因的不同而惡化或是改善。但是這種關於老化的看法有兩個很大的問題。

第一個問題關乎我前面的選詞用字。我所正在談的都是疾病，是老年**症候群**，而不是導致老化的潛在**原因**。這些基因都跟特定疾病有關，可是沒有一個會導致老化。還是有人可以活到一百二十歲而完全不受任何疾病之苦，但是最後無論如何還是變老然後死去。現代醫學有一種傾向，視老化相關疾病為病態的（因此是「可治療的」），而視老化為一種「常態」而非一種疾病，因此理所當然是「不可治療的」。我們不情願將老化污名成為一種疾病，這種心態是可以理解的，但是這種看法並無助於現實，因為它試圖把老化跟老化相關疾病脫鉤，而這正是我與梅達瓦看法之間很明顯的差異。他所解釋的，是基因在這些老化相關疾病中所扮演的角色，而非老化背後的原因。

在一九八八年及其後十年，加州大學爾灣分校的傅利曼與強生發現了第一個可以延長線蟲生命的基因突變，這個發現大大震驚了許多人，同時顯示出這兩種論點差異之大。這個基因的突變可以延長線蟲生命達到一倍之多，從二十二天延長到四十六天，因此被命名為 *age-1*。在隨後的幾年間，科學家又在線蟲體內找到許多類似效果的突變，並且將這些發現拓展到其他生物身上，從酵母菌到果蠅到小鼠都有。一時之間這個領域宛如一九七〇年代量子力學的全盛時期，突然有一堆五花八門的延壽突變冒出來，集結成冊。漸漸地，科學家從這些突變裡面觀察出一種模式。所有這些基因所負責轉譯的，不管是在酵母菌還是果蠅還是小鼠的，都是相同生化反應途徑中的蛋白質。換句話說，從真菌到哺乳類動物體內，都使用同一套特別保存下來的機制，去控制生命長短。這個反應途徑的突變，不只可以延長壽命，同時還可以延緩甚至避免老化相關疾病。不像可憐的提索諾斯，增加生命長度卻沒有增加健康長度。

疾病跟壽命之間的關聯其實並不令人驚訝，畢竟幾乎所有的哺乳類動物都會受到類似的老化相關疾病所苦，像是糖尿病、中風、心臟病、失明、失智等。但是一隻大鼠會在大約三歲的時候得癌症而死掉，人類卻要從六十或七十歲開始才會受到類似疾病的折磨。很明顯地所謂遺傳性疾病是跟高齡有關，跟活了多久無關。這些延壽突變真正讓人驚訝的地方，在於這整套系統的彈性。只要在一個基因上面發生一個突變，就足以延長一倍壽命，同時又讓高齡疾病「暫停」發作。

這些發現對我們人類的重要性更是不需贅言。它代表了所有老化相關疾病，不管是從癌症到心臟病到阿茲海默症，基本上都可以藉由簡單置換掉一條生化反應途徑來延緩，甚至避免。這樣的結論真的是十分驚人，同時也指出一條明路：如果能使用一種萬靈丹，去「治好」老化以及所有老化引起的疾病，應該要比去治好任何一位已經「老了」的人身上所發作的任何一種老化相關疾病，像是阿茲海默症，要來得容易得多。這也是我認為梅達瓦對於老化的解釋有錯的第二個原因。我們並沒有被自己獨特的基因墳場所毀滅，如果我們可以一開始就避免老化的話，那就可以一起繞過這座基因墓園。老化相關疾病所依恃的，是**生物年齡**，而不是真正過了多久時間。若能治好老化，我們就可以治好高齡疾病——並且是一次全部治好。這些遺傳學研究所給我們上的寶貴的一課就是，老化是可以治好的。

找到控制壽命長短的生化反應途徑，激起了幾個革命性的問題。它第一個可能代表的含意，就是壽命長短已經直接寫在基因裡面，由基因決定：老化跟死亡都已經預設好，據推測應該有益於族群全體，就如同魏斯曼最早提出的論點一般，可惜這種觀點是錯的。如果僅僅單一個突變就可以讓壽命延長一倍，那為什麼我們沒有看到動物作弊？沒有看到很多動物為了自身的利益退出這套系統？這理由應該很簡單。如果沒有動物作弊，那必定是因為作弊會受到懲罰，而且是嚴厲到足以抵消長壽好處的懲罰。果如此，那我們或許會想說，還是留著老化相關疾病好了。

這確實是有缺點的，而這缺點跟有性生殖有關。如果我們想要延長壽命同時避免老化相關疾病，或許最好先讀一下我們死亡契約底下寫的那一行小字。有一件十分啟人疑竇的事情就是，所有發生在這些延壽基因上面的突變（這些基因統稱為**老年基因**），所造成的結果都是延長壽命而非縮短壽命。生命的預設永遠是較短的壽命。如果我們考量這些老年基因所控制的生化反應路徑，那這種現象就有其意義。它們所控制的其實跟老化一點關係也沒有，而是跟性成熟有關。要讓動物生長發育到性成熟的階段，需要耗費可觀的資源跟能量，而如果這些東西都暫時不可得，那或許還是先制止生長，靜待時機成熟。這也就是說生物要能監視環境豐饒程度，然後將這些資訊轉換成一種生化貨幣，它會告訴細胞：「這裡有很多食物，現在是準備繁殖的好時機，準備好性生活吧！」

預示環境豐饒的生化訊號就是荷爾蒙胰島素，以及一大家族的長效性（效果可達數周甚至數月之久）相關荷爾蒙，其中最有名的就是類胰島素生長因子。它們的名稱對我們並不重要，光是在線蟲體內就有三十九種跟胰島素有關的荷爾蒙。這裡的重點是，當環境中食物充足時，胰島素就會立即開始作用，安排一定程度的發育變化，加速為性做準備。而當食物短缺的時候，這條反應路徑就會安靜下來，而性的發育也因此遲緩。不過沉默並不代表沒有任何事情發生。此時有另外一套感應器會偵測到訊號消失，而讓生命先暫停一下。它的意思就是：等待！等更好的時機，然後再試一次有性生殖。與此同時身體會被保存在原始純樸狀態下，多久都沒關係。

關於生命必須在性與長壽之間取捨的概念，最早是在一九七〇年代，遠早於任何老年基因被發現以前，就由英國的老年學家柯克伍德所提出。因為能量是有限的，而每一件事情都有一定的代價，柯克伍德基於這種經濟效益的原則，非常準確地構想出生物會面臨這種「抉擇」。要維持身體狀態，生物就必須從分給「性成熟」上面的能量，分一部分出來，而想要同時兩者都維持的生物，會比那些適當分配資源的生物做得差。最極端的例子就是那些一生只繁殖一次，從不照顧自己後代的動物，比如像太平洋鮭魚。現在科學家比較不傾向用預設好的死亡程式，來解釋牠們悲劇性的結束，而認為這是因為牠們一下子全部投資在終生事業，也就是傳宗接代上的結果*。牠們會在幾天之內就變得支離破碎，是因為牠們傾注了百分之百的資源在有性生殖上，因而抽走了所有用來保養身體所需的能量。那些會利用不同機會繁殖超過一次的動物，就會分配給性方面少一點資源，花多一點資源來保養身體；而那些會大量投資在養育下一代好幾年以上的動物像我們人類，則會再多調整一些這種平衡。不管是哪種例子裡，生命都要面臨類似的抉擇，而對動物來說這多半是由胰島素荷爾蒙所控制。

老年基因的突變會造成類似無訊息的效果，它會阻斷豐饒的訊號，取而代之的則是喚醒維持與保

---

*柯克伍德重新蒐集魏斯曼的參考詞彙，稱自己的理論為「可拋棄的體細胞學說」。柯克伍德跟魏斯曼異口同聲地認為，體細胞是供生殖細胞所驅使，而太平洋鮭魚正是這樣的例子。

養身體的基因。即使食物充足，突變的老年基因也無法反應。但這會產生許多意外的反效果，第一個就是：它們對胰島素帶來的警報召喚會產生抵抗力。這出乎意料的地方在於，在人類身上，對胰島素產生抗性並不會帶來長壽，反而會造成成年型糖尿病。這是因為過食，再加上生理上決定積存任何一絲絲能量，以等待更佳時機，其結果就是導致變胖、糖尿病然後早夭。第二個反效果則是：關於延長生命後隨之而來的損失，也就是延緩有性生殖，至今仍是無解。這損失表現在外就是不孕，無怪乎糖尿病會跟不孕症有關連，因為造成糖尿病與不孕症的是同一類荷爾蒙波動的影響。只有我們大部分時間都處於飢餓狀態下，才可能藉阻斷胰島素訊號來延長生命，而潛在的代價則是沒有子嗣。

上述這件事其實我們已經知道好幾十年了，這也是第三個出人意料的事情。雖然我們未必喜歡，然而從一九二〇年代以來我們就知道，適度的挨餓有助於延長生命，這稱做「熱量限制」。實驗證明，如果餵給大鼠均衡但是熱量較正常飼料少了百分之四十的特殊飼料，牠們會活得比吃正常飼料的同胎大鼠要長，長了約一半的壽命，同時在老年的時候，也比較不容易生病。跟前面提到的一樣，牠們的老化相關疾病會被無限期延緩，甚或根本就不發病。至於熱量限制在人類身上會不會引起一樣的效應？科學家並不確定，不過許多跡象都顯示這很有可能，只是也許改變幅度沒有像大鼠那樣明顯：生化研究的結果指出，會在大鼠身上發生的改變，多半也會在我們身上發生。然而儘管我們已經知道熱量限制的效果好幾十年了，卻仍不知它的機制為何，為什麼它會有效，或它到底會在人身上造成什麼效果。

其中一個原因是，要好好做一個關於人類壽命的研究，往往要花個幾十年，就算是對最有毅力的科學家來說，恐怕也很難不氣餒*。另外一個原因，則是來自於長久以來大家既有的印象，認為活得比較久，代表著要過得步調緩慢而且無趣。關於此點，其實並非如此，這至少給了我們一線希望。熱量限制會增加身體能量的使用效率，而且不會降低整體能量水準；事實上它反而會增加整體能量水準。然而確切的原因，我們所知甚少，因為熱量限制背後的生化基礎，是一連串極為嚇人的回饋、並聯反應或是冗餘性的生化機制，從一個組織到另一個組織，一種生物到另一種生物之間，都如萬花筒般讓人眼花撩亂，也無法拆解開來各自分析。老年基因在此的重要性則是，它們清楚地顯示出在這整片複雜如網路的反應中，只需要做一點輕微的更動就可以產生非常不同的結果。無怪乎，這方面的知識對研究人員來說極具挑戰性。

關於熱量限制，理論上至少有一部分是透過由老年基因所控制的生化反應途徑來產生效果。這像是一個調節鈕，控制著要長壽或是要性生活。不過熱量限制有一個問題，那就是它的轉換非常極端，因此要同時保有長壽跟性生活就變得幾乎不可能。然而老年基因就不是那麼一回事了。有些老年基因的突變確實會抑制性成熟（比如說最早提到的 *age-1* 突變，會抑制百分之七十五左右），然而並非全都是如此。有些老年基因的突變可以同時延長壽命以及延長健康，而對性功能幾乎沒有抑制，僅僅只是稍微延遲性成熟而不會完全阻斷。其他的老年基因突變則會阻斷年輕動物的性發育，但是對於成年動物來說卻沒有顯著的負面影響。關於這些現象背後的細節我們無須費心，這裡的重點是，如果能夠

---

*還有很多意想不到的阻礙。假設一個人讓自己進行嚴格的熱量限制飲食，但是不小心在跌了一小跤之後摔斷一條腿。這可能是因為他患了嚴重的骨質疏鬆症，那他的醫生一定會理所當然地指示他停止節食。

適當微調，那確實有可能讓長壽與性兩者脫鉤，有可能只活化負責長壽的基因，而不會破壞性功能。

在過去幾年裡，有兩個老年基因變得非常引人注目，因為科學家發現它們的產物，很可能在熱量限制反應中扮演關鍵角色，它們分別是SIRT-1跟TOR。從酵母菌到哺乳類動物，幾乎所有的動物體內都分布著這兩個基因，而兩者也都是藉由活化一大堆蛋白質來影響壽命長短。這兩個蛋白質都對於營養多寡，與胰島素家族生長激素的存在與否，非常敏感；兩者作用都很快，並且會交互影響＊。科學家認為TOR很可能是藉著刺激細胞生長跟分裂，來控制調節鈕性功能的那一端。它作用的方式應該是活化許多蛋白質，而在這一連串的活化過程中，也同時刺激跟細胞生長有關的蛋白質合成，然後抑制細胞成分的分解與替換。SIRT-1作用的方式恰好相反，它會發動一種「壓力反應」來強化細胞。如同其他典型的生物學現象，這兩個蛋白質的活性彼此雖有重疊，但是卻又不是很準確地互相拮抗。SIRT-1跟TOR的角色有如一個中樞，負責整合熱量限制的眾多好處。

SIRT-1跟TOR之所以如此引人注意，除了因為它們真的非常重要以外，另一個原因則是我們已經知道如何利用藥物來影響它們了。然而這卻帶來了一堆爭議，結果為各種已經互相矛盾的研究結果火上加油。根據美國麻省理工學院的生物學家葛蘭特，以及他以前的博士後研究員辛克萊（現在任教於哈佛大學）等人的看法，SIRT-1幾乎負責了所有哺乳類動物的熱量限制效應，同時SIRT-1還可以被紅酒裡面的一種叫做白藜蘆醇的分子所活化。從二〇〇三年開始，他們在科學期刊《自然》以及其他知名期刊上發表了一系列重要論文，指出白藜蘆醇可以延長酵母菌、線蟲以及果蠅的壽命。而在二〇〇六年由於辛克萊的研究團隊在《自然》期刊上面所發表的一篇重量級論文，指出白藜蘆醇可以讓肥胖小鼠的死亡率降低多達三分之一，因而登上十一月的《紐約時報》首頁，引爆群眾的興趣，造成一陣風潮。如果這個分子可以降低肥胖小鼠的死亡率，身為情況相似的過重哺乳類動物，白藜蘆醇應該也可以在人類身上造成神奇的作用才對。紅酒對健康多多益善早已是眾所周知的事，這新聞又在紅酒的眾多好處上又加了一筆，儘管一杯紅酒裡面含有的白藜蘆醇不過是給實驗小鼠用量的百分之〇．三而已。

不過出人意料的是，曾在葛蘭特實驗室工作過的兩位前博士研究生，現在任教於美國西雅圖華盛頓大學的甘迺迪與凱柏林，最近卻對這個完美的理論提出質疑。因為曾親身參與過 SIRT-1 的先驅研究工作，他們一直被當時一些與預測不符的結果所困擾著。

不同於葛蘭特主張的 SIRT-1，甘迺迪跟凱柏林認為TOR的效果在各物種中都要比 SIRT-1 更普遍跟一致。因為 SIRT-1 跟TOR的功能有部分重疊而又不是非常準確地互相拮抗，所以他們或許是對的。比較特別的一點是，阻斷TOR的功能的話會同時抑制免疫反應跟發炎反應，而這或許有些益處，因為許多老化相關疾病都跟持續性的發炎反應有關。還有一件意外之事，TOR原本是在使用器官移植免疫抑制藥物「雷帕黴素」的時候所發現的，它的本名其實是「雷帕黴素的目標」（target of

---

*想要知道分子如何「感覺到」營養的存在與否，這裡的解釋是：有一個呼吸作用輔酶，使用過後的分子叫做NAD（譯注：使用前叫做NADH），它的受質是葡萄糖，當細胞裡面缺乏葡萄糖時NAD就會開始堆積，這時候 SIRT-1 會跟NAD結合並且被活化，因此察覺到缺乏營養。TOR則是對氧化還原反應敏感，也就是說它的活性會隨著細胞的氧化態不同而改變，而細胞氧化態一樣受到營養多寡的影響。

rapamycin）。雷帕黴素是目前市面上最成功的免疫抑制藥物之一，已經被使用超過十年了。它在免疫抑制藥物中算比較特殊的，因為既不會增加病人發生癌症的機率，也沒有造成骨質流失。有少數研究人員已經接受美國癌症學者布拉哥斯克隆尼的強烈建議，開始使用雷帕黴素作為一種抗老化藥物了。我們很希望知道接受雷帕黴素治療的器官移植病人，在老年的時候會不會比較少生病。

然而使用白藜蘆醇或是雷帕黴素作為抗老化藥物其實還是會有問題的，那就是它們影響的範圍實在太大。這兩者都負責整合活化（或抑制）多至好幾百種蛋白質與基因。這其中一些改變或許是必須的，但是更大範圍的蛋白質系統變動就很可能一點幫助也沒有，或者，只有在短期食物缺乏以及動物受到壓力刺激的情況下，才需要動到它們，因為畢竟這才是這套系統演化出來的背景。因此，根據前述我們推測活化 SIRT-1 或是抑制ＴＯＲ都有可能會引起胰島素抗性、糖尿病、不孕症以及免疫抑制反應。現在要做的是找出更專一的療法，這樣細胞裡面只有很少的得失需要權衡*。我們知道這是有可能的，因為從那些在野外歷經數代天擇之後漸漸變得長壽的動物，完全沒有顯露出上述各種毛病。現在的問題是，到底哪一群被 SIRT-1 以及ＴＯＲ所影響到的基因才是負責延長生命與減少疾病？又到底細胞裡發生了什麼實質改變而凍結了時光之路？我們能否直接針對它們下手？

關於這些問題都還沒有確切的答案，而且一如以往，有十個研究員就有十種答案，莫衷一是。有些人認為保護性的「壓力反應」非常重要，有人認為增加解毒性酵素的量比較重要，還有人則強調排除代謝廢物的系統才是真的重要。這所有的機制在不同情況下都各有其重要性，然而它們的重要性似乎隨物種不同而不同。只有一個變化是在各物種間都相當一致，從真菌到包含人類在內的動物都有，這關乎我們細胞裡的那個發電廠，粒線體。粒線體帶有一層保護性的膜，可以避免受到傷害，同時也避免漏出在呼吸作用的過程中產生的副產物「自由基」。能量限制幾乎一定會誘發出較多的粒線體。這變化不只有跨物種的一致性，它更跟半世紀以來關於自由基與老化的研究結果非常吻合。

關於自由基可能會引起老化這種看法，源於一九五〇年代，由美國的生物學家哈曼所提出。因為哈曼根據自己過去在石油製造業研究自由基化學得到的經驗，他認為這些反應活性很高的帶氧或是帶氮分子片段（活性來自於丟掉或是得到一個多的電子），也會攻擊細胞裡面的重要分子，像是DNA跟蛋白質之類。哈曼認為自由基最終會因為損害細胞而導致老化。

從哈曼提出這個原始構想至今，半世紀過去了，很多理論也都跟以前不一樣了。現在我們可以確定地說，這理論是錯的。不過另一個較精巧的版本則有可能是正確的。

有兩件事情是當初哈曼所不知道的，事實上他也不可能知道。第一件就是，自由基分子不只是單純地反應性高而已，它同時也被細胞利用來優化呼吸作用，或是當作危險信號。它有點像是煙霧啟動的火災警報器一樣。自由基分子並不會隨機攻擊細胞裡的DNA跟蛋白質，它會活化（或抑制）少數幾個重要的訊息傳遞蛋白質（包括TOR在內），由此來調節數百種蛋白質跟基因的活性。現在我們知道自由基分子的訊號，在整個細胞生理裡面占有舉足輕重的地位，因此我們才開始了解為何抗氧化劑（可以吸收自由基）的害處不比好處少。雖然還是有很多人相信哈曼最原始的預測，認為抗氧化

*我們前面提過一種可能的取捨，就是要在癌症與退化性疾病中做一抉擇。多帶一個 *SIRT-1* 基因的小鼠活得比較健康，但是不見得可以活得比較久。牠們往往會死於癌症，這是一個不幸的交易。

劑具有減緩老化以及預防疾病的效果，但是持續不斷地臨床實驗已經證實了它並沒有效。原因就在於抗氧化劑會干擾自由基的訊號傳遞。壓抑自由基訊號就像是關掉火災警報器一樣。為了預防這件事發生，身體會將血液裡面的抗氧化劑濃度嚴格控制在一定的量以內。過量的抗氧化劑若不是被排掉，不然一開始就根本不會被吸收。身體裡面的抗氧化劑濃度會一直維持在固定濃度，以確保警報器隨時準備好作用。

第二件哈曼當年不知道的事情（因為這要在二十五年以後才會被發現），則是細胞的預設死亡程式。在絕大多數的細胞中，預設死亡程式是由粒線體所整合，也是它們在二十億年以前，把這整套系統帶進真核細胞裡。對細胞來說，導致它們自我了結的主要訊號之一，就是粒線體漏出的自由基量增加。接受了這些自由基訊號之後，細胞就會啟動自己的死亡裝備，默默地把自己從組織中移除，同時它曾經存在過的痕跡也會被一併銷毀。不同於哈曼所預測，細胞死後會留下一大堆分子碎片，這套安靜的死亡機器會持續地像無情的前蘇聯特務KGB一般，用極高的效率消滅各種證據。因此，當初哈曼預測中的兩個關鍵假設，一是隨著年齡增加，各種受傷的分子會持續堆積到災難性的地步，以及抗氧化劑可以減緩這種過程因而延長生命，都完全是錯誤的。

不過，我們很可以看看另外一個比較精巧的理論版本，大致上來說很有可能是正確的，雖然內容裡還有很多細節需要好好整理。第一件同時也是最重要的一件事實就是，幾乎在所有物種身上，壽命長短都跟自由基漏出速率有關*。自由基漏出得愈快，動物壽命愈短。簡單來說，自由基滲漏的速率，跟新陳代謝速率，也就是細胞的氧氣消耗速率有關。小型動物的新陳代謝速率高，牠們的每個細胞都竭盡所能地消耗氧氣，心跳就算在休息時也可以跳到每分鐘一百多下。伴隨著這種快速的呼吸速度，牠們的自由基滲漏速率也很高，而壽命則十分短暫。相反的，大型動物新陳代謝速率較低，有比較緩慢的心跳速率與自由基滲漏速度，也活得比較久。

有幾個例外的例子更加證明了這個規則的可信度。比如說許多鳥類，活得都比根據牠們的新陳代謝速率看起來「應該要有」的壽命，久了很多。像一隻鴿子可以活到三十五歲，遠遠超過一隻大鼠壽命的十倍左右，但是鴿子跟大鼠的體型大小差不多，新陳代謝速率也很相近。根據西班牙馬德里大學的生理學家巴哈，從一九九〇年代開始所做的一系列突破性的實驗結果顯示，這種差異絕大部分都跟自由基的滲漏程度有關。與氧氣消耗量對照來看，鴿子的自由基滲漏程度，比相同大小的哺乳類動物**少了**約十倍左右。蝙蝠也是類似的情況，也可以活到不成比例地久。蝙蝠跟鳥類很像，牠們的自由基滲漏程度也相當低。目前我們仍不知道這到底是因為什麼原因，在我的前一本書裡我曾主張過，這是為了飛翔所需能量的關係。不過不管原因為何，擺在眼前的事實就是，不論動物的新陳代謝速率為何，自由基滲漏程度愈低，壽命愈長。

而跟自由基滲漏程度有關的不只是壽命長短，健康長短也是一樣。我們前面已經說過老化性疾病

＊還有其他臆測的「時鐘」也會影響，像是染色體端粒的長度（端粒位於染色體兩端，細胞每分裂一次它們的長度就會減少一些），不過它卻與不同物種之間的壽命長短完全不一致。當然具有一致性並不能證明它就是影響壽命長短的原因，但是至少是個好的開始。缺少一致性多多少少否定了它的可能性。關於端粒是否藉著阻斷無限制細胞分裂來預防癌症，目前眾說紛紜，但是可以確定的一件事情則是，端粒並不決定動物壽命長短。

的發生與絕對時間過了多久無關，而是跟生物年齡有關。像大鼠會得到跟人類一樣的疾病，但大鼠會在幾年之內發病，人類則要等到好幾十年以後才會。有時候，相同的基因突變會在兩者身上造成一模一樣的退化性疾病，但是大鼠跟人類發病的時間卻永遠不一樣。那些被梅達瓦認為與老化有關的異常基因，同時也是現代醫學汲汲於研究的對象，應該是被老化細胞內的某一種狀態所啟動的才對。英國愛丁堡大學的生物學家萊特與他的團隊，曾經指出這所謂的「某種狀態」就跟自由基滲漏速率有關。如果自由基滲漏得快，那麼退化性疾病發生得就快；如果滲漏得慢，那發病時間就被延緩，甚至完全不會發病。以鳥類為例，牠們幾乎不會得到任何哺乳類動物共通的老化相關疾病（當然，蝙蝠一樣也在例外之列）。因此合理的假設應該是，自由基滲漏會慢慢地改變細胞的狀態，讓它們「變老」，而這樣改變後的狀態就會讓老年表現基因的壞處顯現出來。

自由基是如何在老化的過程中改變細胞的狀態？我們幾乎可以確定應該是啟動了某些意外的訊息傳導途徑。利用自由基訊號可以在年輕的時候優化我們的健康狀況，但是卻有可能在老一點的時候產生害處（如同威廉斯所主張的拮抗多效性）。隨著細胞裡的粒線體群愈用愈舊開始破洞，自由基的漏出量也慢慢增高，改變或許很小，但是最後終於超過了啟動火災警報器的極限，並且會一直持續下去。這時候會有數百個基因被啟動，只為了讓細胞保持在正常狀態，雖然最後仍是徒勞無功，結果卻引起極為輕微而慢性的發炎反應，而這正是許多老年疾病的特徵*。這個輕微而持續的發炎反應會改變許多其他蛋白質與基因的性質，結果讓細胞處在更大的壓力下。我認為正是這種「原發炎」的狀態，啟動了像是 *ApoE4* 這類老年表現基因的負面作用。

面對這種情況，細胞只有兩條路，或者能妥善處理這種慢性的壓力狀態，不然就是束手無策。

不同種類的細胞處理能力都不一樣，這跟它們本來做的「工作」有很大的關係。關於這方面的研究，我看過做得最好的是英國倫敦大學學院的藥理學先驅孟卡達。他曾指出神經細胞與它們的輔助細胞——星狀細胞，兩者會走向完全不同的命運。神經細胞很依賴粒線體，如果它們無法從粒線體獲得足夠的能量，那細胞裡的死亡裝備就會啟動，將自己安安靜靜地消滅殆盡。阿茲海默病人早期症狀開始明顯的時候，大腦可能都已經萎縮了將近四分之一了。相反的，星狀細胞就算沒有粒線體也可以活得十分快樂。它們可以改變能量供應來源（稱為醣解轉換），同時變得對預設死亡程式有抵抗力。這兩種極端的細胞命運或可解釋，為何退化跟癌症兩者會同時發生在老年。如果細胞沒有辦法轉換使用替代能量，那它們就會死亡，結果就是組織跟器官退化並縮小，賦予其他倖存下來的細胞更多的責任與工作。相反的，如果細胞能夠轉換使用替代能量，就可以逃避死亡。但是因為不斷受到發炎反應的刺激，它們會增殖，同時快速累積突變，最後終於掙脫正常細胞周期的枷鎖。如此，它們就會變形成為

＊幾個新發現的例子可以清楚解釋我想說的意思。我所說的發炎，並不是指那種常見切傷後產生的急性發炎。動脈粥狀硬化會發生，是因為身體對沉積在動脈斑塊上的物質，產生慢性發炎反應，而持續的發炎反應會讓情況愈來愈惡化。阿茲海默症，則是因為持續對沉澱在大腦裡的澱粉樣蛋白斑產生發炎反應。老年視網膜黃斑部退化症則是因為對視網膜產生發炎反應，導致血管生成最後造成失明。我還可以舉很多例子：糖尿病、癌症、關節炎、多發性硬化症等等。慢性輕微發炎是所有這些疾病的源頭。抽菸會導致這些疾病，多半是因為抽菸會加速發炎反應。我們已經提過，阻斷TOR則可以引起輕微的免疫抑制，而這有助於壓下發炎反應。

癌症細胞。這樣說起來，我們毫不意外神經細胞幾乎不會變成癌症細胞，就算有也十分罕見，而星狀細胞則是比較常見的兇手＊。

從這個觀點來看，我們或可了解如果能夠早開始進行熱量限制的話（早於粒線體開始破洞，中年還算可行），為何可以保護我們免於老化相關疾病。因為熱量限制可以降低粒線體滲漏，強化粒線體的膜免於傷害，增加粒線體的數量，熱量限制很像將生命時鐘「重設」回年輕狀態。在這個過程中，它可以終止好幾百個發炎基因，讓基因回到它們年輕時代的化學環境中，並且強化細胞抵抗預設死亡的能力。綜合上述這一切，可以同時抑制癌症以及其他退化性疾病，並且減緩老化的過程。其實在這整個過程中很可能還有很多其他因子參與其中（比如直接抑制免疫系統或是抑制ＴＯＲ的功能），但是基本上熱量限制最大的好處，可以用降低自由基滲漏來一言以蔽之。熱量限制讓我們的生理趨近於鳥類。

有一個讓人非常振奮的證據指出，這整套機制確實如上述預測般地在運作。在一九九八年時，日本岐阜縣國際生技研究所的田中雅嗣團隊，曾經檢查了許多日本人的粒線體ＤＮＡ，他們想知道某個常見的粒線體ＤＮＡ變異（至少在日本人裡面算常見，如果不是在全世界都普遍的話，那真要算其他人的不幸），會如何影響這些人往後的壽命。這個變異只改變了一個ＤＮＡ字母。變異結果是稍微降低了一點點自由基滲漏，其程度之輕微，以至於平常很難量測出來，不過這影響會持續終生。然而改變雖然輕微，結果卻相當驚人。田中的團隊分析了數百個魚貫進入醫院的病人身上的粒線體ＤＮＡ序列，結果發現在五十歲的病人身上，這兩群人（所謂「ＤＮＡ正常」族群與「ＤＮＡ變異」族群）進醫院的比例沒什麼差別。然而在過了五十歲之後，差距就漸漸拉開來了。到了八十歲的時候，不知為何，帶有DNA變異的族群，上醫院的比例只有正常族群的一半左右。帶有DNA變異的老人不上醫院的原因，並非因為他們已經死亡或是有其他問題。田中的團隊發現帶有DNA變異的老人活到一百歲的機率，比正常族群多了一倍左右。這也就是說，帶有DNA變異的族群發生任何老化性疾病的機率，是其他人的一半而已。我再強調一次：一個小小的粒線體變異，就可以降低任何因為老化相關疾病而住院的機率達到一半，並且讓我們活到一百歲的機率增加一倍，我還不知道在當代醫學上，可有任何其他能夠與之比擬的驚人例子。如果我們真的想要認真對付這個高齡化時代，愈來愈嚴重又昂貴而讓人苦惱的老年健康問題，這才是應該著手的方向，我們應該要大聲疾呼這個論點。

我並不想低估未來在科學上會面對的挑戰，也無意貶低那些以減輕某個特定老年病為終身職志的科學家所做的努力。若是沒有他們來揭開這些疾病的遺傳與生化機制，若是少了他們這些偉大的貢獻，就不會有更全面的觀點。但是，當前的醫學研究有忽略從演化角度去思考問題的傾向，不論是有意或是無意的，這都相當危險。如俄國演化學大師杜布贊斯基所言：「若無演化之光來啟發，任何生物學現象皆無意義。」果如此，那醫學研究又更糟了：關於這些疾病的現代醫學觀點，不論是什麼，

＊醣解轉換的概念最早可以追溯回一九四〇年代，由德國生物學家瓦堡所提出，最近又被重新檢視。最一般的規則是，只有不需要粒線體的細胞會致癌。最著名的兇手就是幹細胞了，幹細胞對粒線體需求甚少，同時常常與癌症生成有關。其他的細胞如皮膚細胞、肺細胞、白血球等，對粒線體的依賴都相對較低，也常常與癌症有關。

不談演化的話，那就一點意義也沒有。我們知道一切的價格，卻不知道它們的價值。如同我祖父那一代人習慣吃苦耐勞，他們總是用「這些疾病是用來試煉我們」的說法安慰自己，但是當他們漸漸凋零殆盡，我們的疾病苦難才剛開始，摧殘著我們的生命，其無情的程度連聖經啟示錄裡面的四騎士都相形見絀。現在是一場對抗癌症或是阿茲海默症的「戰鬥」，而在這場戰鬥裡，我們知道，有一天我們終將敗下陣來。

但是死亡跟疾病都非偶然。它們都帶有某些意義，而我們應該可以利用這些意義來治療自己。死亡是演化出來的，疾病也是演化出來的。它們是因為某些實用的意義而演化出來的。從最廣義的觀點來看，老化的彈性很大，它是一個為了配合其他參數如性成熟，所設定出的參數，這些參數全都寫在生命之書上。企圖竄改它們會受到懲罰，但是這些懲罰差異頗大，並且至少在某些例子裡，懲罰可以輕微到忽略不計。基本上，對某些特定生化反應途徑做些細微的改變，可以讓我們活得更久更健康。我還可以說得更武斷一點。根據演化理論，我們應該可以只用一個配方良好的萬靈丹來根除所有的老年病。抗老化藥丸絕非神話。

但我認為「治癒」阿茲海默症則是神話。事實上，醫學研究者並不喜歡用「治癒」這個詞，他們喜歡說「改善」「減輕」或「延遲」等詞。我很懷疑我們能否真的治好那些已經「老了」的病人的阿茲海默症，因為我們完全忽略了演化上所要付出的代價。這就好像只用補土去補一個正在漏水的水壩上面的幾個小裂縫，然後希望它還可以在洪流中屹立不搖。其他疾病像是中風、心臟病及各種各樣的癌症都是類似的情形。我們現在已經發掘出相當詳細的機制了，我們知道每個蛋白質發生了什麼事，也知道每個基因發生了什麼事，但是我們卻見樹不見林。這些疾病都發生在老化的個體身上，是一個老化環境的產物，如果我們可以在生命夠早的時候介入，我們就可以把這個環境重新設定回「年輕」狀態，或者「比較年輕」的狀態。這當然不會一蹴可幾，畢竟其中還有太多牽扯不清的細節未明，還有太多得失要權衡。但是如果我們能分一部分投注在現代醫學研究上的心力，去了解老化背後的機制，那我會很驚訝在未來二十年之內，還找不出一種可以一次治療所有老化性疾病的靈丹妙藥。

或許有些人會擔心關於延長生命的道德問題，但我認為這很可能不會造成任何問題。舉個例子來說，熱量限制所帶來的延壽紅利，看起來似乎會隨著壽命愈長而愈小。雖然大鼠可以延長牠們的壽命，達到近乎原本兩倍的地步，恆河猴卻無法延長如此之多的壽命。當然猴子的實驗目前還沒有全部結束，但是目前看起來在延壽方面，牠們的獲益將比較有限。然而在健康上面的獲益則又是另外一回事了。恆河猴體內生化反應的改變指出，即使牠們的壽命未必會大幅延長，但牠們比較不會罹患各種高齡疾病。我的預感是，延長健康要比延長壽命來得容易一些。如果我們能夠發明一種抗老化藥丸，可以造成類似熱量限制的效果，又同時避開其他的缺點，那一定可以大幅提高社會上的健康狀況，並且將會見到更多健康的百歲人瑞，就像那些帶有變異粒線體的幸運日本老人。但我懷疑我們可以讓任何人活到一千歲，或者是活到兩百歲。若把這當作一項任務的話，這挑戰會困難很多*。

事實上我們可能永遠也無法永生，而很多人恐怕也未必想要永生。這裡的問題早在第一個菌落形成的時候就隱含在其中，也就是我們生殖細胞與體細胞之間的區別。一旦細胞開始分化，可被拋棄的

*巴哈曾說過，基於演化可以延長其他生物壽命到一整個級數來看，大幅延長人類的壽命應該也是有可能的，只不過非常困難。

體細胞就供生殖細胞驅使。細胞分工愈細，對整個個體來說就愈有利，因而也對每一個生殖細胞愈有利。在所有細胞中分工最專一的莫過於神經細胞了。而跟其他庸俗的細胞不同之處在於，神經細胞基本上是無可取代的，每一顆細胞都根據不同個體獨特的經驗，產生約一萬個突觸連結。這樣來看我們的大腦基本上是不可替換的。通常當神經細胞死去的時候，不會有一群幹細胞預備好來替換它；而如果有一天我們真能製造出一群神經幹細胞，那所要面臨的抉擇將是：是否要替換掉自己過去的經驗。如此一來，永生的代價將會是犧牲人性。

後記

在某一系列最吸引人的電視紀錄片中，數學家布洛諾斯基緩緩漫步過奧許維茲集中營的溼地上，那裡曾經傾倒過四百萬人的骨灰，而其中，有許多是他的家人，布洛諾斯基對著鏡頭，用一種只有他才有的睿智語調說話。他說，科學，並不會讓人失去人性，或把人變成一連串的數字。奧許維茲集中營才會。但這不是用毒氣，而是自大，是教條，是無知。他說，這會發生的原因，是因為人類渴求上帝的智慧，卻沒有經過現實的印證。

相較之下，科學是非常人性化的一種知識。布洛諾斯基用很漂亮的方式解釋著：「我們永遠處於已知的邊緣；永遠覺得又往期望的方向前進了一些。每一個科學上的判斷，其實都立足於錯誤的邊緣，而且都非常個人化。科學是我們**能夠**知曉事物的明證，雖然我們有可能會犯錯。」

這段畫面，來自於一九七三年所拍攝的科學紀錄片《人之躍升》（*The Ascent of Man*）。幾年之後布洛諾斯基就死於心臟病，他的人倒下了，一如科學理論也會倒下般。然而他給我們的啟發卻長存了下來，而至今我還沒有見過比他對科學精神所做的見證要更好的了。基於這份精神，我謹以本書書名向他致微不足道的敬意，因為它一樣是走在已知的邊緣。書中當然充滿了立足於錯誤邊緣的判斷，而這本書正是我們能夠知曉事物，同時也有可能犯錯的明證。

但是謬論與事實的界線在哪裡呢？或許有些科學家並不認同本書裡面的細節，有些科學家則會同意。爭論往往就發生在錯誤的邊緣上，而且任何一方隨時都有可能從崖邊墜落。但是假使細節部分偏移了或是錯了，那是否代表了大部分的故事也是錯的？科學知識，特別是提到遠古時代的科學知識，難道僅是相對性的嗎？它可以被挑戰嗎？就像那些習慣安於教條的人一天到晚在挑戰科學一樣？又或者關於演化論的科學僅僅只是另外一種教條，拒絕去鼓勵挑戰與質疑？

關於這些問題的答案，我想我們要先知道，證據往往可能同時是不可靠但又具壓倒性的。我們永遠也不會知道過去所有的細節為何，因為我們的解讀永遠可能有錯，而且總是開放給眾人去解讀。這就是為何科學總是如此充滿爭論。但是科學卻有獨特的力量，能利用實驗、觀察與現實中的驗證來解答問題，然後這數不清的許多小細節慢慢會拼成一個較大的線索，如同站在恰當的距離外，畫面上無數細小的像素最終必然會拼湊繪製出一幅圖像。就算本書中某些細節後來被人證偽，但是要懷疑所有生命不是透過演化出現，就有如去懷疑所有證據的集合，從分子到人，從細菌到整個行星系統。那也有如去懷疑所有的生物學，以及與生物學相輔相成的物理、化學、地質學與天文學。那如同在懷疑實驗與觀察的真實性，在懷疑現實世界中的驗證，總結來說，這等於在懷疑現實。

我認為本書中所勾勒出的情景是真的。生命一定是經由演化出現，同時是順著本書描繪的軸線而演化。這並不是一種教條，而是根據實際驗證之後再不斷修正的證據。至於這情境是否符合對上帝的信仰，我不知道。對某些人來說，內心會覺得與演化論比較契合，對另一些人來說則否。不過不管我們的信仰為何，這多元的領悟方式就足以讓我們驚訝與頌揚。能在這一顆浮在無垠虛空中的藍綠色瑰寶上，與眾多圍繞我們四周的生命共享這一切，實在是最美妙的事情。這裡有錯誤也有權威，還有最重要的，有著人類對知識的渴望。

致謝

這並不是一本孤獨的書。大部分的時間我的兩個兒子愛奈克跟雨果都在家裡四處陪著我。雖然他們對我專心寫書不見得有建設性的幫助，但他們卻讓書裡每個字都充滿意義與樂趣。我的太太阿娜・海妲格博士曾與我詳細討論過每個主題，每個主意，每個字；她總能帶來新的洞見，然後毫不留情地刪掉無用的垃圾段落。我漸漸養成習慣依賴她的精確判斷，不管在科學上還是在文學上都是，試圖爭辯只會讓我最後承認自己是錯的。現在我已經轉變成接受她的建議，沒有她的話，這本書將比現在糟糕很多很多，為此本書大部分應歸功於她。

此外還要感謝在我企圖涵蓋的各個領域中的專家，從世界各地透過電子郵件傳來他們的想法與深刻見解，與我進行極具啟發性的交談，不論日夜。雖然我最後仍照著自己的意思走，不過卻仍然非常感謝他們的慷慨與專業意見。我特別要感謝德國杜賽爾多夫大學的馬丁教授、英國倫敦大學瑪莉皇后學院的艾倫教授，以及美國加州噴射推進實驗室的羅素，他們全是了不起而充滿創見的學者，為了他們給我的時間、鼓勵、嚴厲的批評與對科學的熱情，我虧欠他們良多。每一次當我的熱情消滅了，與他們的通信或是開會見面，總能像一針強心劑般鼓勵我。

但他們不是唯一的，我也要感謝為數眾多其他的研究人員，幫我澄清許多概念、閱讀並評論許多章節。本書每一章都受惠於該領域至少兩位以上專家建設性的批評。我要感謝下列人員（按英文字母順序排列）：西班牙馬德里大學的巴哈教授、美國聖路易華盛頓大學的布蘭肯希普教授、美國科羅拉多大學的柯普莉教授、美國亞伯達大學的戴克斯博士、澳洲墨爾本大學的丹頓教授、美國羅格斯大學的佛高斯基教授、美國布蘭迪斯大學的休．赫胥黎教授、荷蘭生態學研究所的克拉森教授、美國加州理工學院的柯霍教授、美國國家衛生研究院的庫寧博士、波蘭亞捷隆大學的寇帖雅教授、英國索賽克斯大學的蘭德教授、瑞典烏普沙拉大學的梅克爾教授、英國倫敦大學學院的孟卡達教授、美國紐約大學的穆薩奇歐教授、加拿大不列顛哥倫比亞大學的奧托教授、澳洲雪梨大學的賽巴撤教授、英國牛津大學的施維特勒夫博士、英國牛津大學的特尼博士，以及美國西雅圖華盛頓大學的瓦德教授。若有任何謬誤均歸咎於我。

我也要感謝我的家庭，此地的或是在西班牙的，感謝他們給我的愛與支持。感謝我的父親，在撰寫歷史相關書籍的同時，能夠克服對分子的厭惡，撥冗為每一章下評論。我也要感謝自己愈來愈小的朋友圈中的友人，到了我第三本書還願意花時間閱讀並評論。特別要感謝最慷慨的卡特，即使是在考試繁忙之際也一如往昔幫忙；感謝菲力普充滿啟發的討論與善意的評論；感謝阿斯布里陪我攀岩、散步跟談話。其他的還要感謝傅勒教授陪我打壁球跟慣常討論科學；感謝格林教授廣泛的興趣，在我需要的時候信任我；感謝阿克蘭史諾博士永不歇息的熱情，每每在休息時刻提醒我有多麼幸運；感謝恩斯利博士這麼多年來與我討論科學寫作，以及幫助我起步成為一位作家；感謝埃利希教授與葛奈格對我的殷勤招待；感謝啟發我的老師德凡尼先生跟亞當先生，在多年以前就播下讓我終生愛上生物學與化學的種子。

最後有幾句話給我在 Profile Books 和 W. W. Norton 出版社的編輯富蘭克林與馮德莉伯，永遠給我支持，並且從一開始就對這本書給予信任。感謝米契的好品味與在編輯上面廣泛的知識；感謝道尼，我的代理人，她總是不斷鼓勵我，永遠有令人振奮的觀點。

中英對照表

文獻和媒體

五畫

《史都華教授的數學好奇研究小間》*Professor Stewart's Cabinet of Mathematical Curiosities*

《生命：起源與本質》*life Itself*

《生態學通訊》*Ecology Letters*

六畫

《伊利亞特》*The Iliad*

《印度愛經》*Karma Sutra*

《老水手之歌》*The Rime of the Ancient Mariner*

八畫

《來自稀薄的空氣》*Out of Thin Air*

《兩分心智崩解中的意識起源》*The Origin of Consciousness in the Breakdown of the Bicameral Mind*

《周期表》*Periodic Table*

《性趣何來？》*Why Is Sex Fun?*

《物種起源》*Origin of Species*

《社交大腦》*The Social Brain*

九畫

《星際大奇航》*The Hitchhiker's Guide to the Galaxy*

《科學怪人》*Frankenstein*

《迪亞貝里變奏曲》Diabelli variation

十畫

《原始的情緒》*The Primordial Emotions*

《泰晤士高等教育報》*Times Higher Education (THE)*

《祕密之眼》*Private Eye*

《記憶的形成》*The Making of Memory*

〈追悼文〉*In Memoriam*

十一畫

《國家地理雜誌》*National Geographic*

《基爾嘉美緒》*epic of Gilgamesh*

《脫韁的鞭毛》*The Flagellum Unspun*

《郭德堡變奏曲》*Goldberg variation*

十二畫

《陽光饗宴》*Eating the Sun*

《黑暗元素》*His Dark Material*

十三畫以上

《奧德賽》*The Odyssey*

《愛麗絲鏡中奇緣》*Through the Looking Glass*

《經濟學人》*The Econimist*

《賣花女》*Pygmalion*

《闡明意識》*Consciousness Explained*

人名

二至三畫

丁尼生 Alfred Tennyson
凡多芙 Cindy L. Van Dover
凡爾納 Jules G. Verne

四畫

丹頓 Derek A. Denton
丹頓爵士 Eric J. Denton
太田聰史 Satoshi Oota
尤瑞 Harold C. Urey
巴伯 James Barber
巴哈 Gustavo Barja
巴頓 Nicholas H. Barton
巴羅希 John A. Baross

五畫

加莫夫 George Gamow
卡瓦里爾史密斯 Thomas Cavalier-Smith
卡斯帕洛夫 Garry K. Kasparov
卡雷爾 Alexis Carrel
卡羅 Lewis Carroll
古爾德 Steven J. Gould
史培利 Roger W. Sperry
史密斯 D. Eric Smith
史畢格爾曼 Sol Spiegelman
史達林 Joseph V. Stalin
尼采 Friedrich W. Nietzsche
尼曼 Michael L. Nyman
尼爾森 Dan-Eric Nilsson
布拉克摩爾 Susan J. Blackmore
布拉希爾 Martin D. Brasier
布拉哥斯克隆尼 Mikhail V. Blagosklonny
布林克利 John R. Brinkley
布洛諾斯基 Jacob Bronowski
布倫納 Sydney Brenner
布朗賽卡 Charles-Édouard Brown-Séquard
布勞恩 Dieter Braun
布蘭肯希普 Bob E. Blankenship
平克 Steven A. Pinker
本內特 Albert F. Bennett
札諾 Lindsay E. Zanno
瓦堡 Otto H. Warburg
瓦爾德 George Wald
瓦赫特紹澤 Günter Wächtershäuser
瓦德 Peter D. Ward
甘迺迪 Brian K. Kennedy
田中雅嗣 Masashi Tanaka

六畫

亥姆霍茲 Hermann von Helmholtz
伊底帕斯 Oedipus
伊恩・史都華 Ian N. Stewart
休・赫胥黎 Hugh E. Huxley
休伯爾 David H. Hubel
伏打 Alessandro Volta
吉伯特（生化學家） Walter Gilbert
吉伯特（導演兼製片人） Melody Gilbert
吉寧 Walter J. Gehring

安德魯・赫胥黎 Andrew F. Huxley
米契森 Timothy J. Mitchison
米契爾 Peter D. Mitchell
米勒 Stanley L. Miller
艾佛瑞 Oswald T. Avery
艾倫 John F. Allen
艾略特 Thomas S. Eliot
艾爾斯 Paul L. Else

七畫

佛洛伊德 Clement R. Freud
佛高斯基 Paul G. Falkowski
伯納 Robert A. Berner
克里克 Francis H. C. Crick
克拉森 Marcel Klaassen
克萊森 Leon P. A. M. Claessens
克萊頓 J. Michael Crichton
克瑞布斯 Hans A. Krebs
克羅 James F. Crow
克羅伊索斯 Croesus
希爾 Robert Hill
李維 Primo M. Levi
杜布贊斯基 Theodosius G. Dobzhansky
杜立德 W. Ford Doolittle
杜麗德 Eliza Doolittle
沙克 Everett L. Shock
沃克 Richard Walker
沃德豪斯 P. G. Wodehouse
貝克 Robert T. Bakker
貝爾 Graham Bell
貝魯茲 Max F. Perutz
辛克萊 David A. Sinclair
辛格 Wolf Singer

八畫

亞里斯多德 Aristotle
佩傑爾 Susanne Pelger
孟卡達 Salvador E. Moncada
孟德爾 George J. Mendel
拉瑪錢德朗 Vilayanur S. Ramachandran
林奈 Carolus Linnaeus
波希 Hieronymus Bosch
波辛格 Michael A. Persinger
肯・米勒 Ken Miller
肯德魯 John C. Kendrew
阿里巴迪 Lorenzo Alibardi
阿姆斯壯 Neil A. Amstrong
阿妲迪 Lia Addadi
阿迪尼 Giovanni Aldini
阿基里斯 Achilles
阿爾欽波多 Giuseppe Arcimboldo
阿薩拉 John M. Asara

九畫

哈曼 Danham Harman
哈梅羅夫 Stuart Hameroff
哈蘭 Arthur H. Hallam
威治伍德夫人 Emma Wedgewood
威廉希爾 William G. Hill
威廉斯 George C. Williams
威爾茲克 Frank A. Wilczek

拜鐸 Kay D. Bidle
施永生 Yongsheng Shi
施旺麥丹 Jan Swammerdam
施梅爾德 Sebastian Shimeld
施維特勒夫 Lee J. Sweetlove
柯伯特 Edwin H. Colbert
柯克伍德 Thomas B. L. Kirkwood
柯金諾 Christopher Cokinos
柯普莉 Shelley D. Copley
柯霍 Christof Koch
查莫斯 David J. Chalmers
派克 Andrew Parker
胡伯 Anthony J. Hulbert

十畫

埃德爾曼 Gerald M. Edelman
庫寧 Eugene V. Koonin
庫榮 William Croone
桑格 Frederick Sanger
海德先生 Mr. Hyde
索倫 Solon
馬丁 William Martin
馬古利斯 Lynn Margulis
馬約 John Mayow

十一畫

基爾嘉美緒 Gilgamesh
寇帖雅 Pawel Koteja
崔佛斯 Robert L. Trivers
康貝爾夫人 Mrs. Patrick Campbell
康卓拉秀夫 Alexey Kondrashov
強生 Thomas E. Johnson
教宗若望保祿二世 Pope John Paul II
梅克爾 Björn Merker
梅納德史密斯 John Maynard Smith
梅達瓦 Peter B. Medawar
笛卡兒 René Descartes
莫洛維茲 Harold Morowitz
荷馬 Homer
雪萊 Mary Shelley
麥爾 Ernst W. Mayr

十二畫

傅利曼 David B. Friedman
傅利蘭 Stephen J. Freeland
傑尼斯 Julian Jaynes
傑奇醫生 Dr. Jekyll
凱柏林 Matt R. Kaeberlein
凱恩斯史密斯 A. Graham Cairns-Smith
提索諾斯 Tithonus
普爾曼 Philip Pullman
普魯姆 Richard O. Prum
普賽頓 Poseidon
渥易斯 Carl R. Woese
湯瑪斯・赫胥黎 Thomas H. Huxley
舒伯特 Franz P. Schubert
舒曼 Robert A. Schumann
華生 James D. Watson
華格納（古生物學家） Peter J. Wagner
華格納（作曲家） Richard Wagner
萊弗力 Curtis M. Lively
萊特 Alan F. Wright

費多契亞 Alan Fedducia
費雪 Ronald A. Fisher
費爾森史坦 Joseph Felsenstein
鄂蘭 Detlev Arendt
雅強達 Vittal K. Yachandra
雅魯斯 Michael Yarus
黑吉曼 Peter Hegemann

十三畫

塞流士 Cyrus
奧托 Sarah P. Otto
瑞德利 Mark Ridley
瑞德里 Matthew W. Ridley
聖哲爾吉 Albert Szent-Györgyi
葛詹尼加 Michael S. Gazzaniga
葛蘭特 Leonard P. Guarente
詹姆士 William James
賈法尼 Luigi A. Galvani
道金斯 C. Richard Dawkins
達馬修 Antonio Damasio
達爾文 Charles R. Darwin
雷文霍克 Antony van Leeuwenhoek

十四畫

嘉比・金格拉斯 Gabby Gingras
漢米爾頓 Bill Hamilton, William D. Hamilton
維瑟爾 Torsten N. Wiesel
維賴 Tibor Vellai
蒙田 Michel de Montaigne
蓋婭 Gaia
豪林・沃爾夫 Howlin' Wolf
赫斯特 Lawrence D. Hurst

十五畫

德尼特 Daniel C. Dennett
德杜武 Christian R. de Duve
德拉尼 John R. Delaney
摩頓 Oliver Morton
歐戈 Leslie E. Orgel
歐康諾 Patrick M. O'connor
潘若斯 Roger Penrose
潘達 Satchin Panda
鄧肯 Isadora Duncan
魯本 John A. Ruben

十六畫

橫山竦三 Shozo Yokoyama
穆勒 Hermann J. Muller
穆薩奇歐 Jose M. Musacchio
蕭伯納 George Bernard Shaw
諾威治 John Julius Norwich
諾萊特 Bart A. Nolet
霍伊爾 Fred Hoyle
霍奇金 Dorothy M. Hodgkin
鮑曼 William Bowman

十七畫

戴克斯 Joel B. Dacks
戴維斯 Brian K. Davis
戴蒙 Jared M. Diamond
繆勒 Miklós Müller
薛普福 J. William Schopf

賽巴撤 Frank Seebacher
齋藤成也 Naruya Saitou

十八畫

薩克斯 Oliver W. Sacks
藍開斯特 Ray Lankester
魏斯曼 F. L. August Weismann

十九畫

懷納 Stephen Weiner
瓊斯 Steve Jones
羅伯森 Alan Robertson
羅素 Michael J. Russell
羅斯 Steven P. Rose

二十一畫

蘭德 Michael F. Land
顧賽爾 David S. Goodsell

地名、機構組織名

四畫

不列顛哥倫比亞大學 University of British Columbia
內華達山脈 Sierra Nevada
巴賽爾大學 University of Basel
牛津大學 University of Oxford

五畫

加州大學洛杉磯分校 University of California, Los Angeles
加州大學爾灣分校 University of California, Irvine
加州理工學院 California Institute of Technology, Caltech
加拉巴哥裂谷 Galapagos Rift
北卡羅萊納大學 University of North Carolina
卡文迪西實驗室 Cavendish Laboratory
失落的城市 Lost City
巨人水晶洞 Cave of the Swords
布蘭迪斯大學 Brandeis University

六畫

多弗 Dover
多賽特郡 Dorset
艾特渥斯羅蘭大學 Eötvös Loránd University
西雅圖華盛頓大學 University of Washington

七畫

克雷斯諾研究所 Krasnow Institute for Advanced Study
利底亞王國 Lydia
岐阜縣國際生技研究所 Gifu International Institute of Biotechnology
杜塞爾多夫大學 University of Dusseldorf
沙克研究所 Salk Institute

貝爾實驗室　Bell labs

八畫

亞伯達大學　University of Alberta
亞捷隆大學　Jagiellonian University in Krakow
宗座科學院　Pontifical Academy of Sciences
帕沙第納　Pasadena
帕維亞大學　University of Pavia
波隆那大學　University of Bologna
法蘭克福　Frankfurt
臥龍岡大學　University of Wollongong

九畫

俄亥俄大學　Ohio University
哈佛大學醫學院　Harvard Medical School
哈美林池　Hamelin Pool
皇安德富卡洋脊　Juan de Fuca Ridge
皇家外科醫學院　Royal College of Surgeons
皇家學院　Royal Society (RS)
科羅拉多大學　University of Colorado
英國皇家研究所　The Royal Institution of Great Britain (RI)

十畫

倫巴底　Lombardy
倫敦大學瑪莉皇后學院　Queen Mary, University of London
倫敦大學學院　Univerisity College London (UCL)
倫敦自然史博物館　Natural History Museum in London
倫敦帝國理工學院　Imperial College London
海洋生物協會　Marine Biology Association (MBA)
烏普沙拉大學　Uppsala Universitet
烏魯克王國　Uruk
索賽克斯大學　University of Sussex
馬克斯普朗克大腦研究所　Max-Planck Institute for Brain Research
馬德里大學　Universidad Complutense de Madrid

十一畫

國立遺傳學研究所　National Institute of Genetics
國家衛生研究院　National Institute of Health
密西根大學　University of Michigan
敘拉古大學　Syracuse University
荷蘭生態學研究所　Netherlands Institute of Ecology
雪梨大學　University of Sydney
雪菲爾　Sheffield
麻省理工學院　Massachusetts Institute of Technology

十二畫

勞倫斯柏克萊國立實驗室　Lawrence Berkeley National Laboratory
勞倫欽大學　Laurentian University
喀拉哈里　Kalahari
喬治梅森大學　George Mason University
提那村　Tynagh
斯沃尼奇鎮　Swanage
普利茅斯　Plymouth
普辛諾研究中心　Pushchino Research Centre
菲爾德博物館　Field Museum
黑海　Black Sea

十三畫

愛丁堡大學　University of Edinburgh
聖路易華盛頓大學　Washington University in St. Louis

十五畫

噴射推進實驗室　Jet Propulsion Laboratory
德國雷根斯堡大學　University of Regensburg
德爾菲　Delphi
歐洲分子生物學實驗室　European Molecular Biology Lab (EMBL)

十六畫以上

諾貝爾精子銀行　Nobel sperm bank
鯊魚灣　Shark Bay
羅格斯大學　Rutgers University

其他

α－酮戊二酸鹽　α-ketoglutarate
RNA酵素　ribozyme
Z型反應　Z-scheme

一至二畫

乙醯硫酯　acetyl thioester
乙醯磷酸鹽　acetyl phosphate
二核苷酸　dinucleotide
二疊紀　Permian period
人本原理　anthropic principle
人科動物　hominids
人類基因體計畫　human genome project

三畫

三葉蟲　trilobite
三疊紀　Triassic age
叉角羚羊　pronghorn antelope
大西洋裂谷盲蝦　*Rimicaris exoculata*
大氧化事件　great oxidation event
大腦顳葉　temporal lobe
大霹靂理論　Big Bang
小盜龍　*Microraptor*

四畫

內含子　intron
內變形蟲屬　*Entamoebae*

化學計量法 stoichiometric
化學滲透說 chemiosmosis
化學親合力 chemical affinity
反密碼子 anti-codon
反轉錄病毒 retrovirus
反轉錄酶 reverse transcriptase
心塵 mind dust
手盜龍類 maniraptorans
支序分類學 cladistics
木質素 lignin
比較基因體學 comparative genomics
水平基因轉移 lateral gene transfer
水晶體蛋白 crystallin
水龍獸 *Lystrosaurus*
水螅屬 *Hydra*
犬齒獸 cynodonts

五畫

丙酮酸鹽 pyruvate
世 epoch
主要意識 primary consciousness
代 era
功能性核共振成像 functional magnetic resonance image
半胱天冬酶 cysteine aspartate protease, caspase
去氧核糖核酸 Deoxyribonucleic acid (DNA)
去極化 depolarisation
去聚合化 depolymerisation
古細菌 archaeabacteria, archaea
四方硫鐵鎳礦 mackinawite
外顯子 exon
失智症 dementia
巨量子態 macro-quantum state
巨噬細胞 macrophage
平流層 stratosphere
弗卡鐮刀龍類 *Falcarius*
玄武岩 basalt
甘胺酸 glycine
生合成 biosynthesis
生命樹 tree of life
生物量 biomass
生物膜 biofilm
甲烷 methane
甲烷八疊球菌屬 *Methanosarcina*
甲烷生成作用 methanogenesis
甲烷桿菌屬 *Methanobacterium*
甲烷球菌屬 *Methanococcus*
白胺酸 leucine
白堊土 chalk
白堊紀 Cretaceous ear
白藜蘆醇 resveratrol
石炭紀 Carboniferous period

六畫

休息代謝速率 resting metabolic rate (RMR)
伏打電堆 voltaic pile
光合單位 photosynthetic unit
光系統 photosystem
光動力療法 photodynamic therapy

光譜微調 spectral tuning
共病現象 co-morbid disease
同步加速器 synchrotron
同夥達爾曼蟲 *Dalmanitina socialis*
多元不飽和脂肪酸 polyunsaturated fatty acid
多發性硬化症 multiple sclerosis
多頭絨泡黏菌 *Physarum polycephalum*
多肽 polypeptide
安通症候群 Anton's syndrome
曳鰓蟲 priapulid worm
有袋類動物 marsupials
有絲分裂 mitosis
羽枝 barb
羽軸 rachis
老年基因 gerontogene
肌小節 sarcomere
肌紅素 myoglobin
肌原纖維 myofibril
肌動蛋白 actin
肌絲滑動理論 sliding filament theory
肌凝蛋白 myosin
自由基 free-radical
艾凡提斯科學書獎 Aventis Prize for Science Book
血紅素 haemoglobin
血基質 haem, heme
血清張力素 serotonin
西伯利亞暗色火成岩群 Siberian trap

七畫

伴護蛋白 chaperone
克式循環 Krebs cycle
克羅馬儂人 Cro-Magnon
利什曼原蟲屬 *Leishmania*
吞噬作用 phagocytosis
尿嘧啶 uracil
尾部胸氣囊 caudal thoracic air sac
快縮肌纖維 fast-twitch fibre
束毛藻屬 *Trichodesmium*
李斯特菌 *Listeria*
杏仁核 amygdala
沙蠶 ragworm
狂牛症 bovine spongiform encephalopathy (BSE)
角質蛋白 keratin
迅掠龍 *Velociraptor*

八畫

並聯重入訊號 parallel re-entrant signal
亞洲鼴形田鼠 Asiatic mole vole
亞特蘭提斯號 *atlantis*
亞鐵離子 ferrous iron
兩側對稱動物 bilateria
呼吸鼻甲 respiratory turbinate
命運的邂逅假說 fateful encounter hypothesis
奈米 nanometer (nm)
始祖鳥 *Archaeopteryx*
定序 sequence
延伸意識 extended consciousness
抹香鯨 sperm whale

杭丁頓氏舞蹈症 Huntington's chorea
果蠅屬 *Drosophila*
板塊構造說 theory of plate tectonics
河盲症 river blindness
波西米亞地區 Bohemia
波導器 waveguide
泛靈論 pan-psychism
盲視症 blindsight
盲鰷科魚類 cave-fish (*Amblyopsidae*)
肺泡 alveoli
初龍類群 archosaurs
近親繁殖 inbreed
門 phylum
阿拉伯芥屬 *Arabidopsis*
阿茲海默症 Alzheimer's disease
阿爾文號 *Alvin*
非編碼序列 non-coding sequence

九畫

南美仙人掌毒鹼 mescaline
哈布斯堡王朝 Hapsburgs
恆溫性 homeothermy
扁盤動物門 Placozoa
拮抗多效性 antagonistic pleiotropy
星狀細胞 astrocyte
染色體 chromosome
泉古菌 eocyta
流動反應器 flow reactor
玻璃海綿 glass sponge
玻璃海鞘 *Ciona intestinalis*
界 kingdom
相位鎖定 phase lock
科普利勳章 Copley Medal
科塔爾症候群 Cotard's syndrome
突觸 synapse
紅麵包黴菌屬 *Neurospora*
美洲紅點鮭 brook trout
胚種論 panspermia
胞嘧啶 cytosine
胞質循流 cytoplasmic stream
計算生物學 computational biology
計算遺傳學 computational genetics
負鼠 opossum
負選擇 purifying selection
重力子 quantum graviton
重組 recombination
革蘭氏陽性菌 Gram positives
飛羽 flight feather

十畫

原生質體 syncytia
原兩側動物 ur-bilateria
原始吞噬細胞假說 primitive phagocyte hypothesis
原發炎 pro-inflammatory
原蟲 protozoa
埃 angstrom
峨嵋山暗色火成岩群 Emeishan trap
核心意識 core consciousness
核糖 ribose
核糖核酸 ribonucleic acid (RNA)
核糖體 ribosome
核糖體ＲＮＡ ribosome RNA (rRNA)

核糖體的次單元 subunit (ribosome)
核苷酸 nucleotide
氧氣釋出蛋白複合體 oxygen-evolving complex (OEC)
海鞘 sea squirt
海鞘屬 *Ciona*
浮黴菌 planctomycetes
病覺失認症 anosognosia
真核細胞 eukaryotic cell
真細菌 eubacteria
真菌 fungi
神經投射 neural map
紡錘體 spindle
素傘蕈鹼 psilocybin
胰島素 insulin
胸腺嘧啶 thymine
脊索動物門 Chordata
胼胝體 corpus callosum
草醯乙酸鹽 oxaloacetate
逆境蛋白 stress protein
退黑激素 melatonin
胺基酸 amino acid

十一畫

偽足 pseudopodia
動作電位 action potential
動脈粥狀硬化 atherosclerosis
啤酒酵母菌 *Saccharomyces cerevisiae*
域 domain
基因銘印 imprinting
基因融合 gene fusion
基因體 genome
密碼子 codon
教誨權 Magisterium
族群遺傳學 population genetics
桿菌 Bacilli
梅毒 syphilis
條帶狀鐵礦 banded-iron formation (BIF)
梨形鞭毛蟲屬 *Giardia*
液泡 vacuole
淋病雙球菌 *Neisseria gonorrhoeae*
球面像差 spherical aberration
產氧光合作用 oxygenic photosynthesis
硫化鐵 iron sulphide
硫細菌 sulphur bacteria
硫酸鹽 sulphate
移動盲症 motion blindness
笛卡兒二元論者 Cartesian dualist
粒線體 mitochondria
細胞骨骼 cytoskeleton
細胞壁 cell wall
組織蛋白 histone
蛇紋石 serpentine
蛋白質體學 proteomics
軟體動物門 Mollusca
速生熱球菌 *T. celer*
雪球地球 snowball earth
鳥糞嘌呤 guanine
麥角酸醯二乙胺 lysergic acid diethylamide (LSD)

十二畫

最大代謝速率　maximal metabolic rate
凱卜葛拉斯症候群　Capgras syndrome
凱爾特人　Celtic
單一核苷酸多型性　single nucleotide polymorphisms (SNIPS)
嵌合體　chimera
散射　scatter
普里昂蛋白　prion
智慧設計論　intelligent design
棉鳚類　eelpout
減數分裂　meiosis
渦鞭藻　dinoflagellate
無耳蜥蜴　earless lizard
無恆變形蟲　*Amoeba dubia*
無虹膜畸形　aniridia
猶他・弗卡鐮刀龍　*Falcarius utahensis*
痛覺失認症　pain asymbolia
盜龍類　raptors
短吻鱷　alligator
硝酸鹽　nitrate
結晶學　crystallography
絨羽　down feather
紫質　porphyrin
腕足類　lampshell
菱面體　rhomb
菊石　ammonite
蛭形輪蟲　bdelloid rotifer
裂殖酵母菌　*Schizosaccharomyces pombe*
視桿細胞　rod cell
視蛋白　opsin
視紫質　rhodopsin
視黃醛　retinal
視黑質　melanopsin
視網膜色素上皮　retinal pigment epithelium
視網膜神經節細胞　retinal ganglion cell
視網膜黃斑部退化　macular degeneration
視覺失認症　visual agnosia
超半胱天冬酶　metacaspase
陽隧足　brittlestar
黃鐵礦　iron pyrite (FeS2)
氰化物　cyanide

十三畫

傳訊RNA　messenger RNA (mRNA)
嗜高溫菌屬　*Aquifex*
嗜鹽菌屬　*Halophiles*
奧陶紀岩層　Ordovician rock
微孢子蟲　microsporidia
微氣管　tracheole
微管　microtubule
微管蛋白　tubulin
意識神經關聯　neural correlates of consciousness (NCC)
感質　qualia
愛滋病毒　human immunodeficiency virus (HIV)
暗色火成岩群　trap

節肢動物門　Arthropoda
腹氣囊　abdominal air sac
腺嘌呤　adenine
腺苷三磷酸　Adenosine triphosphate (ATP)
腦內積水　hydranencephaly
葉綠素　chlorophyll
葉綠體　chloroplast
跳躍基因　jumping gene
隔膜　septum
雷帕黴素　rapamycin
電子自旋共振譜學　electron-spin resonance spectroscopy
電磁光譜　electromagnetic spectrum
電療派　galvanism

十四畫

團藻　*Volvox*
圖靈測試　Turing test
慢性紅血球合成性紫質症　chronic erythropoietic porphyria
慣性內溫性　inertial endothermy
滴蟲　trichomonads
瑪宗格圓頂龍　*Majungatholus atopus*
瘧原蟲　malaria parasite
睡眠病　sleeping sickness
磁振造影掃描　Magnetic resonance imaging (MRI)
種　species
種系發生學　phylogeny
端粒　telomere
管家基因　housekeeping gene
管蟲　tubeworm
精神分裂症　schizophrenia
綠絲狀菌　green filamentous bacteria
綱　class
聚合化　polymerisation
聚合酶　polymerase
聚合酶連鎖反應　polymerase chain reaction (PCR)
遠親繁殖　outbreed

十五畫

廣古菌　Euryarchaea
暫時全面性失憶症　transient global amnesia
熱羽流　thermal plume
熱孢菌屬　*Thermotoga*
熱量限制　calorie restriction
熱網菌屬　*Pyrodictium*
熱擴散　thermal diffusion
熱變形菌屬　*Thermoproteus*
盤古大陸　continent of Pangaea
線蟲　nematodes
膠原蛋白　collagen
複製　cloning
複製子　replicator
複製酶　replicase
質體　plasmid

十六畫

噬胞菌屬　*Cytophaga*
噬菌體　phage

澱粉樣蛋白斑 amyloid plaque
澳洲袋鼬 Australian marsupial mouse
穆勒氏棘輪 Muller's ratchet
親緣選擇 kin selection
選擇干擾 selective interference
錳鋇礦 hollandite

十七畫

戴－薩克斯二氏症 Tay-Sachs disease
櫛水母 comb jelly
環境光線成像與光譜系統 Ambient Light Imaging and Spectral System (ALISS)
磷酸鹽 phosphate
總界 superkingdom
聲子 phonon
螺旋體 spirochetes
趨同演化 convergent evolution
還原式演化 reductive evolution
還原態的菸鹼醯胺腺嘌呤二核苷酸磷酸 nicotinamide adenine dinucleotide phosphate (NADPH)
醣解轉換 glycolytic switch
黏著素蛋白 cohesin
黏菌 slime mold, slime mould
點突變 point mutation
鮟鱇魚 angler

十八畫

藍綠菌 cyanobacteria
轉送RNA transfer RNA (tRNA)
轉錄 translate
鎖骨氣囊 clavicular air sac
離胺酸 lysine
雙滴蟲 diplomonads
鞭毛 flagella
鞭毛蟲 flagellate

十九畫

獸孔類群 therapsids
獸足類恐龍 theropods
鏟子蜥蜴 shovel-lizard
類胰島素生長因子 insulin-related growth factor (IGF)

二十至二十一畫

礦化 mineralize
譯碼員 cryptographer
屬 genus
鐮狀血球性貧血 sickle-cell anemia
露卡 Last Universal Common Ancestor (LUCA)
驅動蛋白 kinesin

二十二至二十三畫

疊層石 stromatolite
纖毛 cilia
纖毛蟲 ciliates
纖細網柱細胞黏菌 *Dictyostelium discoideum*
變形菌 proteobacteria

變形蟲 amoeba
變溫性 poikilothermy
髓鞘 myelin sheath

二十四畫以上

癲癇發作 epileptic seizure
顱側胸氣囊 cranial thoracic air sac
鬣蜥蜴 iguana
鸚鵡螺 nautilus

廣	告	回	信
台灣北區郵政管理局登記證			
台北廣字第000791號			
免	貼	郵	票

104

台北市民生東路二段141號5樓

英屬蓋曼群島商家庭傳媒（股）城邦分公司

貓頭鷹出版社　　收